スティーブ・ブルサッテ

恐竜の世界史

負け犬が覇者となり、絶滅するまで

黒川耕大 訳
土屋健 日本語版監修

みすず書房

THE RISE AND FALL OF THE DINOSAURS

A New History of a Lost World

by

Steve Brusatte

First published by William Morrow, New York, 2018

私の最初にして最高の古生物学の師であるチャプチェック氏、
妻のアン、そして次世代の教育を担うすべての人に

恐竜時代の年表

新生代	古第三紀		
中生代	白亜紀	後期	1億～6600万年前
		初期	1億4500万～1億年前
	ジュラ紀	後期	1億6400万～1億4500万年前
		中期	1億7400万～1億6400万年前
		初期	2億100万～1億7400万年前
	三畳紀	後期	2億3700万～2億100万年前
		中期	2億4700万～2億3700万年前
		初期	2億5200万～2億4700万年前
古生代	ペルム紀		

恐竜の系統樹

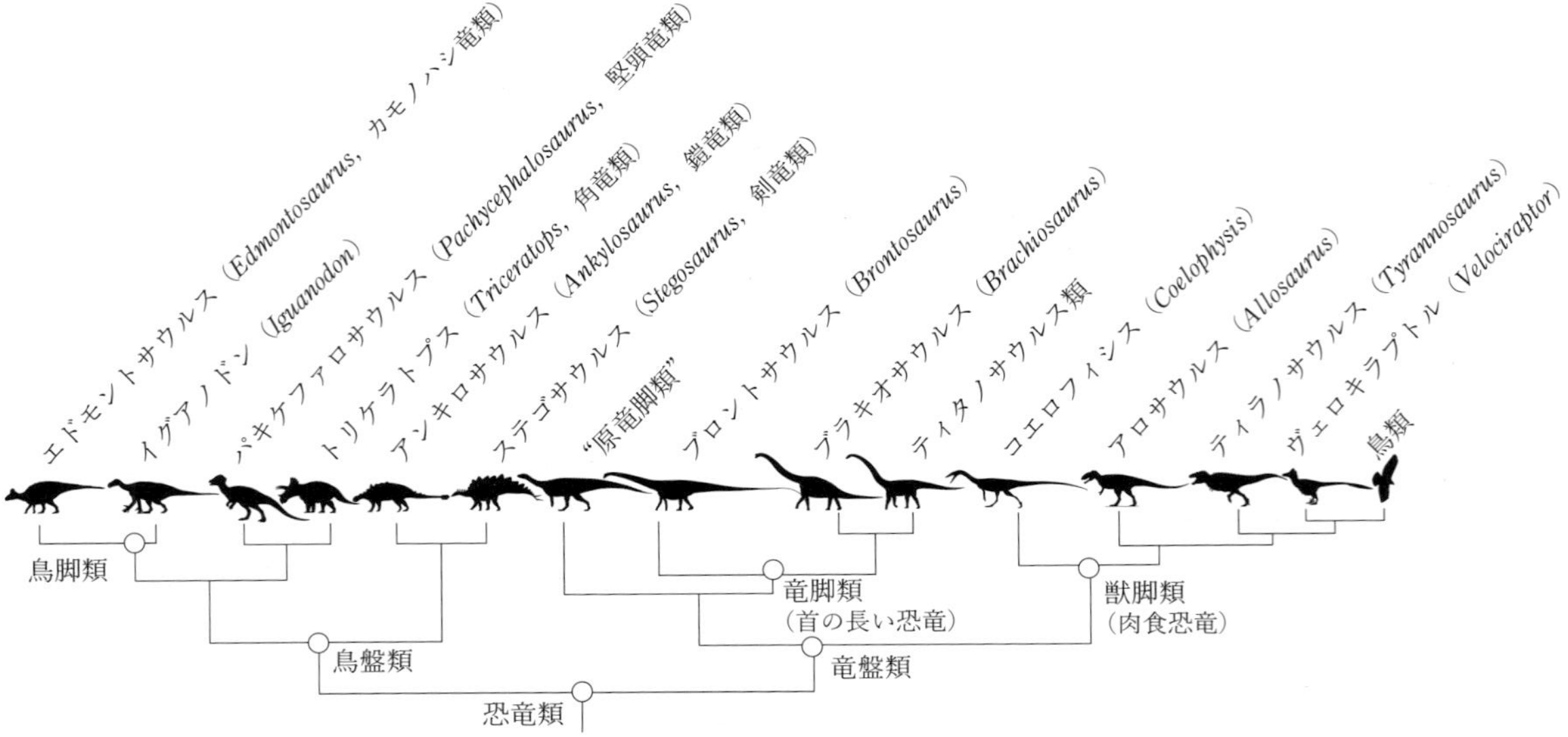

エドモントサウルス（*Edmontosaurus*，カモノハシ竜類）
イグアノドン（*Iguanodon*）
パキケファロサウルス（*Pachycephalosaurus*，堅頭竜類）
トリケラトプス（*Triceratops*，角竜類）
アンキロサウルス（*Ankylosaurus*，鎧竜類）
ステゴサウルス（*Stegosaurus*，剣竜類）
“原竜脚類”
ブロントサウルス（*Brontosaurus*）
ブラキオサウルス（*Brachiosaurus*）
ティタノサウルス類
コエロフィシス（*Coelophysis*）
アロサウルス（*Allosaurus*）
ティラノサウルス（*Tyrannosaurus*）
ヴェロキラプトル（*Velociraptor*）
鳥類
鳥脚類
鳥盤類
竜脚類
（首の長い恐竜）
獣脚類
（肉食恐竜）
竜盤類
恐竜類

地質時代の世界地図

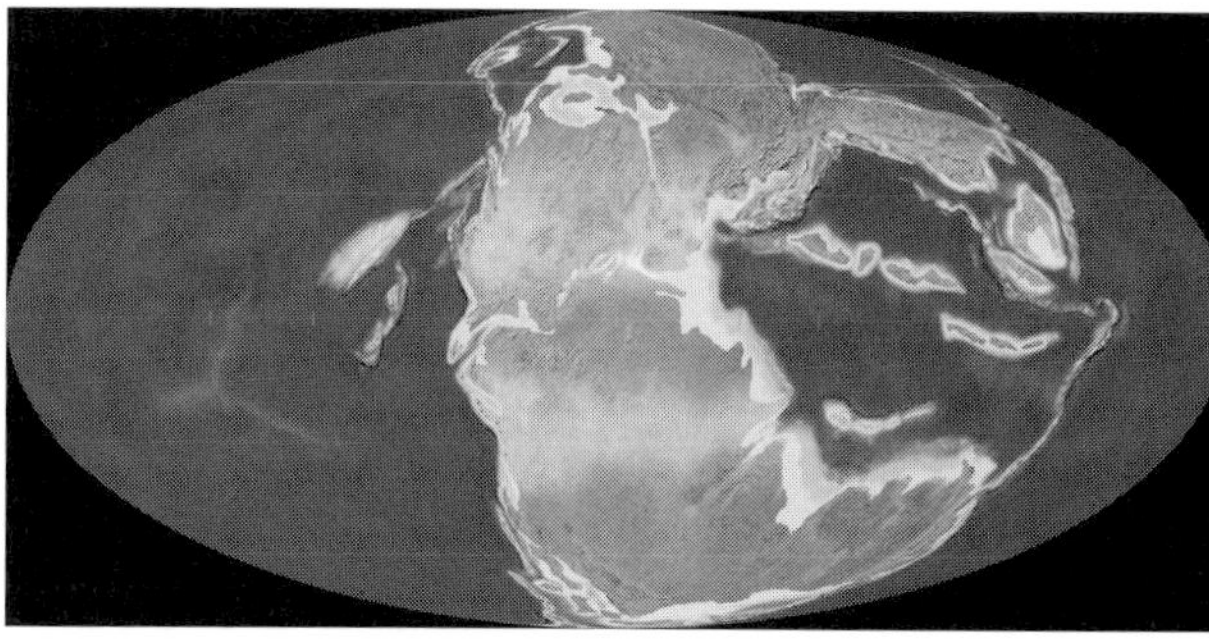

三畳紀（およそ 2 億 2000 万年前）

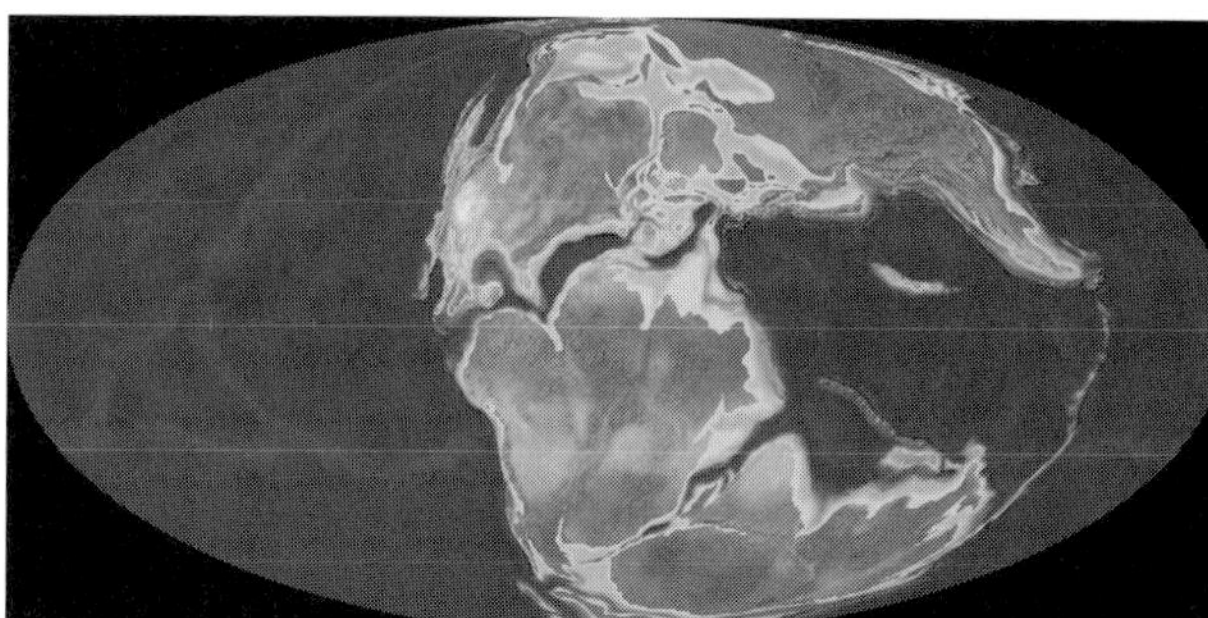

ジュラ紀後期（およそ 1 億 5000 万年前）

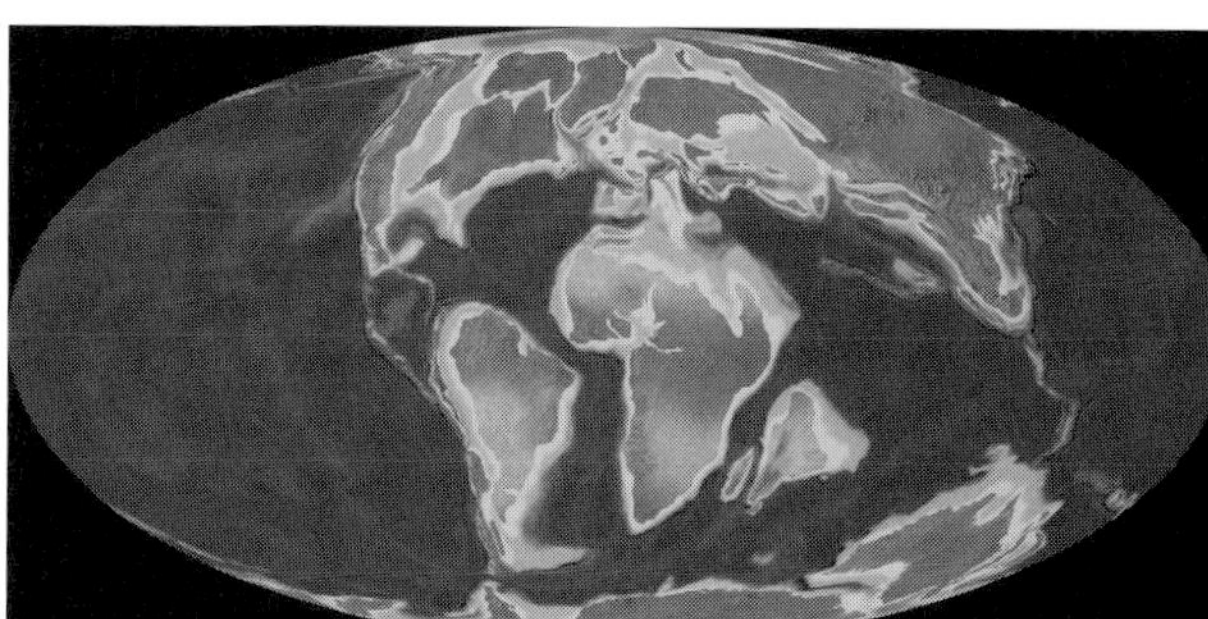

白亜紀後期（およそ 8000 万年前）

プロローグ

恐竜化石の大発見時代

チェンユエンロン（*Zhenyuanlong*）

二〇一四年一一月の寒い朝のこと。夜が明ける数時間前、タクシーを降りて人混みをかき分けながら北京の中央駅に入った。切符を握りしめ、早朝の通勤客でごった返す構内を進む。少し焦りはじめていた。列車の出発時刻が迫っているのに、どこに向かえばいいのか分からない。独りきりだし、知っている中国語は数えるほど。できることと言えば、切符に書かれた漢字とホームに表示された漢字を見比べることくらい。周りが見えなくなってきた。エスカレーターを駆け上がっては駆け下り、新聞の売店や麵類の店の前をビュンッと通り過ぎる。まるで狩りのさなかの捕食者のように。カメラや三脚などの調査器具の重みでたわんだスーツケースが後ろで弾んでいる。そのスーツケースが足元を回り込んできて、向こうずねをしたたかに打った。周りが騒がしくて、四方八方から怒鳴られている気がする。でも、立ち止まらなかった。

冬物のダウンコートの下はもはや汗だく。ディーゼルの排気ガスが立ち込めていて息苦しい。前方のどこかからエンジンの始動音が聞こえ、続いて笛の音が鳴り響いた。もうすぐ列車が出発してしまうらしい。ふらふらになりながらホームにつながるコンクリート製の階段を下りていくと、お目当ての漢字が目に留まり、心底ホッとした。ようやく着いたのだ。そこに、私の乗る列車があった。この列車は、一路北東に向かい旧満州の錦州市を目指す。錦州市はシカゴほどの規模の都市で、北朝鮮との国境から数百キロの所にある。

それからの四時間は、コンクリート工場や靄《もや》のかかったトウモロコシ畑を窓外に眺めながら、なるべく気持ちを落ち着かせようと努めた。しかし、時折まどろんだだけで、睡眠不足はあまり取り戻せなかった。胸の高鳴りを抑えられなかった。この旅路の先にある謎が待っている。穀物を収穫していた農家が偶然見つけた化石のことだ。すでに数枚の不鮮明な写真は見ていた。私の友人であり、中国でもっとも有名な恐竜ハンターの一人である呂君昌《リュイチュンチャン》から送られてきたものだ。重要な化石のように見えるということで私たちの見解は一致していた。もしかすると、古生物学者が求めてやまないたぐいの化石かもしれない。もしこれが完璧な状態で保存された新種の化石なら、一億年以上前に生きていた動物を、躍動し呼吸する生身の生き物として感じ取ることができる。そこで、君昌とともに直接確かめに行くことにしたのだった。

錦州市の駅で列車を降りた君昌と私は、地元のお偉方の歓迎を受け、カバンを引き取られて二台の黒塗りのSUVに乗せられた。たどり着いた先は、驚くほど特徴のない外観の市立博物館。まるでこれから首脳会談が開かれるかのような厳粛な空気の中、ネオンの明かりがちらつく長い廊下を連れて行かれ、二組の机と椅子が置かれた部屋に通された。小さな机の上に一枚の岩板が置かれている。机の脚が今にも折れてしまいそうに思えるほどの重量感がある。お偉方の一人に中国語で何やら話しかけられていた君昌が、やがて私の方を向いて軽くうなずいた。

「行こう」と、妙なアクセントの英語で呼びかけられた。中国で生まれ育ちアメリカで大学院時代を過ごした君昌は、中国語っぽい抑揚とテキサスなまりが混じり合った独特な話し方をする。二人で岩板が置かれた机へと歩を進めた。全員の視線を感じる。室内に不気味な静寂が漂う中、お宝に近づいていった。

目の前に、化石があった。それまでに私が見てきた化石の中でも指折りの美しさだった。ラバほどの大きさの骨格化石で、チョコレート色の骨が周りを取り囲むくすんだ灰色の石灰岩から浮き出ている。恐竜であることは確かだ。ステーキナイフのような歯、鋭い爪、長い尾を持っていることから、映画『ジュラシッ

図 1　チェンユエンロン

ク・パーク』の悪役ヴェロキラプトル（*Velociraptor*）に近い親戚とみて間違いない(1)。

ただしそれは、普通の恐竜ではなかった。骨は軽くて中空で、後肢はサギのようにほっそりしている。その細身の骨格は、活発で、躍動的で、敏捷な動物ならではのもの。しかも化石には、骨だけでなく全身を覆う羽毛もあった。頭から首にかけてはヒトの髪の毛に似たふさふさした羽毛が、尾には幾重にも枝分かれした長い羽毛が生えている。前肢には羽根ペンを思わせる大ぶりの羽根が並んでいて、互いに重なり合い翼を形作っている。

その恐竜は、まるで鳥のようだった。

およそ一年後、君昌と私はこの骨格を新種として論文に記載し、チェンユエンロン・スンイ（*Zhenyuanlong suni*）と名づけた。私は、このチェンユエンロンを含め、過去一〇年間に一五種ほどの新種の恐竜を記載し、古生物学者としてのキャリアを築いてきた。故郷のアメリカ中西部を巣立ち、スコットランドの大学に職を得て、世界各地に恐竜研究の拠点を持つまでになった。

チェンユエンロンは、私が研究者になる前の小学生時代に教わった恐竜像からはかけ離れている。当時教わった恐竜像は「大きくて鱗《うろこ》に覆われた頭の鈍い野蛮な生き物」というものだった。環境にもほとんど適応しておらず、ただのしのしと歩き回り、無為に時を過ごし、滅びるのを待つだけの存在だったと聞かされた。進化の失敗作。生命の歴史における袋小路というわけだ。原始的な怪物が、人類が誕生するはるか昔に現れ、そして滅びた。しかも、その怪物が生きていたのは、まるで別の惑星かと思うほどに現代の地球とは似ても似つかない太古の世界だったという。恐竜は、博物館で見る展示物であり、悪夢に出てくる映画の怪物であり、あるいは子供時代に夢中になるキャラクターであって、現代に生きる私たちとはほぼ関係のない、したがって真面目に研究する価値のない生き物だと思われていた。

そうした固定観念はまったくの誤りであり、ここ数十年のうちに崩れ去った。その間、新たな世代の研究者がかつてない勢いで恐竜の化石を採集し続けてきたからだ。今も世界のどこかで、アルゼンチンの砂漠からアラスカの凍てつく荒野に至るまでのあらゆる場所で、新種の恐竜が平均して週に一度のペースで発見され続けている。もう一度言うのでよく噛みしめてほしい。新種の恐竜が、週に一度、見つかっているのだ。つまり、毎年およそ五〇種ずつ増えている（チェンユエンロンもその一つだ）。新しい化石が見つかっているだけではない。その化石を研究する手法も新しいものが登場してきている。そうした新技術を使うことで、古生物学者は、先人には思いもよらなかった方法で恐竜の生態や進化を解明できるようになった。ＣＴスキャナーを使えば恐竜の脳や感覚器官について調べられるし、コンピューターモデルを使えば恐竜がどんなふうに動いていたかを探れるし、高性能の顕微鏡を使えば恐竜がどんな色をしていたかということまで明らかにできる。ほかにも挙げればきりがない。

図 2　チェンユエンロンの見事な化石を調べる呂君昌と私

私は、こうした熱狂のさなかにいられることに深い喜びを感じている。世界には私のほかにも多くの若手古生物学者がいる。男性もいれば女性もいて、生い立ちや経歴もさまざまだが、皆、映画『ジュラシック・パーク』を見て大人になった世代だ。私たち二〇代、三〇代の大勢の研究者が、互いに協力し、先輩の教官に指導を仰ぎながら、この業界を支えている。新しい発見をし、新しい研究をするたびに、それまでより少しだけ、恐竜のことや、恐竜がたどった進化の物語が分かってくる。

それこそが、私がこの本で語りたい物語だ。恐竜はどこから来て、どうやって支配者に成り上がったのか。どのようにして巨大化し、あるいは羽毛と翼を発達させて鳥に進化したのか。そして、なぜ鳥以外の恐竜が滅び、その結果として現代の世界に至る道が拓け、私たち人類が誕生することになったのか。そんな壮大な物語を語ろうと思う。その中で、私たち研究者が手持ちの化石を手がかりにその物語をまとめ上げてきた過程についても紹介したいし、皆さんには、恐竜を探すことをなりわいとする古生物学者の気分をいくらかでも味わってもらいたい。

しかし、私が何よりも明らかにしたいのは、恐竜は別の惑星の生き物でもないし、進化の失敗作でもないし、ましてや私たちと無関係でもないということだ。恐竜は目覚ましい成功を収め、一億六〇〇〇万年余りも繁栄し、生命史上屈指の驚異的な生き物に進化した（現代に生きる恐竜である約一万種の鳥類もその一例だ）。恐竜のすみかは私たちのすみかでもある。つまり、気候や環境の気まぐれな変動にさらされるこの地球だ。恐竜が経験したその気まぐれな変動に、私たちも対処を迫られている（少なくとも将来的には対処することになるだろう）。恐竜は、絶え間なく変わり続ける世界に合わせて進化していった。大規模な火山噴火や小惑星の衝突があったり、大陸が移動したり、海水面が絶えず変動したり、気温が不規則に上下したりする中で進化していったのだ。恐竜はこれ以上ないほどうまく環境に適応していたが、結局、突然の災厄に対処できず、ほとんどの種が絶滅した。そこに私たちへの教訓が含まれていることは疑いようがない。

恐竜の盛衰史は、巨大な怪物や現実離れした生き物が地球を支配していた時代の比類なき驚異の物語だ。私たちの足元にある大地を、かつては恐竜が歩いていた。今は地層の中に眠っているそれらの化石を手がかりにして、この物語は紡がれている。それは、私にとって、地球の歴史の中でも一、二を争う素晴らしい物語だ。

スティーブ・ブルサッテ
スコットランド・エジンバラにて
二〇一七年五月一八日

（1）映画に登場する〝ラプトル〟のモデルは、ヴェロキラプトルではなくデイノニクスではないかと言われている。

1
恐竜，興る

プロロトダクティルス（*Prorotodactylus*）

「これだ！」。友人のグジェゴシ・ニージュヴィージュキーが声を張り上げ、指を差した。泥岩の薄い層と、もっと粒の粗い岩石から成る厚めの層が、薄い境界を挟んですっぱりと分かれている。私たちが調査をしていたのは、ポーランドのザヘウミエという小さな村のそばにある採石場だ。かつては需要の高い石灰岩を産出していたものの、今は廃業して久しい。周辺には、朽ちかけた煙突をはじめ、ポーランド中部が工業地帯だった頃の遺構が点在している。現在地を地図で確認すると「ホーリークロス山脈」とある。実際はなだらかな丘が連なっているだけなので、何ともまぎらわしい。確かに昔は雄大な山脈がそびえていたのだが、数億年にわたる侵食にさらされて今はほぼ平坦になっている。空はどんよりしているし、蚊には刺されるし、足元の岩盤からの熱の照り返しもきつい。自分たちのほかに見かけた人と言えば、二人組の酔狂なハイカーだけ。かわいそうに、どこかで道を間違えたに違いない。

「ここで絶滅が起きたんだ」。野外調査続きで無精ひげだらけになった顔をくしゃくしゃにして笑いながら、グジェゴシが言った。「下の層からは大型の爬虫類と哺乳類の親戚の足跡がたくさん出てくる。でも、やがてぱったりと途絶える。上の層からはしばらく何も出てこなくて、そのあと恐竜の足跡が出てくる」。

私たちが目を凝らして見つめているのは、草木に埋もれかけた採石場の岩石にすぎない。でもそこに本当に見て取れるのは、革命だ。岩石は歴史を記録していて、人類が誕生するはるか昔の物語を語ってくれる。そして、目の前の岩石に刻まれた物語は衝撃的なものだった。たぶん、嫌というほど岩石を見てきた研究者にしか気づけないその岩相の移り変わりは、地球の歴史上もっとも劇的な瞬間の一つを記録していた。一瞬にして世界が変わった。二億五二〇〇万年も前に訪れたその転換点は、人類もマンモスも恐竜もいなかった時代の出来事にもかかわらず、現代にも大きな影を落としている。その時、物事が少し違ったかたちで推移していたら、現代の世界は今と違っていたかもしれない。もしオーストリアの大公が射殺されていなかったら歴史はどうなっていただろう？　そんなことを想像するのに似ている。

もし二億五二〇〇万年前（地質学者が「ペルム紀」と呼ぶ時代区分に属する）の同じ場所に立てたとしたら、私たちの周りに見覚えのあるものはほとんどないだろう。うらぶれた工場もなければ、自分たちのほかに人影もない。空を飛ぶ鳥も、足元を走り回るネズミもいない。花を咲かせるイバラに引っかき傷を作ることもないし、蚊に傷口を吸われることもない。いずれものちの時代に進化してくる生物だからだ。しかし、やはり汗はかくに違いない。当時のこの地は、暑くて、耐えられないほど湿度が高く、おそらく現代の真夏のマイアミよりも我慢のならない気候だった。ホーリークロス山脈からは幾筋もの川が激しく流れ下っていただろう。当時はその名のとおりの立派な山脈がそびえ、雪を頂いた数千メートル級の険しい峰々が雲にまで達していた。何本もの川は、広大な針葉樹の森（現代のマツやビャクシンの初期の親戚で構成されていた）を縫うように流れ、ふもとの丘陵地から広大な盆地に注いでいた。盆地には湖が点在していて、それらは雨期になると膨張し季節風がやむと干上がった。

こうした湖は地域の生態系の基盤であり、水飲み場として、また、炎暑と強風からの避難所として機能していた。あらゆる種類の動物が集まってきたが、その中に私たちになじみ深い動物はいなかった。イヌよりも大きいヌメッとしたサンショウウオが湖畔をうろつき、時折通り過ぎる魚にパクッと噛みついていた。四肢でのしのしと歩いていたのはパレイアサウルス類というずんぐりとした動物だ。こぶだらけの皮膚とやたらとたくましい上半身を持ち、〝荒くれ者〟然としていて、爬虫類版の狂暴なアメフト選手といった風情だった。ディキノドン類と呼ばれるぽっちゃりとした小さな動物は、まるでブタのように泥の中をまさぐって、鋭い牙でおいしそうな植物の根っこを掘り返していた。そうした動物たちに大きな顔をしていたのがゴルゴノプス類だ。クマほどの大きさの怪物で、当時の食物連鎖の頂点に君臨し、サーベルのような犬歯でパレイアサウルス類の内臓やディキノドン類の肉を切り裂いていた。こうした風変わりな面々が、恐竜時代の直前の世界を支配していたのだ。

やがて、地球の深部で鳴動がはじまった。もっとも、それがはじまったおよそ二億五二〇〇万年前の時点では、地上にいたとしても何も感じられなかったに違いない。地上から一〇〇キロとか一五〇キロほどの深さのマントルと呼ばれる領域で起きていたことだからだ。マントルとは、地殻 - マントル - 核で構成される地球のサンドイッチ構造の真ん中を占める層である。固体の岩石でできているのだが、極めて高温であるうえに強烈な圧力にさらされていて、地質学的な長い時間で見ると、すごく粘り気のある粘土のように動く。それどころか、マントルには川のような流れまである。こうした流れこそが、プレートテクトニクスと呼ばれるベルトコンベヤーのような仕組みの原動力であり、地球を覆う薄い地殻が何枚ものプレートに分かれ、時間とともに互いに離れたり近づいたりする要因である。もしこのマントルの流れがなかったら、山脈も、海洋も、生き物が棲むのに適した大地も存在していなかったに違いない。ところが時として、こうした流れの一つに大きな乱れが生じる。溶けた岩石から成るホットプルームが解き放たれ、地表に向けて上昇をはじめ、ついには火山から噴き出すのだ。こうした場所のことをホットスポットと言う。ホットスポットは珍しいものだが、例えばイエローストーンのように、現在でも活動中のものもある。地球深部から絶えず供給される熱こそが、イエローストーンにあるオールドフェイスフルをはじめとする間欠泉のエネルギー源となっているわけだ。

これと同じことがペルム紀の末期にも起きた。しかも、大陸規模でだ。シベリアの地下に特大のホットスポットができ、溶けた岩石から成る幾筋もの流れが、マントルを貫いて地殻に達し火山からあふれ出た。ここで言う「火山」は、私たちが真っ先に思い浮かべる普通の火山とは違う。円錐形に盛り上がっていて、数十年の休止期を挟んで時折まとまった量の灰と溶岩を噴き上げる、セントヘレンズ山やピナトゥボ山のような火山ではないということだ。酢と重曹を混ぜて泡をブクブクと噴き出させる、サイエンスフェアの実験でおなじみのあの仕掛けとは違い、勢いよく噴火したりはなかった。むしろ、当時の火山は地面に開いた大きな亀裂にすぎず、たいてい何キロにもわたって連なり、何年も、何十年も、何百年も溶岩を垂れ流し続けた。ペルム紀末期の噴火は、数十万年、いや、数百万年も続いたかもしれない。何回かの大規模で爆発的な噴火と、ゆっくりと溶岩が流れ出るわりと穏やかな時期があった。その結果、膨大な量の溶岩が噴出し、アジア大陸の北部から中部にかけての数百万平方キロを覆い尽くした。二億五〇〇〇万年余り経った現在も、この時の溶岩が固まってできた黒色玄武岩が、西ヨーロッパの面積に匹敵する約二五〇万平方キロものシベリアの大地を覆っている。

溶岩に焼かれる大陸を想像してみるといい。まるで低俗なB級映画で描かれる終末期の災厄のようだっただろう。言うまでもなく、シベリアの近辺に生息していた動物は、パレイアサウルス類であれディキノドン類であれゴルゴノプス類であれ、すべて死に絶えた。それだけではない。火山が噴火すると、溶岩だけでなく熱も灰も有毒ガスも放出される。溶岩と違い、これらは地球全体に影響をおよぼしうる。実際、ペルム紀末期には破滅の真の要因となり、数百万年も続く破壊の連鎖を引き起こし、その過程で取り返しのつかないほどに世界を変えてしまった。

火山灰が噴き上げられ、大気上層の気流に乗って世界中に広がったせいで、太陽光がさえぎられ、植物の光合成が妨げられた。うっそうとしていた針葉樹の森が消え、パレイアサウルス類やディキノドン類の食べる植物がなくなり、ゴルゴノプス類の食べる肉もなくなった。食物連鎖が崩れ出したのだ。火山灰の一部が下降しはじめ、大気中の雨粒と結びついて酸性雨となり、地上の悲惨な状況に追い打ちをかけた。植物がますます枯れ、土壌がむき出しになって不安定になり、大規模な侵食が起きやすくなった。土砂崩れが多発し、腐りかけた広大な森を押し流した。あのザヘウミエの採石場で、粒の細かい泥岩が大きな石の入り混じる岩にガラッと変わっていたのはこのためだ。あの岩相の移り変わりは、静かで穏やかだった環境が、高速の土石流と嵐が頻発する環境に一変したことを意味している。大規模な火災が起きて傷ついた大地を舐め尽くすと、植物や動物はますます生き延びづらくなった。

しかし、これまで述べてきたことはあくまでも短期的な影響だ。シベリアの亀裂からのとりわけ大規模な溶岩流出が起きてから、数日間、数週間、せいぜい数か月のあいだに起きた出来事にすぎない。長期的な影響はもっと深刻だった。溶岩とともに、高温の二酸化炭素ももくもくと湧き出ていた。現代の人類が身にしみて知っているように、二酸化炭素は強力な温室効果ガスだ。地表から放射される赤外線を吸収し、それを地表に送り返すことで地球を温める。シベリアでの噴火で噴き出した二酸化炭素は、地球の設定温度を数度上げるだけでは済まず、とめどない温室効果を引き起こし、地球を沸騰させた。それだけではない。膨大な二酸化炭素は大気に放出されるだけでなく海洋にも溶け込んだ。その結果、一連の化学反応を経て、海水の酸性度が上がった。海の生き物、とりわけ溶けやすい殻を持つ生物にとっては最悪の事態と言える。人間だって酢の風呂に浸かったりはしないではないか。この一連の化学反応のせいで、大量の酸素が海洋から抜け出すことにもなり、海中や海辺に生息する生き物にとって、ますます事態は深刻になった。

　こうした惨状の描写はその気になれば何ページでも続けられるが、要するに、ペルム紀末期は生き物にとって極めて生きづらい時期だったということだ。それは、地球史上最大の大量死事件だった。全生物種のおよそ九割が滅びた。こうした出来事に対して古生物学者は特別な言葉を用意している。膨大な数の動植物種が地球上から短期間にいなくなることを「大量絶滅」と言う。地球では過去五億年のあいだにとりわけ大規模な大量絶滅が五回起きた。もっとも有名な例は、言うまでもなく、六六〇〇万年前に恐竜を滅ぼした白亜紀末期の大量絶滅だろう。これについてはあとで触れる。白亜紀末期の大量絶滅もとんでもない事件だったが、それをはるかに上回る規模で起きたのが、このペルム期末期の大量絶滅だった。二億五二〇〇万年前、ポーランドの採石場に見られる例の岩相の移り変わりが形成されたその時期に、生命は、地球上から一掃される事態にかつてないほど近づいたのだ。

　そのあと事態は好転した。世界とはそういうものだ。生命はたくましく、どれだけすさまじい災厄に見舞われようと、必ず一部の種は生き延びる。数百万年にわたり噴火し続けた火山は、ホットスポットの勢いが衰えると、やがて活動を停止した。溶岩や火山灰、二酸化炭素などの脅威が去り、各地の生態系は徐々に安定を取り戻していった。植物が再び繁茂しはじめ、そして多様化した。新しい食料を得て植物食動物が増え、続いてその肉を食べる肉食動物も増えた。食物網[1]が再び築かれていった。五〇〇〇万年以上かけて各地の生態系が回復し、世界は一時《いっとき》よりまともな状態に戻った。ただし、その様相は大量絶滅の前とはずいぶん変わっていた。かつて優勢だったゴルゴノプス類、パレイアサウルス類、およびそれらに近い仲間は、ポーランドの湖畔はもちろんのこと、もう世界のどこにもいなかった。代わりに、しぶとく生き延びた者たちが地球を丸ごと我がものにしようとしていた。がら空きになった世界。誰もいない未開の地。時はペルム紀から次の地質時代である三畳《さんじょう》紀に移っていた。もう世界が以前の状態に戻ることはない。恐竜が舞台に上がろうとしていた。

私は、まだ駆け出しの古生物学者だった頃、ペルム紀末期の大量絶滅を経て世界がどう変わったのかを具体的に知りたいと思っていた。何が滅んで何が生き延び、またどうしてそうなったのか。生態系はどのくらいの速さで回復したのか。災厄後の暗闇の中からどんな前代未聞の生き物が登場したのか。ペルム紀の溶岩の中でこしらえられた現代世界の最初の兆しとはどんなものか。

こうした疑問に答えを出す方法は一つしかない。外に出かけて化石を見つけることだ。殺人事件が起きたら、刑事はまず被害者の遺体と犯行現場を調べる。そして、指紋、髪の毛、衣服の繊維といった、真相解明と犯人逮捕につながりそうな手がかりを探す。古生物学者にとっては化石が手がかりとなる。化石はこの分野における共通言語であり、大昔に滅びた生き物がどう生きてどう進化したかを示す唯一の記録と言える。

化石とは太古の生物が残したあらゆる痕跡のことであり、さまざまな種類がある。一番思い浮かべやすいのは、骨や歯や殻といった動物の骨格を成す硬い部分の化石だろう。砂や泥に埋もれたあと、こうした硬い部分が次第に鉱物に置き換えられて化石となる。木の葉や細菌などの軟らかい組織が化石に残ることもある(堆積物に印象だけを残すことも多い)。(2) 同じことは動物の軟らかい部分にも言えて、皮膚や羽毛、時には筋肉や内臓までが残る。ただし、よほど運がよくないかぎり、こうした部分が化石になることはない。もろい組織が腐ったり捕食者に食べられたりしないうちに、動物の死体がすばやく埋没しないといけないからだ。

今説明した例はすべて「体化石」と呼ばれるもので、植物や動物の体そのものが化石になったものだ。ほかにも「生痕《せいこん》化石」と呼ばれるものがある。生物の存在や活動の痕跡、あるいは生物が体外に出した物が化石化したもののことを言う。一番分かりやすい例は足跡だろう。ほかにも、巣穴、嚙み跡、糞化石、卵、巣などが挙げられる。生痕化石はとりわけ貴重な情報源となりうる。なぜなら、絶滅した動物が互いにどう関わり、周りの環境とどうつき合っていたかを教えてくれるからだ。動物がどう動いていたか、何を食べていたか、どこに暮らして、どのように繁殖していたか。そうしたことを教えてくれる。

私が特に関心を持っているのは、恐竜の化石と、恐竜より少し前に生きていた動物の化石だ。恐竜は、三畳紀、ジュラ紀、白亜紀という三つの地質時代（まとめて中生代と呼ばれる）にまたがって生きた。例の風変わりで素敵な面々がポーランドの湖畔で暮らしていたペルム紀は、三畳紀の一つ前の時代にあたる。恐竜と言うと「太古の動物」と思いがちだが、実は、生命の歴史の中で見るとわりと新参者と言える。

地球は約四六億年前に生まれ、その数億年後に最初の生命である微細な細菌が誕生した。それからの約二〇億年間は細菌の世界だった。植物や動物はもちろんのこと、ヒトの肉眼で簡単に見えるような生き物はまったくいなかった。やがて、およそ一八億年前になると、そうした単純な細胞が互いに集まり、もっと大きくて複雑な生物に進化できるようになった。さらに時代が下ると、熱帯域までほぼすっぽりと氷河に覆われる全球凍結期が訪れ、その余波として最初の動物が現れた。初めは単純そのもので、例えばクラゲのような、中にねっとりとした液体が詰まった柔らかい袋にすぎなかったが、そのうち殻や骨格を持つようになった。およそ五億四〇〇〇万年前のカンブリア紀になると、こうした骨格を持つ動物が爆発的に多様化し、圧倒的に数を増やした。「食う－食われる」の関係がはじまり、海洋に複雑な生態系が築かれるようになる。中には内骨格を発達させた動物もいた。つまり、最初の脊椎動物だ。その見た目は薄っぺらい小魚のようだった。

脊椎動物も多様化を続け、ついにはその一部が鰭《ひれ》を腕に変え、手足に指を生やし、約三億九〇〇〇万年前に陸地に上がった。最初の四肢動物が誕生したのだ。今陸上に暮らしている脊椎動物は、カエルもサンショウウオも、ワニもヘビも、恐竜もヒトも、すべてその四肢動物の子孫にあたる。

こうした歴史を知ることができるのも化石のおかげであり、つまりは代々の古生物学者が骨格、歯、足跡、卵などの膨大な化石を世界各地で見つけてきてくれたおかげである。私たち古生物学者は、化石を見つけることに執念を燃やす。世間に白い目で見られようと、新しい化石を見つけるためなら（時にあきれるほど）遠くまで出かける。ポーランドにある石灰岩の採石場、ウォルマートの裏にある崖、岩くずが積み上がった建設現場、腐敗臭のただよう埋立地の岩壁。そこに発見されるのを待っている化石があるなら、少なくとも一部の向こう見ずな（「頭のいかれた」と言ってもいい）古生物学者はどこへでも出かける。暑さ、寒さ、雨、雪、湿度、ほこり、風、虫、悪臭、紛争。どんな障害が待ち受けていようと構わない。

私がポーランドに通いはじめたのも、そういう熱意からだった。二〇〇八年の夏、修士課程を終え博士課程に進もうとしていた二四歳の私は、初めてポーランドを訪れた。その数年前にシュレジエン（長年ポーランドとドイツとチェコが領有を争ってきたポーランド南西部の地域）で面白そうな新種の爬虫類化石が見つかっていて、それを研究したいと思ったからだ。その化石は、国の天然記念物として首都ワルシャワの博物館に保管されていた。ワルシャワの中央駅に着いた時の喧騒は今でも覚えている。戦後の荒廃から立ち直った街にはスターリン時代の醜悪な建物が立ち並んでいたが、ベルリンから乗った列車の到着が遅れたせいで、すでに夜のとばりに包まれようとしていた。

列車を降りて人混みを見渡した。私の名前を書いた紙を持った人が迎えに来てくれているはずだった。訪問するにあたり、かなり年配のポーランド人教授とかしこまったメール交換を重ね、大学院生の一人を駅まで迎えに寄こしてもらうことになっていたのだ。その大学院生に滞在先のポーランド古生物学研究所まで案内してもらわないといけない。化石の保管場所の数階上にある小さな客間をあてがわれていた。ところが、相手の人相を知らなかった。そもそも列車の到着が一時間以上も遅れていたし、もう研究室に戻ってしまったに違いない。黄昏《たそがれ》時の異国の街を独りきりで歩くはめになってしまった。ガイドブックの用語集に載っている片言のポーランド語を頼りにして……。

パニックに陥りかけた時、風にはためく白い紙に私の名前が走り書きされているのを発見した。若い男性が紙を持っている。ミリタリーカットに刈り込んだ髪は私と同じように生え際が後退しはじめている。黒い瞳の目を細めて私を探していた。うっすらと無精ひげを生やしていて、私の知る大多数のポーランド人よりいくぶん色黒な気がする。褐色と言ってもいいほどだ。何となく怪しげな印象を受けたが、歩み寄る私に彼が気づいた瞬間、そんな印象は吹き飛んだ。顔をほころばせて満面の笑みを浮かべながら、私のカバンを引き取り、固い握手を求めてきたのだ。「ポーランドへようこそ。グジェゴシと言います。一緒に夕飯でもいかがですか」。

私は長旅のあとで、グジェゴシは丸一日かけて骨化石を記載したあとだった。数週間前、ポーランド南東部で学部生とともに新しい骨化石を発見したのだと言う。褐色の肌は日焼けによるものだった。そんなわけで二人ともくたくただったのだが、結局、数杯のビールを飲み干しつつ、化石について数時間も語り合ってしまった。目の前にいる男は、私に負けないくらい恐竜への純粋な熱意に満ちていて、さらに、ペルム紀末期の大量絶滅後に起きたことについて、型破りな考えをたくさん持っていた。

私はグジェゴシと親友になった。その週も二人でポーランドの化石を研究したし、その後の四年間も夏になるたびにポーランドに舞い戻り、一緒に発掘調査をした。調査には、〝三人目の銃士〟として、イギリスの若手古生物学者リチャード・バトラーが加わることも多かった。私たち三人は数多くの化石を発見し、それらの化石をもとに、ペルム紀末期の大量絶滅後の混沌期に恐竜がどう進化し誕生したかについて、新しい考えを思いつくに至った。また、その数年間に、熱心ではありながらどこか控えめな大学院生だったグジェゴシが、ポーランドを代表する古生物学者の一人に変貌していくさまを目の当たりにすることにもなった。三〇の声を聞く数年前、グジェゴシは、ザヘウミエ採石場の別の一角で約三億九〇〇〇万年前の足跡化石を発見した。それは、最初に陸上進出を果たした魚に似た生き物の一種が残した足跡だった。グジェゴシの発見は世界最高峰の科学雑誌の一つである「ネイチャー」の表紙を飾った。ＴＥＤに呼ばれ、ポーランドの首相も交じる聴衆に向けてプレゼンも行った。グジェゴシの無愛想な顔が（彼の発見した化石ではなくて彼自身が）、「ナショナルジオグラフィック」誌ポーランド語版の表紙を飾ったこともあった。

ちょっとした有名研究者になっても、グジェゴシの何よりの楽しみは野外に出て化石を探すことで、自らを「発掘調査の鬼」と呼んでいた。キャンプを張ってナタで茂みを切り払いながら進むほうが、ワルシャワのおしゃれな通りを歩くよりずっと楽しいらしい。無理もない。ホーリークロス山脈地域の中心都市であるキルツェの近郊に育ち、子供の頃から化石の採集をしてきたのだから。おかげである特殊な才能が芽生え、多くの古生物学者が見過ごしがちなたぐいの化石を見つけられるようになった。そう、生痕化石だ。後足や前足の跡、尾を引きずった跡など、恐竜などの動物が泥や砂の上を歩いた時に残した痕跡である。狩りをしたり、隠れたり、交尾をしたり、集団生活を営んだり、子供に食事を与えたり、あるいは当てもなくぶらついたり。そうした日常の営みのさなかに残されたものだ。グジェゴシは足跡化石に首ったけだった。「骨格は一匹の動物につき一体しか残らないけど、足跡は何百万個と残る」。ことあるごとにそう言っていた。まるで情報機関の職員のように、足跡化石が多産する場所を知り尽くしていた。何と言っても、ホーリークロス山脈地域はグジェゴシの裏庭なのだ。実際、こんなに素敵な裏庭もそうそうないだろう。ペルム紀から三畳紀にかけて、そこには季節ごとに収縮する湖が点在し、湖畔にたくさんの動物がいた。足跡化石が残るのにうってつけの環境だったのだ。

その四年間の夏は、グジェゴシの足跡化石〝愛〟にとことんつき合った。リチャードとともに後ろにくっついて、グジェゴシの知る数々の穴場を巡った。廃業になった採石場に小川から顔をのぞかせた岩場。道路の建設現場に行くことも多かった。アスファルトを敷く際に切り崩した岩板が側溝の脇に山積みにされていたからだ。私たちはたくさんの足跡化石を見つけた。いや、グジェゴシが見つけたと言うべきか。リチャードと私も見る眼を鍛え、トカゲや両生類、そして初期の恐竜やワニの親戚が残した、往々にして小さい前足や後足の跡を見つけられるようになったが、足跡化石の匠の眼力には到底かなわなかった。

グジェゴシが二〇年間かけて集めた数千点に上る足跡化石と、リチャードと私がたまたま見つけた雀の涙ほどの新しい化石から、何とも興味深い物語が見えてきた。足跡化石にはさまざまなタイプがあって、それを残した生き物の種類も実に多岐にわたっていた。しかもそれらは、ある一時期からだけではなく、数千万年間にわたり連続して産出していた。ペルム紀にはじまり、大量絶滅期に入っても途切れず、三畳紀、さらには次の時代区分であり約二億年前にはじまるジュラ紀まで産出が続いていたのだ。季節性の湖が干上がると、広大な泥地が姿を現し、動物がそこを歩いて痕跡を残す。川からは絶えず新たな堆積物が流れてきて泥地を覆う。泥地は埋もれ、やがて岩石になる。こうしたサイクルが何年も何年も繰り返されて、足跡が幾重にも幾重にも折り重なった地層がホーリークロス山脈にできた。古生物学者にとって、この地層は情報の宝庫だ。動物や生態系が時とともにどう変化したか。とりわけ、破滅的なペルム紀末期の大量絶滅のあとにどう変わったか。そうしたことを探る機会を提供してくれる。

ある足跡をどのような動物が残したのかということは、わりと簡単に調べられる。足跡の形と前足や後足の形を見比べてみればいい。指は何本あるか？　どの指が一番長いか？　指はどの方向を向いているか？　残っているのは指の跡だけか、それとも〝掌《てのひら》〟や〝土踏まず〟にあたる部分の跡も残っているか？　右と左の足跡のあいだにほとんど隙間がないなら、その足跡の持ち主は体の真下に肢がついていたことになるし、右と左の足跡が離れているなら、それは肢が体の側方に突き出ている動物が残したことになる。こうしたチェックリストにしたがっていけば、たいていの場合、その足跡を残した動物を大まかに分類できる。種まで正確に突き止めることは不可能に近いが、爬虫類と両生類の足跡を見分けたり、恐竜とワニの足跡を見分けたりすることは十分に可能だ。

ホーリークロス山脈から産出するペルム紀の足跡化石は多岐にわたる。主に、両生類、小型の爬虫類、初期の単弓類が残したものが多い。単弓類は哺乳類の祖先にあたる動物なのだが、何とももどかしいことに、子供向けの本や博物館の展示で「哺乳類型爬虫類」という不正確な呼び名が使われているのをよく見かける（実際には単弓類は爬虫類ではない）。ゴルゴノプス類とディキノドン類は、どちらも原始的な単弓類である。ペルム紀末期のこの地域の生態系は、どこからどう見ても頑健だ。小動物から、体長三メートル・体重一トンを超える大型動物まで、多彩な動物がともに暮らし、季節性の湖のそばで湿潤な気候のもとに繁栄を謳歌していた。ただし、このペルム紀の地層に恐竜やワニが残した足跡はまったくないし、それらの祖先にあたる動物が残したとおぼしき足跡も見当たらない。

そして、ペルム紀−三畳紀境界で何もかもが一変する。足跡化石の時代ごとの変化を追って大量絶滅期をまたぐことは、サンスクリット語で書かれた章のあとに英語で書かれた章が続く難解な書物を読むようなものと言える。ペルム紀の末期と三畳紀の初期はまったく別々の世界であるかのようだ。両時代の足跡が、同じ場所、同じ環境、同じ気候のもとに残されたことを考えると、これは驚くべきことと言える。ポーランド南部は、ペルム紀から三畳紀へと時代が移るあいだ、山脈から急流が流れ込む湿潤な湖畔の土地であり続けた。つまり、変わったのは動物たちのほうだということになる。

　三畳紀初めの足跡化石を調べた時、私はゾッとした。遠い昔にこの地を襲った死の恐怖を感じた。足跡がほとんど見当たらないのだ。いくつか小さなものが所々に見つかるだけ。代わりに多数の穴の痕跡が岩石に深くうがたれていた。まるで、地上の世界が破滅を迎えて亡霊だらけになり、そこから逃れようとした動物たちが地下に潜ったかのように。足跡は、もっぱら小型のトカゲか哺乳類の親戚のもので、いずれもマーモットと大差ない体格だったと思われる。ペルム紀の多彩な足跡の多く、特に哺乳類が出現する前に生きていた大型の単弓類の足跡が消え、二度と見られなくなった。

　足跡化石を追いながら時代を下っていくと状況は少しずつよくなっていく。足跡の種類が増え、一部はサイズも大きくなり、反対に穴の痕跡は減っていく。ペルム紀末期の火山がもたらした打撃から世界が立ち直りつつあることは一目瞭然だ。やがて、大量絶滅から数百万年後の約二億五〇〇〇万年前になると、新しい種類の足跡が見られるようになる。その足跡は、小型で数センチほどしかない。ちょうどネコの足くらいの大きさだ。行跡[3]の幅が狭く、五本指の前足のすぐ後ろに少し大きめの後足の跡がついている。後足は中央の三本の指が長く、両脇の指は小さい。この足跡がもっともよく見つかるのは、ストリチョビツェと呼ばれるポーランドの小さな村のそばだ。橋の上に車を停めてイバラの茂みをかき分けながら進むと小川にたどり着く。その小川の土手を調べると、足跡のついた岩板があちらこちらに見つかる。グジェゴシは若い頃にその穴場を見つけたそうで、一度、現地まで自慢げに案内してくれた。うんざりするほど湿度が高く、虫やら雨やら雷やらに悩まされた七月のとある日のことだった。雑草を切り払いながら数分ほど歩いただけで二人ともずぶ濡れになり、濡れて曲がったフィールドノートのページから、ペンのインクがしたたり落ちていた。

そこで見つかった足跡化石はプロロトダクティルス（*Prorotodactylus*）という学名で呼ばれている。グジェゴシはその足跡化石の解釈に迷った。プロロトダクティルスは、すぐ近くにあるほかの足跡とも、ペルム紀の地層から見つかるあらゆる足跡とも明らかに違う。では、どんな動物がつけたのだろう？　恐竜か恐竜に近い動物がつけたのではないか。グジェゴシは直感的にそう考えた。なぜなら、ハルトムート・ハウボルトという老古生物学者が一九六〇年代に似たような足跡をドイツから報告し、初期の恐竜かそれに近い仲間のものだと主張していたからだ。しかし、その主張が正しいのかどうか、グジェゴシには判断しかねた。初期のキャリアのほとんどを足跡化石の研究に費やし恐竜の実物の骨格にあまり触れてこなかった彼にとって、その足跡を特定の持ち主と結びつけることは困難だった。そこで私の出番となったわけだ。私の修士論文のテーマは、三畳紀の爬虫類の系統樹を作成し、初期の恐竜がほかの爬虫類とどういう関係にあったかを探るというものだった。博物館におもむいて何か月も骨化石を観察していた私は、初期の恐竜の体のつくりを熟知していた。同じことは、初期の恐竜の進化について博士論文を書いたリチャードにも言えた。三人で協力して足跡化石プロロトダクティルスを残した〝犯人〟の姿を探り、ついに、恐竜にそっくりな動物がつけたものだという結論を得た。そして、この解釈を二〇一〇年に寄稿した論文の中で発表した。

答えに至る手がかりは、もちろん、足跡の細部に宿っていた。プロロトダクティルスの行跡を見て私が初めに気づいたのは、幅が狭いということだ。右足と左足のあいだにほとんど隙間がなく、数センチしか離れていない。こうした足跡がつくのは、動物が前肢と後肢を体の真下に伸ばして直立歩行をする場合だけだ。ヒトも直立歩行をする。だから浜辺を歩くと左足と右足の間隔がとても近い行跡が残る。ウマも同じだ。今度牧場に行ったら（またはちょっと賭けをしに競馬場に行ったら）、ウマが駆けたあとに残るひづめの跡を見

図 3　（上）グジェゴシ・ニージュヴィージュキーが観察しているのは足跡化石プロトダクティルスを残した動物の実物大模型だ。この恐竜形類によく似た祖先から，やがて恐竜が誕生した（写真提供：グジェゴシ・ニージュヴィージュキー）。（下）ポーランドから見つかった足跡化石プロトダクティルス。後足の跡に前足の跡が重なっている。前足の跡の大きさがおよそ 2.5 センチ。

てみるといい。私の言っていることが分かってもらえると思う。しかし、実のところ、この歩き方は動物界においては極めて珍しい。サンショウウオやカエルやトカゲは違う歩き方をする。前肢と後肢が体の側方に突き出ていて、這うように歩く。四本の肢を大きく広げて歩くから、当然、行跡の幅はずっと広くなり、右足と左足の跡のあいだに大きな隙間が空く。

ペルム紀の世界は這い歩く動物たちに支配されていた。ところが、大量絶滅のあと、爬虫類の新しいグループが登場し、這い歩くのをやめて直立姿勢をとるようになる。主竜類と呼ばれるグループだ。これは、生命進化の歴史において画期的な出来事だった。すばやく動く必要のない外温［変温］動物にとっては、這い歩きでも特に不都合はなかった。しかし、四肢を体の真下に収めることで、可能性にあふれた新しい世界が拓けた。もっと速くもっと遠くまで走れるようになり、獲物を楽に追い詰められるようになった。燃費も上がった。まっすぐな肢を規則正しく前後に動かす方が、弧を描くように肢を動かして這い歩くより、ずっとエネルギー消費が少なくて済むからだ。

這い歩きをやめて直立歩行をする動物が出てきたのはなぜか？　確たる答えは知りようがないかもしれないが、おそらくペルム紀末期の大量絶滅の影響だと思われる。この新しい歩き方が、大量絶滅後の混沌を生きる主竜類にとって一つの強みになったことは想像に難くない。生態系はいまだ回復の途上にあり、気温は耐えがたいほどに高く、ニッチ[4]の多くに空きが出ていた。それらの地位に就けたのは、この地獄を生き延びるための新たな手段を進化させた型破りな生き物だった。直立歩行は、火山の噴火で打撃をこうむった世界で動物が立ち直るための（さらには進歩するための）一つの手段だったように思える。

直立歩行という新しい歩き方を手に入れた主竜類は、耐え忍ぶどころか、繁栄した。まだ傷の癒えない三畳紀初期の世界でつつましく誕生し、やがて驚異的な多様化を遂げた。まず、誕生後まもなく二つの主な系統に枝分かれし、その二つの系統が三畳紀を通して競い合うように進化していった。驚くことに、どちらの系統も今日《こんにち》まで命脈を保っている。一つめの系統は、のちにワニを生み出す偽鰐《ぎがくるい》類で、分かりやすく「ワニ系統の主竜類」と呼ばれることも多い。もう一つの系統であるアヴェメタタルサリア類は、空飛ぶ爬虫類である翼竜や、恐竜を含んでいる。ということは、恐竜の子孫である鳥類も含むわけで（このことについてはあとで触れる）、「鳥類系統の主竜類」とも呼ばれる。ストリチョビツェから見つかった足跡プロロトダクティルスは、主竜類の最古級の生痕化石であり、今紹介した動物たちの、おばあちゃんの、おばあちゃんの……そのまたおばあちゃんが残した痕跡である。

では、プロロトダクティルスがどのような主竜類だったのか、具体的に考えてみよう。大切な手がかりとなるのは足跡に見られる特異な点だ。残っているのは足の指の跡だけで、〝土踏まず〟にある中足骨の跡はない。中央の三本の指がギュッと集まっていて、残りの二本は短くなっている。足跡の後ろの縁はカミソリでスパッと切られたかのように一直線だ。これらの解剖学的特徴は瑣末なものに思えるかもしれない。実際、こだわらなくていい場合も多い。でも、医師が患者の症状を見て病気を診断できるように、私はこれらの特徴を見て、恐竜と恐竜にごく近縁な仲間ならではの特徴だと判断できる。プロロトダクティルスの特徴は、恐竜の足の骨格にしか見られない特徴と合致している。その特徴とは、歩行時に指だけが地面に着く趾行性《しこうせい》に適したつくり、中足骨と指骨が寄り集まった幅の狭い足、哀れなほどに萎縮した外側の指、そして指骨と中足骨のあいだにある蝶番《ちょうつがい》のような関節だ。最後の特徴は、恐竜と鳥類ならではの足首と関係している。恐竜と鳥類の足首は前後方向にしか動かせず、ひねることはまったくできない。

足跡化石プロロトダクティルスの持ち主は、恐竜に極めて近い鳥類系統の主竜類だった。専門的に言うと、プロロトダクティルスは主竜類の中の恐竜形類に属する。恐竜形類に含まれるのは、恐竜と、恐竜にごく近縁な数グループだ。後者はつまり、生命の系統樹において恐竜が盛んに枝を広げる少し手前で枝分かれしていったグループと言える。這い歩きをする動物から直立歩行の主竜類が進化した。その次に起きた画期的な出来事が、この恐竜形類の誕生だ。恐竜形類は、まっすぐに伸びた肢で誇らしげに直立できただけでなく、長い尾とたくましい後肢の筋肉、後肢と胴体をつなぐ特別な股関節の骨を持っていた。そうした特徴のおかげで、直立歩行をするほかの主竜類よりもさらに速く、効率的に走ることができた。

最初期の恐竜形類の一種であるプロロトダクティルスは、「ルーシー」の恐竜版と言えるかもしれない。アフリカ産の有名な化石であるルーシーは、人類にとてもよく似た動物でありながら、本物の人類、つまり私たちホモ・サピエンスの一員ではなかった。ルーシーが私たちに似ているように、プロロトダクティルスの外見と行動も恐竜によく似ていたに違いないが、従来の見方にしたがうと本物の恐竜とはみなせない。なぜかと言うと、「恐竜とは、植物食のイグアノドン（*Iguanodon*）と肉食のメガロサウルス（*Megalosaurus* 一八二〇年代に発見された最初の二種の恐竜）、およびその二種の共通祖先から生まれたすべての子孫が属するグループのメンバーである」という定義が、ずっと昔に定められてしまっているからだ。プロロトダクティルスは、この共通祖先からではなくその少し前の祖先から進化したため、定義にしたがえば本物の恐竜ではないことになる。でも、これは言葉の問題にすぎない。

プロロトダクティルスからは、「こういうたぐいの動物が恐竜に進化したのだろうな」と思わせる特徴が見て取れる。この動物はネコほどの大きさで、体重はせいぜい四・五キロほどだった。四肢で歩き、前足と後足の跡を残した。同じ前足（または同じ後足）がつけた跡の間隔から判断すると、肢はかなり長かったはずだ。後肢はとりわけ細長かったに違いない。というのも、よく後足の跡が前足の跡の前についているからで、これは後足が前足を追い越していた証しである。前足は小さく、物をつかむのに適していた。後足は長くて幅が狭く、走るのにうってつけだった。プロロトダクティルスの主は、ひょろひょろとした見た目で、チーターのようなスピードを持ちながらナマケモノに似た不格好な体型をしていた。たぶん、巨大なティラノサウルス（*Tyrannosaurus*）やブロントサウルス（*Brontosaurus*）の祖先と聞いて皆さんが想像するような動物とはかけ離れているだろう。しかもこの動物は、さほど繁栄していなかった。プロロトダクティルスの割合は、ストリチョビツェから見つかる全足跡化石の五パーセントに満たない。この恐竜形類は、初めに登場した時、特に生息数が多いわけでも栄えていたわけでもなかった。というより、小型の爬虫類や両生類よりはるかに少なく、ほかの原始的な主竜類の生息数にも遠くおよばなかった。

希少で、風変わりで、厳密に言うと恐竜ではない恐竜形類は、三畳紀の初期から中期にかけて世界が立ち直っていく中で進化を続けていった。ポーランドには、まるで小説のページのように年代順にきれいに積み重なった足跡化石産地があって、この進化がつぶさに記録されている。ヴィウリ、パウエンギ、バラヌフなどの産地から産出する一連の恐竜形類の足跡化石（ロトダクティルス〈*Rotodactylus*〉、スフィンゴプス〈*Sphingopus*〉、パラキロテリウム〈*Parachirotherium*〉、アトレイプス〈*Atreipus*〉など、耳なれない名前のものばかりだ）は、時代が下るにつれて多様化していく。新しい種類が続々と現れ、足跡が大型化し、形も多彩になっていった。外側の指が完全に消失し、中央の三本の指だけが残っている足跡もあった。一部の行跡からは前足の跡が見られなくなった。それらの恐竜形類は後肢だけで歩いていたことになる。約二億四六〇〇万年前になると、オオカミ大の恐竜形類が後肢で走り回り、爪の生えた前足で獲物を捕まえるようになっていた。まるでT・レックスのミニチュア版だ。恐竜形類はポーランドだけに生息していたわけではなく、足跡化石はフランス、ドイツ、アメリカ南西部からも見つかっている。骨化石も産出しはじめていて、アフリカ東部や、最近ではアルゼンチンやブラジルからも出てきている。ほとんどの種が肉食だったが、中には植物食に転じた種もいた。動きが敏捷で、成長が速く、代謝が高かった。同時代に生息していた鈍重な両生類や爬虫類に比べると、活発で躍動的な動物だった。

ある時、こうした原始的な恐竜形類から真の恐竜が進化した。ただし、ガラッと変わるのは名前だけだ。恐竜でない動物と恐竜との境界はあいまいで、人為的なものとさえ言える。科学界の旧弊と言ってもいい。イリノイ州から州境を越えてインディアナ州に入ったところで何も変わらないのと同じように、イヌ大の恐竜形類が、系統樹の恐竜側の領域に少し足を踏み入れて、別のイヌ大の恐竜形類に移行しても、そこに特筆すべき飛躍的な進化は見当たらない。その移行をもたらしたのは、骨格のわずか数か所に生じた新たな特徴だった。すなわち、前肢を内外に動かす筋肉の長い付着痕が上腕骨にあること、たくましくなった筋肉と腱を支えるために頸椎につばのような突起が張り出していること、そして、大腿骨と骨盤をつなぐ関節の穴が貫通していることだ。これらの変化はささいなもので、正直なところ、なぜそうした変化が起きたのかも分かっていない。確かなのは、大きな飛躍的進化が起きて恐竜形類から恐竜が生まれたわけではないということだ。敏捷で、後肢がたくましくて、成長の速い恐竜形類が誕生したことのほうが、進化の観点から見てよほど大きな出来事だった。

最初の真の恐竜は二億四〇〇〇万～二億三〇〇〇万年前に現れた。年代値にこれほど幅があることの背景には二つの問題がある。私もその二つの問題にずっと悩まされてきたが、もう機は熟していて、そろそろ次世代の古生物学者が解決すべき時だと思う。一つめの問題は、最初期の恐竜とそれらに近縁な恐竜形類が極めてよく似ていることだ。骨格を見分けることも難しいし、ましてや足跡の判別など不可能に近い。例えば、謎めいたニアササウルス（*Nyasasaurus*）は、タンザニアにある二億四〇〇〇万年前の地層から前肢の一部と数個の椎骨が見つかっている、世界最古とも目される恐竜だ。でも、系統樹において恐竜側の領域に達していない、ただの恐竜形類である可能性もある。同じことは、ポーランドで見つかる足跡化石、とりわけ後肢で歩いていた動物がつけた大きめの足跡化石についても言える。たぶん、そうした足跡化石の一部は、正真正銘、本物の恐竜がつけたものだろう。でも、最初期の恐竜とごく近縁な恐竜形類の足跡を見分ける良い方法を、私たちは持っていない。足の骨格が似すぎているのだ。もっとも、これは大した問題ではないのかもしれない。真の恐竜が誕生したことより、恐竜形類が誕生したことのほうが、ずっと重要なのだから。

二つめの問題のほうがよほど見過ごせない。それは、三畳紀の化石産出層の多く、特に初期と中期の地層について、十分に年代を特定できていないことだ。岩石の年代を突き止める最良の方法は、「放射年代測定」と呼ばれている。岩石に含まれる二種類の元素、例えばカリウムとアルゴンの割合を比べるという手法である。仕組みはこうだ。溶けた岩石が冷えて、液体の状態から固体に変わる時、鉱物が析出する。こうした鉱物は特定の元素を含んでいる（ここではカリウムとしよう）。カリウムのある同位体(5)（カリウム４０）は不安定で、放射性崩壊と呼ばれるプロセスを通して、少量の放射線を放出しながら（ガイガーカウンターに音を出させるアレだ）、少しずつアルゴン４０に変わっていく。岩石が固まった瞬間から、不安定なカリウムがアルゴンに変化しはじめる。放射性崩壊が進むにつれ、アルゴンのガスが岩石中に溜まっていく。測定するのはこのガスの量だ。カリウム４０がアルゴン４０に変わっていくペースは実験で確かめられているので、岩石を採取して中に含まれる二つの同位体の割合を調べることで、その岩石の年代を計算できる。

二〇世紀半ば、放射年代測定は地質学の分野に革命を起こした。考え出したのはアーサー・ホームズというイギリス人だ。かつてエジンバラ大学に在籍し、私の隣の隣くらいの部屋を使っていた人物でもある。現代の研究施設は、例えば私の研究者仲間が運営しているニューメキシコ工科大学の研究所やグラスゴー近郊のスコットランド大学環境研究センターなどのように、ハイテクで超現代的になっている。そこに白衣の研究者が詰めていて、昔私が住んでいたマンハッタンのアパートより大きな機械（数百万ドルする代物）を使い、微細な岩石の結晶の年代を測定している。放射年代測定は極めて洗練された手法なので、数億年前の岩石の年代を精密に測定し、数万年とか数十万年といった短い時間枠に収められる。また、異なる研究所がそれぞれ独立に同じ岩石の試料を分析しても、毎回決まって同じ年代を導き出せる。良心的な研究者は、こうしたやり方で測定結果を検証し、自分たちの手法に問題がないことを確認している。長年にわたり検証が重ねられた結果、放射年代測定が正確なものであることは立証されている。

ただし大切な注意点が一つある。放射年代測定が使えるのは、溶けた状態から冷えてできた岩石、つまり溶岩やマグマが固まってできる玄武岩や花崗岩のような岩石だけだということだ。恐竜の化石を含んでいる岩石、例えば泥岩や砂岩はそのようにしてできるわけではない。砂や泥が風や水の流れに運ばれ、堆積してできる。こうした堆積岩の年代を決めるのははるかに難しい。運よく、恐竜の骨を含む地層が年代測定の可能な二枚の火山岩層に挟まれていることがある。その場合は、恐竜が生きていたはずの年代をある幅を持って推定できる。砂岩や泥岩に含まれる個々の結晶の年代を測定する手法もあるのだが、費用も高いし時間もかかる。要するに、恐竜が生きていた年代を正確に推定することは往々にして難しい。恐竜の化石の年代が十分に分かっている時代もある。火山岩の層が頻繁にはさまっていて年表の役目を果たしてくれる場合や、個々の結晶の年代測定がうまくいった場合などだ。しかし、三畳紀はそうではない。年代が確実に分かっている化石は一握りにすぎない。だから、ある一連の恐竜形類がどういう順番で現れたかをはっきりさせるのは困難だし（互いに遠く離れた場所から産出している種どうしの年代を比べるのは特に難しい）、真の恐竜がいつ恐竜形類から進化したのかも、自信を持ってこうと言える状況にはない。

このようにいろいろあいまいな部分はあるのだが、真の恐竜が二億三〇〇〇万年前までに登場していたことは確かだ。間違いなく恐竜のものだと言える特徴を持った複数の種の化石が、年代のはっきりしている地層から見つかっている。それらの化石が見つかったのは、最初期の恐竜形類が躍動していたポーランドから遠く隔たった、アルゼンチンの険しい渓谷だ。

アルゼンチン・サンファン州の北東部に広がるイスチグアラスト州立公園は、いかにも〝恐竜の楽園〟といった趣を備えている。別名「月の谷」とも呼ばれ、まるで別の惑星のような風景が広がり、風に削られた岩柱、険しい峡谷、赤茶けた岩壁、砂埃の舞う荒野などが見られる。北西にはアンデス山脈の高峰がそびえ、はるか南には国土の大半を占める乾燥した平原が広がっている。この南の平原で草をはんで育ったウシが、やがておいしいアルゼンチンビーフになる。イスチグアラストは、何百年も前から、家畜をチリからアルゼンチンに移動させる際の要衝《ようしょう》となってきた。今日でも数少ない住民の多くを牧場関係者が占めている。

息を呑むほど美しいこの土地は、偶然にも、最古級の恐竜化石の世界一の産地でもある。風雨に削られて不思議な景観を生み出した赤、茶、緑の岩石は、もともと三畳紀に堆積したものだ。当時のこの一帯は生き物にあふれ、しかも化石の保存に極めて適していた。その環境は、さまざまな点で、プロロトダクティルスなどの恐竜形類の足跡を残したポーランドの湖岸地域に似ていた。気候は温暖かつ湿潤だった（ただしポーランドよりは少し乾燥ぎみで、強烈な季節風が吹くこともなかった）。幾筋もの川が深い盆地に流れ込み、まれに嵐が来て氾濫することがあった。そうして、六〇〇万年ものあいだ砂岩と泥岩が交互に堆積していった。川床に溜まった砂粒が砂岩となり、川からあふれて周りの氾濫原に落ち着いたもっと細かい泥粒が泥岩になったのだ。こうした氾濫原には、多くの恐竜と、そのほかのさまざまな動物がいた。大型の両生類、ペルム紀末期の大量絶滅を生き延びたブタ似のディキノドン類、リンコサウルス類と呼ばれるクチバシを持った植物食の爬虫類（主竜類の原始的な親戚）、毛に覆われた小動物キノドン類（ネズミとイグアナを足して二で割ったような動物）などだ。この楽園は時として洪水に見舞われ、そのたびに恐竜と愉快な仲間たちが溺れて、それらの骨が埋没することになった。

　イスチグアラストは、激しい侵食を受けて古い地層がむき出しになっているうえに、化石を覆い隠す建物や道路などの人工物がほとんどない。そのため、わりと簡単に恐竜化石を見つけられる。世界のほかの地域だとなかなかこうはいかない。「何でもいい。歯の一本でもいいから出てきてくれ」と念じながら、何日も歩き回るのが普通だ。イスチグアラストでは、地元の牧童か誰かが最初に化石を発見し、一九四〇年代に研究者による化石の採集・研究・記載がはじまり、さらに数十年後に大がかりな発掘調査が行われるようになった。

　最初の大規模調査を率いたのは、二〇世紀を代表する古生物学の大家であるハーバード大学教授のアルフレッド・シャーウッド・ローマーだった（私はローマーが書いた教科書をエジンバラの大学院生相手にいまだに使っている）。一回目の調査が行われた一九五八年の時点で、ローマーはすでに六四歳に達していて、生ける伝説とみなされていた。そんな人物がポンコツ車を運転して荒野を駆け回ったのは、イスチグアラストが次の一大フロンティアになるという予感があったからだ。ローマーは、その時の調査で、ある動物の頭骨と骨格の一部を発見し、「そこそこ大きな」動物のものであると、何とも控えめにフィールドノートに書き込んだ。周りの岩石をできるだけ取り除き、新聞紙をかぶせて石膏《せっこう》で固め、骨が壊れないようにして削り出した。発掘した骨はブエノスアイレスに送った。そこから船便でアメリカに送り、自分の研究室で入念なクリーニングと観察を行うつもりだった。ところが、その化石はとんだ遠回りをすることになる。ブエノスアイレスの港で足止めを食ってしまったのだ。税関の役人がやっと輸出許可を出したのは二年後のことだった。化石がハーバード大学に到着した時、ローマーはもう別の研究に心を奪われていた。その後何年も経ってから、ローマーが発見していたのはイスチグアラスト初の良質な恐竜化石であったことを、ほかの古生物学者が明らかにした。

一部のアルゼンチン人は、アメリカ人が自分たちのなわばりにやってきて化石を採集し、その化石を研究のためと称してアメリカに持ち帰ってしまう状況を快く思っていなかった。そうした状況を見て、地元育ちの有望な研究者、オスバルド・レイとホセ・ボナパルテが奮起し、自分たちの調査隊を組織した。人員を集めてイスチグアラストに向かい、一九五九年に一回、一九六〇年代前半に三回、調査を行った。一九六一年の調査シーズンの際、レイとボナパルテ率いる調査隊は、地元の牧場労働者であり芸術家でもあったビクトリーノ・エレーラに出会った。イヌイットが雪のことを知り尽くしているように、エレーラはイスチグアラストの丘陵や渓谷のことを知り尽くしていた。彼は、砂岩から動物の骨が出ているのを見たことがあると言い、その現場に若き研究者たちを案内した。

エレーラが見つけていたのは確かに骨だった。しかも、大量にあった。恐竜骨格の後端の一部であることは明らかだった。レイは、数年間におよぶ研究を経て、その化石を新種の恐竜として記載し、発見者に敬意を表してエレラサウルス（*Herrerasaurus*）と名づけた。エレラサウルスは後肢で駆け回るラバほどの大きさの恐竜だった。のちの研究で、港で足止めを食ったローマーの化石も同じ種だったことが判明し、後年、さらに化石が発見され、エレラサウルスが鋭い歯と爪を備えた狂暴な捕食者だったことも分かった。いわば原始的なティラノサウルスかヴェロキラプトルといったところだ。エレラサウルスは最初期の獣脚類の一種だった。つまり、のちに食物連鎖の頂点に上り詰め、最後は鳥類に進化した、利口で敏捷な捕食者から成る王朝の創始者の一員だったわけだ。

この発見をきっかけに、アルゼンチン中の古生物学者がイスチグアラストに押し寄せ、「ゴールドラッシュ」ならぬ「恐竜ラッシュ」の様相を呈したのではないか。ひょっとしてそう思われた方もいるかもしれない。でも、そんなことはなかった。レイとボナパルテの発掘調査が終わると、熱気は冷めてしまう。一九六〇年代後半から一九七〇年代にかけて、恐竜研究の黄金期が訪れることはなかった。投資もほとんどなされず、不思議なことに世間の関心も極めて低かった。熱気が再び高まったのは一九八〇年代後半のことだ。シカゴ出身の三〇代の古生物学者ポール・セレノが、野心的で血気盛んな大学院生や若手教授陣などを集めて、アルゼンチンとアメリカの合同発掘調査隊を立ち上げた。一行はローマー、レイ、ボナパルテの足跡を追い、さらにボナパルテには数日かけてお気に入りの発掘地点を何か所か案内してもらった。発掘調査は大成功に終わった。ポールは、エレラサウルスの骨格化石をはじめとする多くの恐竜化石を発見し、イスチグアラストにまだ多くの化石が眠っていることを証明した。

三年後、ポールは再び発掘調査に乗り出し、前回のスタッフの多くを引き連れて新しい区域を調べた。そのうちの一人にリカルド・マルチネスという茶目っ気のある学生がいた。発掘調査をしていたある日、リカルドは、ごつごつした鉄鉱物の層に包まれたこぶし大の岩の塊を拾った。「なんだ、ただの岩か」。そう思って脇に放り投げようとした時、岩の塊から何か鋭くて光沢のある物が何本か突き出ているのが見えた。歯だった。足元の地面を見直してリカルドは言葉を失った。自分が、ほぼ完全な恐竜の骨格から頭を引っこ抜いていたことに気づいたからだ。その骨格の持ち主は、引き締まった体と長い後肢を持つゴールデンレトリバーほどの大きさのスピード狂で、エオラプトル（*Eoraptor*）と名づけられた。頭骨から突き出ていた歯は、よく調べると何とも異様なものだった。あごの奥にある歯は鋭く、ステーキナイフのように縁がギザギザしていて、明らかに肉を切り裂くためのものだった。ところが、口先にある歯は、「小歯」という大きめの突起に縁取られた、木の葉のような形の歯だった。これは、のちに誕生する竜脚類（長い首と樽《たる》のような胴体を持つ恐竜）が植物をすりつぶすのに使っていたのと同じ種類の歯だ。このことから、エオラプトルは雑食性で、もしかすると竜脚類の最初期の一員かもしれないと考えられるようになった。ブロントサウルスやディプロドクス（*Diplodocus*）の原始的な仲間というわけだ。

それから何年も経ってから私はリカルドと出会った。ちょうど、エオラプトルの見事な骨格を初めて目にした頃のことだ。ある日、私がシカゴ大学の学部生として所属していたポール・セレノの研究室に、極秘の研究のためと称してリカルドがやって来た。実は、のちにイスチグアラスト産の新種恐竜として発表することになる、テリアほどの大きさの原始的な獣脚類エオドゥロマエウス（*Eodromaeus*）の研究をしにきていたのだ。私はリカルドのことがすぐに好きになった。レイクショア通りの渋滞のせいでポールの到着が一時間ほど遅れるあいだ、リカルドは両手を組んで親指をくるくると回しながら、研究室の隅っこにたたずんでいた。その所在なげなたたずまいからは到底想像できなかったが、その後すぐに打ち解けてみると、リカルドは、情熱的で、早口で、化石が大好きな、私が憧れるタイプの熱血漢だった。まるで映画『ビッグ・リボウスキ』に出てくるデュードのような男で、豪快なくせっ毛とモジャモジャの口ひげと奇抜な服装がトレードマークだ。リカルドは、アルゼンチンで発掘調査をした時のこぼれ話を大げさな手ぶりを交えて話してくれた。時折、空腹に耐えかねた調査員がバギーに乗って〝野良ウシ〟を追い詰め、地質調査用ハンマーのとがった方でとどめを刺したとか、そんな話だった。私がアルゼンチンに憧れはじめていることに気づいたのだろう。「もしアルゼンチンに来ることがあったら俺の所に寄ってくれ」と言ってくれた。

五年後、私はその申し出を受け入れ、それまでの研究者人生の中でもっとも刺激的な学会に出席した。普通、学会というのは至極ありきたりなものだ。ダラスやローリーなどの都市にあるマリオットやハイアットなどのホテルで開催され、普段は結婚披露宴が開かれる広々としたホールに研究者が集い、法外な値段のビールを飲みながら発掘調査の話などに耳をそばだてる。ところが、リカルドが同僚とともにサンファン市で主催した学会はまるで違っていた。最終日の夜に催された晩餐会は語り草になっている。まるでヒップホップのミュージックビデオに出てきそうな享楽的なパーティーだった。飾帯をたすきがけにした地元の政治家が開会のあいさつを述べ、会場にいた外国人客に向かって不埒《ふらち》な冗談を飛ばした。メイン料理として電話帳ほどの大きさの牧草牛のステーキが出され、誰もがその肉を大量のワインで胃に流し込んでいた。食事が終わると今度はダンスの時間となり、オープンバーに置かれた何百本ものウォッカやウィスキーやブランデーや地元の火酒（もう名前は忘れてしまった）で燃料補給をしながら、大勢の人が何時間も踊りとおした。午前三時にいったん休憩となり、自分で好みのタコスを作れる「タコスバー」が屋外に開設された。おいしいうえに熱気ムンムンのダンスフロアからも逃れられて、いい気分転換になった。千鳥足でホテルに戻ったのは夜明け前のことだ。リカルドは正しかった。もうアルゼンチンにゾッコンになりそうだった。

そんな享楽にふけったのは最後の夜だけで、それまでの数日間はリカルドの所属する博物館で化石を観察して過ごした。サンファン市の美しい街並みに建つ「自然科学博物館（Instituto y Museo de Ciencias Naturales）」は、イスチグアラスト産の化石のほとんどを収蔵している。エレラサウルス、エオラプトル、エオドゥロマエウスだけでなく、ほかにも多くの恐竜の化石がある。例えば、サンファンサウルス（*Sanjuansaurus*）の化石もそうだ。エレラサウルスに近縁で、やはり獰猛な捕食者だった。別の引き出しにはパンファギア（*Panphagia*）の化石もある。こちらは、エオラプトルと同じく、のちに登場する大型竜脚

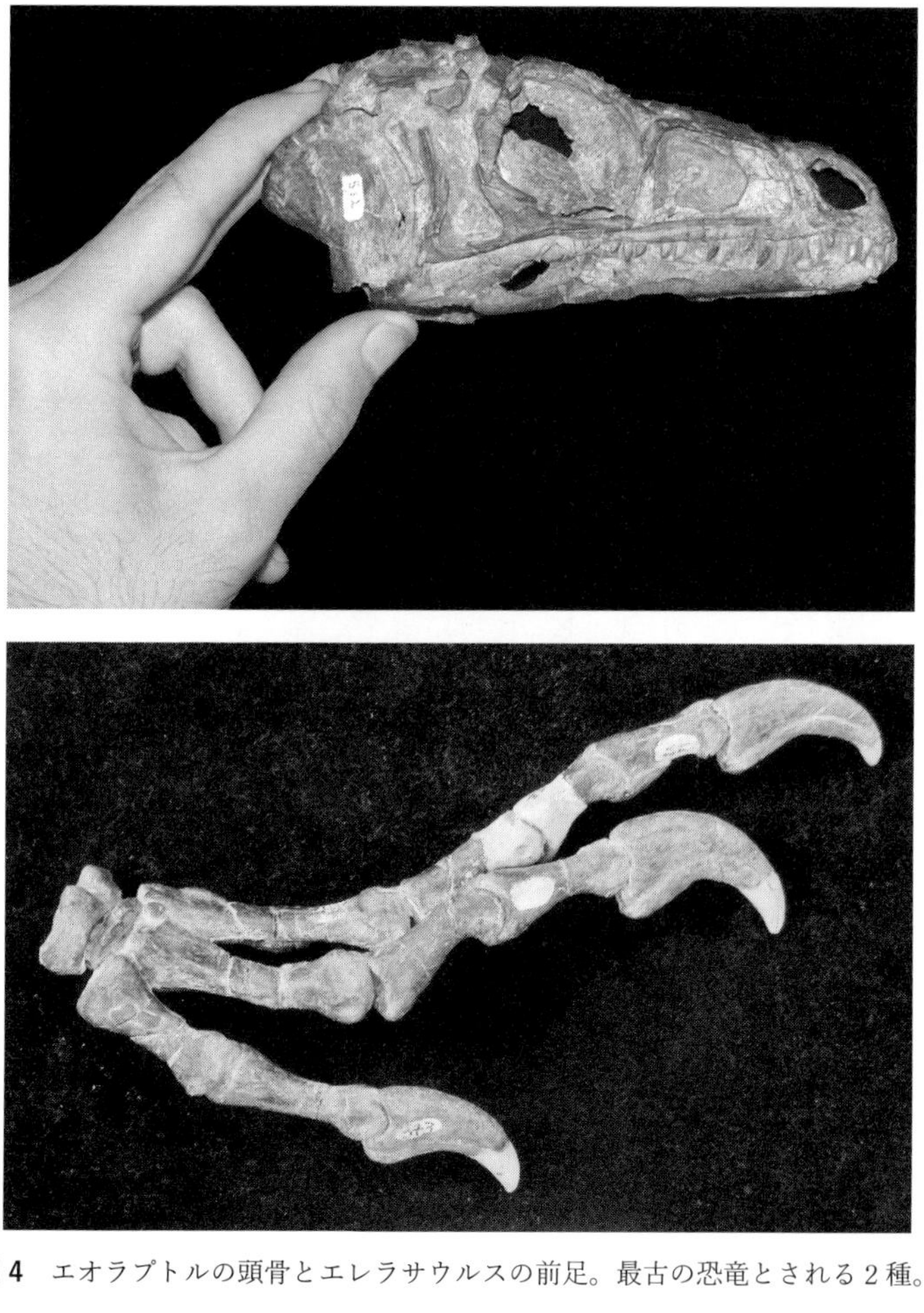

図 4　エオラプトルの頭骨とエレラサウルスの前足。最古の恐竜とされる 2 種。

類の原始的で小柄な親戚である。もう少し大型のクロモギサウルス（*Chromogisaurus*）もブロントサウルスの親戚にあたり、成長すると全長二メートルほどになる、食物連鎖の中間層に位置するような植物食恐竜だった。ピサノサウルス（*Pisanosaurus*）と呼ばれる恐竜の〝バラバラ化石〟もある。イヌほどの大きさの恐竜で、歯とあごに鳥盤類と共通する特徴が見られる。鳥盤類は、のちに多様化し、ツノを持つトリケラトプス（*Triceratops*）からカモのようなクチバシを持つハドロサウルス類まで、実にさまざまな植物食恐竜を生み出したグループだ。イスチグアラストからは現在も新しい恐竜が発見され続けている。将来あなたが博物館を訪れることがあったら、一体どんな新しい恐竜を目にすることになるだろうか。

標本棚の引き出しを開けて慎重に化石を取り出し、寸法を測ったり写真を撮ったりしていると、何だか歴史学者になったような気分になる。薄暗い書庫にこもって古文書とにらめっこをする学者は、きっとこんな気分なのだろう。ここであえて歴史学者の例えを持ち出したことにはわけがある。イスチグアラストの化石はまさに歴史遺産なのだ。それは、有史以前の太古の物語を語るのに欠かせない一次資料であり、修道士が羊皮紙に歴史を記録するようになる何億年も前のことを私たちに教えてくれる。これまでに、ローマー、レイ、ボナパルテ、ポール、リカルドをはじめとする多くの研究者が、イスチグアラストの月面のような荒野から化石を掘り出してきた。それは、真の恐竜の最初の記録であり、生活し、進化し、支配者になるべく長い進軍をはじめた頃の恐竜の姿を伝えてくれる。

イスチグアラストにいた最初の恐竜たちは支配者ではなかった。そばで暮らしていた両生類や哺乳類の親戚やワニのほうが、大きくて種類も豊富で、時折洪水に見舞われる三畳紀の乾燥した平原において目立っていた。エレラサウルスでさえ食物連鎖の頂点に君臨していたわけではなかっただろう。王者の称号は、全長七・五メートルに達する残忍なワニ系統の主竜類サウロスクス（*Saurosuchus*）にこそふさわしかった。さはさりながら、恐竜は表舞台に上がった。三つの主なグループ（肉食の獣脚類、長い首を持つ竜脚類、植物食の鳥盤類）はすでに枝分かれしていて、それぞれ独自の種族を築きつつあった。

恐竜が進軍をはじめたのだ。

（1）食物連鎖の別の言い方。「食う–食われる」の関係が生態系の中で網の目のように広がっていることを表現したもの。
（2）生物の体が堆積物に押しつけられて残った跡。
（3）動物が歩いたあとに残るひと続きの足跡のこと。
（4）生態的地位とも言う。生物が生態系の中で占める位置。生息場所、食料、天敵の種類などによって特徴づけられる。一般に同じ生態的地位を複数の種が占めることはできない。
（5）同じ元素で質量が異なるものどうしを互いに「同位体」と言う。質量の違いは中性子の数で決まる。例えば水素には、陽子一個から成る原子核を持つもの、陽子一個と中性子一個から成る原子核を持つもの、陽子一個と中性子二個から成る原子核を持つものの三種類がある。
（6）マグマが地表に噴出し冷えて固まってできた岩石。玄武岩もこれに含まれる。

2
恐竜，台頭する

コエロフィシス（*Coelophysis*）

境界のない世界を想像してみてほしい。何も私の体にジョン・レノンが憑依《ひょうい》したわけではない。すべての陸地が一つにつながった地球を思い浮かべてみてほしいということだ。海洋に隔てられたいくつかの大陸があるのではなく、乾燥した大地が北極から南極までひとつながりになっている。十分な時間と丈夫な靴があれば、北極圏から赤道を経て南極点まで、歩いてたどり着ける。ちょっと冒険して内陸の奥深くに分け入れば、もっとも近い海岸から数千キロ、いや、数万キロの地点にまで行けるだろう。ひと泳ぎしたくなったら海に入ってもいい。巨大な母なる大地の周りに広大な海洋がある。もし無尽蔵の体力があれば、大陸の片側の海岸を出発して、一度も陸地に上がることなく地球を一周し、反対側の海岸にたどり着けるだろう。

現実離れして聞こえるかもしれないが、これが恐竜の生まれた世界だった。

エレラサウルスやエオラプトルなどの最初の恐竜が約二億四〇〇〇万～二億三〇〇〇万年前にネコ大の恐竜形類の祖先から誕生した時、現在の諸大陸はなかった。オーストラリアも、アジアも、北アメリカもだ。南北アメリカをヨーロッパやアフリカと隔てる大西洋もなかったし、その反対側に太平洋も広がっていなかった。あったのは、地質学者が「超大陸」と呼ぶひとつながりの広大な陸地と、それを取り囲む全球規模の海洋だけ。その頃に人類がいたなら、地理の授業はさぞ簡単だったに違いない。「パンゲア」と呼ばれる超大陸と「パンサラッサ」と呼ばれる海洋だけを覚えればいいのだから。

恐竜が生まれ落ちたのは現代とはまるで違う世界だった。そんな世界での暮らしとはどのようなものだったのだろう。

まず当時の地勢から考えてみよう。三畳紀には、北極から南極まで広がる超大陸が地球の半分をすっぽりと覆っていた。その形はアルファベットの「C」のようで、中央部が大きくくびれ、そこにパンサラッサの一部が深く入り込んでいる。天高くそびえる山脈が超大陸を縦横に走っていた。いくつもの陸塊がぶつかり合って超大陸を形作った時のなごりであり、何枚ものピースが合わさって一枚のパズルになったようなものと言える。このパズルは簡単にできたわけでも一瞬にして完成したわけでもない。何億年ものあいだ、地球深部の熱を原動力として陸地が動いてきた結果だ。恐竜よりもはるかに昔に生きていた動物たちを乗せていくつもの大陸が互いに離れたり近づいたりし、ついにすべての陸地が合体して一つの広大な王国を築くに至った。

では気候についてはどうか。こう表現するのが一番しっくりくる。最初期の恐竜はサウナに棲んでいた。三畳紀の地球は現在よりはるかに暑かった。原因の一つとして、大気中の二酸化炭素濃度が今よりも高かったことが挙げられる。だから温室効果ももっと強く働いていて、より多くの熱が陸と海に放射し返されていた。さらに、パンゲアの地勢が温暖化に拍車をかけていた。地球の半分に北極から南極まで広がる乾燥した大地があり、もう半分に広大な海洋があったわけだ。だから、海流が何にも妨げられることなく赤道から両極まで流れていて、日光に温められた低緯度域の海水がそのまま運ばれて高緯度域を温めていた。おかげで両極に氷河ができなかった。北極と南極の気候は今より穏やかで、夏の気温は現在のロンドンやサンフランシスコと同程度、冬の気温は氷点下をかろうじて下回る程度だった。初期の恐竜も、同時代に生きていたほかの動物も、苦もなく棲めていたほどだ。

北極や南極がそれだけ温暖だったのだから、ほかの地域は温室のようだったに違いない。しかし、地球がまるごと砂漠だったわけでもなかった。物事をぐっとややこしくしていたのは、ここでもやはりパンゲアの地勢だ。超大陸はおおむね赤道を中心に広がっていたため、どちらか半分が焼けつく夏なら、あとの半分は冷え込む冬だった。北半球と南半球で際立った気温差があったせいで、猛烈な気流が赤道をまたいで定常的に流れていた。季節が変わると気流の向きも変わった。同じような現象は現代の世界でも起きていて、とりわけインドや東南アジアで著しい。陸と海の気温差のせいで季節風《モンスーン》が発生し、乾期と雨期が繰り返される。雨期には長雨が続き、時折ひどい嵐にも見舞われる。新聞や夜のニュースで写真や映像を見たことがあるだろう。洪水に押し流される民家、濁流から逃げまどう人々、土砂崩れに飲み込まれる村落。現代の季節風は地域単位でしか起きないが、三畳紀のそれは地球規模だった。あまりにもケタ違いなので、地質学者はそれに対し仰々しい言葉を用意した。その名も「メガモンスーン」だ。

多くの恐竜が洪水に流されたり土砂崩れに巻き込まれたりしたことだろう。しかしメガモンスーンの影響はそれだけではなかった。パンゲアにさまざまな環境を生み出すことにも一役買っていた。降水量、季節風の強さ、気温の違いにより特徴づけられる環境区分だ。赤道域は極めて高温かつ湿潤で〝熱帯地獄〟とでも呼べそうな環境だった。ここに比べれば、現代の夏のアマゾンに行くことなどサンタの工房を訪れるようなものに違いない。赤道域の外に目を向けると、南北ともに緯度三〇度辺りまで広大な砂漠が広がっていた(現代の砂漠でこれより広い面積を占めているのはサハラ砂漠だけだ)。気温はおそらく一年を通して三五度を優に超えていて、降水量は、パンゲアのほかの地域と違って季節風による雨がないせいで、微々たるものだった。季節風に大きな影響を受けていたのは中緯度域だ。気温は砂漠地帯より少し涼しい程度だったが、湿度ははるかに高く、ずっと棲みやすかった。エレラサウルスやエオラプトルなどのイスチグアラスト産の恐竜たちはそうした環境で暮らしていた。パンゲア南部の中緯度域に広がる湿潤地帯。そのど真ん中だ。

パンゲアはひとつながりの大陸ではあったが、不安定な天気と極端な気候のせいで、いつ災難に見舞われるか分からない場所だった。とりわけ安全でも快適でもなく、とても〝安住の地〟と呼べる場所ではなかったに違いない。でも最初の恐竜に選択肢はなかった。ペルム紀末期の壮絶な大量絶滅からまだ立ち直りきっていない世界に生まれ落ち、時折の激しい嵐と灼熱の暑さに見舞われながら生きるしかなかった。同じことはほかの生き物にも言えた。大量絶滅で旧来の生き物が一掃された世界に、多くの新しい動植物が登場していた。これらの新参者たちが放り込まれたのは進化の戦場だ。とても「やがて恐竜が勝ち残る」などと確信できる状況にはなかった。何と言っても最初期の恐竜は小さくて控えめな動物で、食物連鎖の頂点からほど遠い位置にいたのだから。ほかの中・小型の爬虫類、初期の哺乳類、両生類とともに食物連鎖の中位層にいて、王座にいるワニ系統の主竜類に恐れおののいていた。恐竜には何も与えられていなかった。王座を奪いにいくのは、まだ先のことだ。

私はよく夏になると、パンゲア北部の亜熱帯域の乾燥地帯に分け入り、化石を探した。もちろん超大陸そのものはとうの昔になくなっている。超大陸は、最初の恐竜が進化の行進をはじめた二億三〇〇〇万年余り前から少しずつ分裂していき、現在の七大陸になったわけだから。私が調べていたのは古きパンゲアのなごりであり、その地層は、ヨーロッパの南西端に位置するポルトガルのアルガルべ地方に分布している。陽光まばゆいアルガルべ地方は、黎明期の恐竜が三畳紀のメガモンスーンやうだるような熱波に耐えながら暮らしていた頃、赤道から北にわずか一五〜二〇度の位置にあった。これは、現在の中央アメリカとほぼ同じ緯度にあたる。

古生物学の調査というものは、えてして偶然がきっかけになる。私がポルトガルに目を留めた時もそうだった。イギリス人の相棒リチャード・バトラーとともに初めてポーランドに出向き、グジェゴシのもとで恐竜の祖先である恐竜形類の化石を研究した時、私たちはちょっとした〝中毒〟になった。三畳紀の虜になってしまったのだ。恐竜がまだ誕生したてで弱々しかった頃の世界の様子を知りたくなった。そこで、ヨーロッパの地図をとくと眺め、三畳紀の地層が露出している地域を探した。恐竜とそのそばで暮らしていた動物の化石が出てきそうな地層を探したわけだ。やがて、リチャードが無名の科学雑誌に載っていた短い論文に目を留めた。ポルトガル南部産の骨片に関するもので、一九七〇年代に地質学専攻のドイツ人学生が採集したのだという。その学生がポルトガルを訪れたのは地質図を作成するためだったらしい。地質図の作成は、地質学専攻の学部生にとって避けては通れない通過儀礼だ。化石にまるで興味がなかった学生は、見つけた化石をリュックサックに放り込んでベルリンに持ち帰ったものの、そのままある博物館に置き去りにした。その骨片が太古の両生類の頭骨の一部であることが判明したのは、それから三〇年近く経ってからのことだ。三畳紀の両生類。私たちの胸は高鳴った。ヨーロッパの素敵な地域に三畳紀の化石が眠っているのに、何十年も顧みられていないなんて。それなら私たちが行くしかない。

そんなわけでリチャードと私はポルトガルに向かった。二〇〇九年の晩夏、一年でもっとも暑い時期のことだった。私の友人であり、三五歳手前にしてすでに「ポルトガルきっての恐竜ハンター」と目されていたオクタビオ・マテウスにも声をかけた。オクタビオは、リスボン北部の大西洋岸に面する小さな町、ロウリニャンに育った。両親はアマチュアの考古学者兼歴史学者で、週末になるたびに郊外に調査に出かけていた。なんとそこは、偶然にも、ジュラ紀の恐竜化石の産地でもあった。マテウス一家は、地元の有志を集め、骨や歯や卵など実に多くの恐竜化石を採集した。やがて化石の保管場所が必要になり、オクタビオが九歳の時、一家は自前の博物館を開設した。今日、ロウリニャン博物館は世界有数の貴重な恐竜化石コレクションを所蔵している。化石の多くは、その後古生物学を学びリスボンの大学の教授になったオクタビオが、自身の発掘隊とともに採集したものだ。発掘隊は、学生・有志・地元の助っ人から成り、その規模は膨らみ続けている。

オクタビオやリチャードと八月の暑い盛りに出かけたのは、適切だったと思う。パンゲアの中でももっとも暑くて乾燥した地域に棲んでいた動物の化石を探しにいったのだから。でも、作戦としてはあまりよくなかった。私たちは、強烈な日差しが照りつけるアルガルベの丘陵地帯を数日かけて歩き回り、汗に濡れた地質図を頼りにお目当ての宝を探し続けた。三畳紀の地層が露出している場所をしらみつぶしに回り、ついに例の地質学専攻の学生が両生類の化石を採集した地点を突き止めた。ところが、そこに残っていたのは化石のくずだけ。一週間の調査期間が終わりに近づきつつあり、体が火照って疲労も限界だった。今回は失敗だということか。ほとんど心が折れかけていたが、学生の化石発見地点の周辺をもう一度調べてみようということになった。昼間のもっとも暑い時間帯で、携帯型ＧＰＳに内蔵された温度計の数値は五〇度に達しようとしていた。

一時間ほど一緒に探し回ったあと、三手に分かれて探すことにした。私は丘のふもとにとどまり、地面に散らばる骨のかけらを調べてその出どころを突き止めるという、破れかぶれの試みに出た。そして、失敗した。ところがその時、丘の頂上のほうからうわずった叫び声が聞こえてきた。感情豊かなポルトガル語なまりだから、きっとオクタビオに違いない。すぐさま声のした方角に駆け出したが、その時にはもう何も聞こえなくなっていた。ひょっとして幻聴だったのだろうか。この暑さに頭をやられてしまったのかもしれない。ようやくオクタビオの姿が遠くに見えてきた。まるで真夜中に電話で起こされた人のようにしきりに目をこすっている。時折ゾンビのように体を震わせながら、よろめいていた。何かがおかしい。

私の姿に気づくと、オクタビオは正気に戻って高らかに歌いはじめた。「見つけた。見つけた。見つけたぞ〜」。何度も何度も繰り返した。手に骨を持っている。ところが水筒は持っていない。そこでふと事態を悟った。きっと、水筒を車の中に忘れてくるという猛暑の日にあるまじき失態を犯したあと、両生類の骨を産出する地層に出くわしたに違いない。そして、喜びの感情と脱水症状が相まって一時的に意識を失っていたのだろう。でももう意識は戻っていた。少しして、やぶの中からリチャードが姿を現し、私たちに合流した。三人で喜びのハグとハイタッチを交わしたあと、道沿いの小さなカフェに移動し、ビールでのどを潤しながらさらに喜びを分かち合った。

オクタビオが見つけたのは、骨化石が密集した厚さ五〇センチの泥岩層だった。その後の数年間、私たちは何度か現地に戻って丹念な発掘を行った。骨化石を含む地層は丘の中腹まで延々と続いていたらしく、発掘作業は膨大なものになった。一か所にこれほど大量の化石が密集しているのを、私は見たことがなかった。そこは集団墓地だった。メトポサウルス（*Metoposaurus*）という両生類の骨格が、入り乱れた状態で無数に埋まっていた（メトポサウルスは、現生サンショウウオの超大型版で、小型車ほどの体格をしていた）。数百体はあったに違いない。およそ二億三〇〇〇万年前、これらのヌメッとした醜い怪物が、棲みかの湖が干上がったことで唐突に死んだ。パンゲアの気まぐれな気候の影響がこんなところにもおよんでいたわけだ。

三畳紀のパンゲアを舞台にした物語の主役は、メトポサウルスのような巨大な両生類だった。超大陸の広い範囲に生息し、とりわけ亜熱帯域の乾燥地帯と中緯度域の湿潤地帯で隆盛を誇り、川辺や湖畔で獲物を探し回っていた。エオラプトルなどの最初期の恐竜は華奢《きゃしゃ》で小柄だったから、水辺に近づくことは何としても避けたかったに違いない。そこは敵のなわばりだった。メトポサウルスが待ち構えていて、物陰に身を潜めながら、獲物がうかつに水辺に近づく瞬間を狙っていた。その頭部はコーヒーテーブルほどの大きさで、あごに何百本もの鋭い歯が並んでいた。大きくてのっぺりとした上下のあごは後部の関節でつながっていて、まるで便器のシートのようにバタンと閉まり、どんな獲物も閉じ込めることができた。恐竜くらいの獲物なら何回か嚙むだけでおいしく食べ終えたに違いない。

ヒトより大きいサンショウウオなど妄想の産物のように思える。しかし、何とも風変わりではあっても、メトポサウルスとその仲間は別の惑星の生き物ではない。この恐るべき捕食者は、現生のカエルやイモリやサンショウウオの祖先にあたる。そのＤＮＡは、あなたの家の庭を跳び回るカエルの体内にもあるし、あなたが高校の生物学の授業で解剖したカエルの体内も駆け巡っていた。実を言うと、代表的な現生動物の多くは三畳紀に誕生している。最初のカメ、トカゲ、ワニ、そして哺乳類もこの時代に登場した。私たちが暮らす現代の地球で生態系の基盤を成しているこれらの動物は、太古のパンゲアの過酷な環境の中で恐竜とともに立ち上がったのだ。ペルム紀末期の壮絶な大量絶滅のあと、広大な大地ががら空きになり、あらゆる新しい生き物が進化してくる余地が生まれた。それらの生き物は、三畳紀の五〇〇〇万年間を通してたゆまず進化を続けた。三畳紀は、生物進化の壮大な実験が行われた時代だ。世界を永遠に変

図5　メトポサウルスのボーンベッド[1]における発掘作業の様子。ポルトガルのアルガルベ地方にて。オクタビオ・マテウス，リチャード・バトラー，発掘チームの面々とともに。

えたその実験は現代にも影を落としている。三畳紀を「現代世界の夜明け」と呼ぶ古生物学者が多いのももっともなことだ。

もし三畳紀にいた哺乳類の祖先（毛がふさふさしたネズミ大の動物）の体を借りられたなら、見上げた先の世界には、現代につながる兆候が表れはじめているはずだ。もちろん地球の環境そのものは今とまったく違っている。過酷な暑さと猛烈な天候にさらされる超大陸があったのだから。それでも、砂漠に飲み込まれていない地域にはシダやマツが茂っていた。森の天蓋《てんがい》をトカゲが駆け回り、川をカメが歩き、水辺を両生類が跋扈《ばっこ》し、おなじみの多彩な昆虫が空を飛んでいた。そして恐竜もいた。この太古の場面では端役にすぎなかったが、もっと偉大な存在になるべく運命づけられていた。

ポルトガルにあるメトポサウルスの集団墓地の発掘を数年がかりで行ったところ、オクタビオの博物館の作業場を埋め尽くしてしまうほどのメトポサウルスの骨が見つかった。しかし、それだけではない。太古の湖が干上がった時に死んだほかの動物の骨も出てきた。例えば、植竜類の頭骨の一部もそうだ。鼻先が長く伸びたワニの親戚で、陸上でも水中でも狩りのできる動物だった。大量の歯や骨が見つかったさまざまな魚は、メトポサウルスの主食となっていたことだろう。そのほか、アナグマ大の爬虫類のものと思われる小さな骨も見つかった。

しかし、恐竜の痕跡はいまだに見つかっていない。

これはおかしい。メトポサウルスがポルトガルの湖を跋扈していたのとだいたい同じ時期に、南半球ではイスチグアラストの湿潤な渓谷に恐竜が生息していたのだから。しかも多種多様な恐竜がいたことも分かっている。私がアルゼンチンを訪れた際にリカルド・マルチネスの博物館で観察した恐竜たちだ。エレラサウルスやエオドゥロマエウスなどの肉食の獣脚類、パンファギアやクロモギサウルスなどの首の長い竜脚形類、そして初期の鳥盤類（角竜類やカモノハシ竜類の親戚）がいた。何も恐竜が食物連鎖の頂点に君臨していたわけではない。巨大な両生類やワニの親戚に比べれば数も少なかった。それでも、生命の歴史に足跡を刻みはじめていたことは確かだ。

では、なぜポルトガルでは恐竜が見つからないのか。もちろん、まだ見つかっていないだけ、という可能性もある。証拠が出てこないからといって、それが「いなかったこと」の証明にはならない。真っ当な古生物学者であれば常に肝に銘じておくべきことだろう。再びアルガルベの低木地に戻り、ボーンベッドの別の一角を発掘したら、今度こそ恐竜の化石が見つかるかもしれない。しかし、その可能性は低いと私は見ている。三畳紀の化石が世界各地から続々と発見されるにつれて、一つの傾向が見えてきているからだ。パンゲアの温帯域の湿潤地帯では、恐竜は健在で、徐々に多様化しはじめてもいたらしい。二億三〇〇〇万～二億二〇〇〇万年前にかけて、とりわけ南半球で繁栄しはじめていたようだ。その頃の恐竜化石はイスチグアラストからだけでなく、国土の一部がかつてパンゲアの湿潤地帯だったブラジルやインドからも見つかっている。ところが、より赤道に近い乾燥地帯に目を向けると、恐竜はまったくいないか、いたとしても極めてまれだった。良好な化石産地は、ポルトガルだけでなく、スペイン、モロッコ、北アメリカ東海岸にもある。しかし、どの化石産地でも、両生類と爬虫類の化石はたくさん出てくるのに、恐竜のものは一つも出てこない。しのぎやすい湿潤地帯で恐竜が繁栄しはじめていた一〇〇〇万年のあいだ、これらの地域はカラカラの乾燥地帯にあった。どうも、最初期の恐竜は砂漠の暑さに対処できなかったらしい。

これは予想外の筋書きだ。恐竜は、誕生するやいなやウイルスのごとくパンゲア全土を席巻したわけではなかった。地理的に限られた地域に生息していて、山や海などの物理的障壁ではなく耐えがたい気候により、その地域に押し込められていた。何千万年ものあいだ、あたかも純朴な田舎者のように超大陸の南方の一地域にとどまり、自由になれずにいたのだ。まるで老境に差しかかった高校アメフトの元スター選手のようではないか。このちっぽけな町を出られていたら、きっと何者かになれていたはずなのに……。

負け犬。これこそ、湿潤地帯に引きこもっていた最初期の恐竜にぴったりの言葉だろう。恐竜はたいして目立つ存在ではなかった。砂漠に行く手をさえぎられていただけでなく、生息域でも（少なくとも最初のうちは）ほそぼそと命をつないでいただけだった。確かに、イスチグアラストには数種の恐竜が生息していたが、生態系全体に占める割合は一～二割にすぎず、哺乳類の初期の親戚（植物の根や葉を食べていたブタ似のディキノドン類など）やほかの爬虫類（鋭いクチバシで植物をついばんでいたリンコサウルス類や、最上位捕食者サウロスクスに代表されるワニの親戚など）のほうがはるかに数が多かった。アルゼンチンから少し東に行き、現在のブラジルにあたる地域を見ても、状況はさして変わらない。そこには、イスチグアラストの恐竜たちと近縁でありながらもまた少し違った恐竜たちがいた。エレラサウルスの親戚にあたる肉食のスタウリコサウルス（*Staurikosaurus*）や、パンファギアによく似た小型の竜脚形類サートゥルナーリア（*Saturnalia*）などだ。しかしここでも恐竜たちはかなりまれな存在で、哺乳類の親戚やリンコサウルス類に数で圧倒されていた。湿潤地帯をさらに東に行き、現在のインドにあたる地域を見ても、やはり状況に大差はない。ナンバリア（*Nambalia*）やジャクラパッリサウルス（*Jaklapallisaurus*）などの竜脚類の原始的な親戚が何種かいたが、やはり端役にすぎず、生態系はほかの動物に支配されていた。

恐竜はもう永遠にこの窮屈な立場から抜け出せないのではないか。そう思われた時、二つの重要な出来事が起き、突破口が開けた。

一つめは、湿潤地帯において、リンコサウルス類とディキノドン類というそれまで優勢だった大型の植物食動物が数を減らしたことだ。両グループがすっかり姿を消した地域さえあった。そうなった理由はまだよく分かっていないが、そのあとに起きたことははっきりしている。リンコサウルス類やディキノドン類が衰退したことで、同じく植物食である原始的な竜脚類の親戚（パンファギアやサートゥルナーリアなど）に生態系の新たなニッチに入る好機が訪れた。彼らはほどなく、南北両半球の湿潤地帯における主要な植物食動物となる。イスチグアラストの恐竜たちが化石になった直後の二億二五〇〇万〜二億一五〇〇万年前にかけて堆積したアルゼンチンのロス・コロラドス層に注目してみるといい。この地層では、竜脚形類がもっとも優勢な脊椎動物となっている。ウシからキリンほどの大きさの植物食恐竜（レッセムサウルス〈*Lessemsaurus*〉、リオハサウルス〈*Riojasaurus*〉、コロラディサウルス〈*Coloradisaurus*〉など）の化石が、ほかのどの動物のものよりも多い。生態系に占める恐竜の割合は三割に達し、一方でかつて優勢だった哺乳類の親戚の割合は二割を割り込んでいる。

これはパンゲア南部に限った話ではない。赤道をはさんで反対側にある太古のヨーロッパにも目を向けてみよう。当時北半球の湿潤地帯にあったヨーロッパでも、南半球とはまた違った竜脚形類が繁栄していた。そして、ロス・コロラドス層の竜脚形類と同じように、生息地でもっとも優勢な大型植物食動物だった。そのうちの一種であるプラテオサウルス（*Plateosaurus*）などは、ドイツ、スイス、フランス各地の五〇か所余りの産地から化石が見つかっている。それればかりか、ポルトガルのメトポサウルスのボーンベッドに似た集団墓地まで発見されている。数十頭（もしくはそれ以上）のプラテオサウルスが悪天候のせいで一斉に死んだ跡であり、この恐竜がその一帯にいかに多く生息していたかを示す証拠と言える。

二つめの重要な出来事は二億一五〇〇万年前に起きた。恐竜が初めて、北半球の亜熱帯域の乾燥地帯に進出しはじめたのだ。当時の北緯一〇度辺り、現在のアメリカ南西部にあたる地域だった。どうして安全な湿潤地帯から過酷な砂漠に移住できるようになったのか。その理由はよく分かっていない。おそらく気候の変化が関係しているのだろう。季節風や大気中の二酸化炭素の量に変化が生じて、湿潤地帯と乾燥地帯の差が小さくなったのかもしれない。おかげで恐竜が両地域を往来しやすくなったのだろう。理由はどうあれ、ついに恐竜は熱帯域に進出しはじめた。この世界の未踏の領域に生息域を広げはじめたのだ。

三畳紀の砂漠に棲んでいた恐竜の最良の化石記録は、今でも砂漠である地域から見つかる。アリゾナ州とニューメキシコ州の北部に広がる絵はがきのような風景。その風景を織り成す岩柱と荒野と渓谷は、多彩な赤と紫の岩石でできている。それがチンル層の砂岩と泥岩だ。厚さは五〇〇メートルほど。パンゲア熱帯域の砂丘とオアシスに堆積したもので、三畳紀後半の約二億二五〇〇万〜二億年前にかけて形成された。恐竜好きがアメリカ南西部を旅するならぜひ行っておきたい「化石の森国立公園」に、チンル層がとりわけ大規模に露出している区域がある。そこに見られる何千本もの巨木の化石は、ちょうど恐竜がこの一帯に棲みはじめた時期に、鉄砲水によって根こそぎ抜かれて埋没したものだ。

この一〇年でもっとも心躍る化石発掘調査の一つが、このチンル層においてなされた。最初に砂漠に棲んだ恐竜はどんな恐竜だったのか。それまでと違う生態系にどう適応したのか。新発見が相次いだことで、そうした疑問に対する斬新な考えが生まれた。この快進撃の先頭に立っていたのは若手研究者の精鋭集団だ。チンル層の調査をはじめた当時、全員が大学院生だった。グループの中核は、ランディ・アーミス、スターリング・ネスビット、ネイト・スミス、アラン・ターナーという四人の男が担っていた。アーミスは、眼鏡をかけた内気な男ながら、バリバリの野外地質学者だ。化石動物の骨格に詳しいネスビットは、いつも野球帽をかぶっていて、よくコメディー番組の台詞を口走る。スミスはおしゃれに着飾ったシカゴっ子で、恐竜の進化を調べるのに統計を好んで用いる。ターナーは絶滅した動物群の系統樹を構築する専門家であり、長髪、あごひげ、中背という特徴から「リトル・キリスト」という愛称で呼ばれている。

この四人組は、研究者として私より一〇年ほど先を行っていて、私が学部生として研究をはじめた頃、博士論文に取り組んでいた。未熟な学生だった私にとっては憧れの人たちだった。さしずめ〝古生物学界の四天王〞といったところか。学会では、いつも一緒にいるこの四人に、チンル層での調査をともにしたほかの友人が加わることも多かった。サラ・ワーニングは恐竜やほかの爬虫類の成長に詳しい。優秀な地質学者であるジェシカ・ホワイトサイドは、太古に起きた大量絶滅と生態系の変化について研究している。化石の森国立公園の古生物学者であるビル・パーカーは、初期の恐竜のそばで暮らしていたワニに近縁な仲間の専門家だ。ミシェル・ストッカーは、また別のワニの原始的な仲間を研究している（先ほど紹介したスターリング・ネスビットがのちに結婚を申し込んだ相手でもある。ネスビットはなんと発掘調査旅行のさなかにプロポーズを決行し、見事ここでも三畳紀研究者のドリームチームを結成した）。皆、私が憧れた腕利きの若手科学者であり、「将来こうなりたい」と思わせる研究者だった。

チンルの四天王は何年もの夏をニューメキシコ州北部で過ごした。アビクィウと呼ばれる村落のそばに、淡い色彩の乾燥した大地が広がっている。かつてアビクィウは、オールド・スパニッシュ・トレイル（近くのサンタフェとロサンゼルスを結ぶ貿易街道）の重要な宿場町だった。現在では数百人の住民しか残っておらず、世界一の工業国にありながらその波にぽつんと取り残されてしまったかのような印象を受ける。でも、そうした俗世から隔絶された環境を好む人もいる。アメリカのモダニズム画家であり、花を抽象的に描く作風で知られたジョージア・オキーフもその一人だ。オキーフは広々とした景色に魅了され、アビクィウ地域の太陽光がもつ目を見張るほどの美しさと独特の色合いに心を打たれた。そして、近くに家を買った。砂漠の別荘地「ゴーストランチ」の広大な敷地に建つ家だ。そこで、誰にも邪魔されることなく、自然を散策し新たな作風に挑戦した。赤い崖とキャンディの包み紙を思わせるカラフルな縞模様の渓谷に陽光がきらめく姿を、好んで作品の題材にした。

一九八〇年代半ばにオキーフが亡くなると、ゴーストランチは芸術愛好家の巡礼地となった。巨匠の創作意欲を大いに刺激した砂漠の魅力を少しでも感じたいというわけだ。こうした教養ある旅行者の中に、ゴーストランチが恐竜化石の一大産地でもあることを知っていた人はほとんどいなかったに違いない。

でも、四天王は知っていた。

一八八一年に雇われ化石ハンターのデービッド・ボールドウィンがニューメキシコ州北部に派遣されたことも知っていた。雇い主はフィラデルフィアの古生物学者エドワード・ドリンカー・コープ。与えた任務はただ一つ、化石を見つけること。コープがそんな依頼をしたのは、宿敵であるイェール大学のオスニエル・チャールズ・マーシュの眼前に化石を突きつけたかったからだった。コープとマーシュはどちらも東部出身の研究者で、世に「骨戦争」として知られる壮絶な争いを繰り広げていた（これについてはまたあとで紹介する）。しかし、二人とも研究者としてすでに大成していたので、過酷な自然とネイティブ・アメリカンの戦士集団が待つ地へ自ら出向こうとはしなかった（ジェロニモのニューメキシコ州とアリゾナ州への侵攻は一八八六年まで続いた）。二人は、自ら化石を探しに行くかわりに、雇われ化石ハンターの人脈を頼った。頻繁に雇ったのは、まさにボールドウィンのような男だ。謎めいた独り者で、ラバにまたがって荒野の奥深くに分け入り、厳しい冬もお構いなしで何か月も戻ってこないと思ったら、やがて恐竜の骨をどっさり積んで帰ってくる。実のところ、ボールドウィンは、このケンカ好きな二人の古生物学者のどちらにも仕えた。かつてはマーシュの腹心の友だったのに、のちにコープに鞍替えしたのだ。かくして、ボールドウィンがゴーストランチ近くの砂漠から掘り出した恐竜の骨の集まりは、幸運なコープの手に渡ることになった。これらの小型で中空の骨の持ち主は、まったく新しい種類の恐竜だった。イヌほどの大きさで、体が軽くて足が速く、歯が鋭い。コープは、のちにこの原始的な三畳紀の恐竜をコエロフィシス（*Coelophysis*）と名づけた。コエロフィシスは、この数十年後にアルゼンチンから発見されるエレラサウルスと同じように、のちにティラノサウルス、ヴェロキラプトル、鳥類を輩出した〝獣脚類王朝〟の創始者の一員だった。

チンルの四天王はほかにも知っていた。ボールドウィンの発見からおよそ五〇年後に、東海岸出身の古生物学者がまたもやゴーストランチを気に入ったことだ。その人物、エドウィン・コルバートは、コープやマーシュに比べるとずっと気立てのいい人物だった。ゴーストランチを訪れた一九四七年当時、まだ四〇代前半でありながら、すでにこの分野で最高峰の役職の一つに就いていた。ニューヨークにあるアメリカ自然史博物館の古脊椎動物担当の学芸員だ。その夏、オキーフが岩山や岩柱などの絵を描いていた数キロ先で、コルバートの発掘調査スタッフであるジョージ・ウィテカーが驚くべき発見をした。全部で数百体の骨格が埋もれたコエロフィシスの墓場に出くわしたのだ。この捕食者の群れは鉄砲水に襲われて埋もれたらしかった。この時のウィテカーの気持ちは手に取るように分かる。私たちがポルトガルでメトポサウルスのボーンベッドを見つけた時と同じように、抑えきれない喜びを感じたに違いない。一夜にして、コエロフィシスは三畳紀を代表する恐竜になった。最初期の恐竜はどんな姿をしていたか、どう振る舞っていたか、どんな環境に棲んでいたか。皆がそうしたことを想像する際に真っ先に思い浮かべる恐竜になったのだ。その後何年にもわたって、アメリカ自然史博物館の調査員が発掘を続け、ボーンベッドの岩塊を切り出し、世界各地の博物館に送った。昨今開催されている大規模な恐竜展に出かけたら、かなりの確率でゴーストランチのコエロフィシスを目にすることになるだろう。

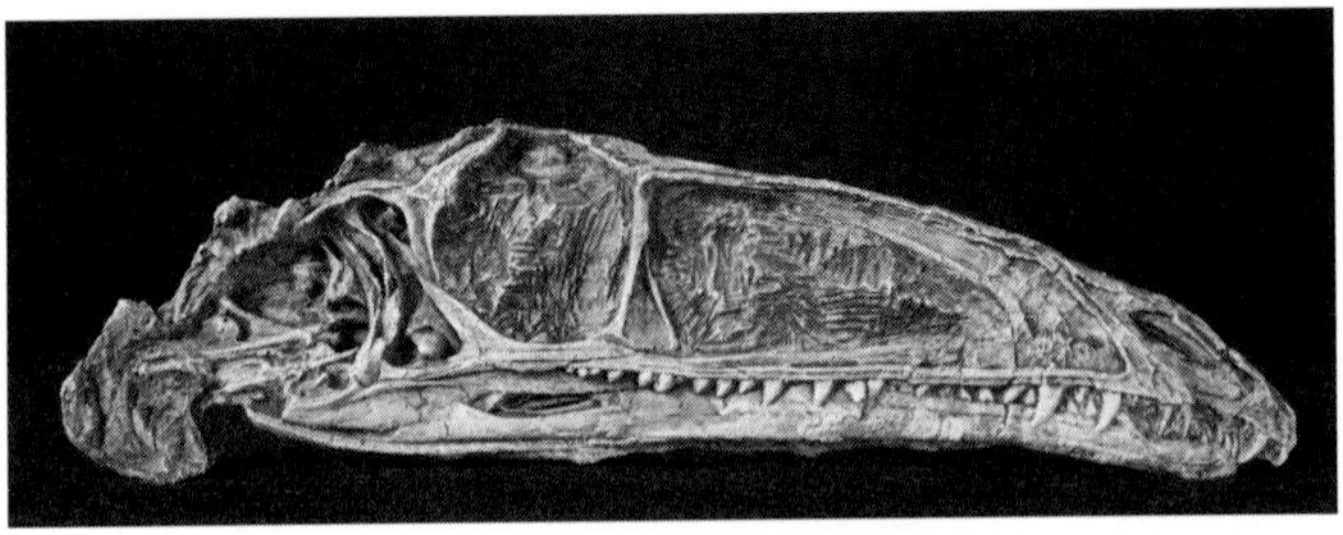

図 6　ゴーストランチから多産した原始的な獣脚類コエロフィシスの頭骨（写真提供：ラリー・ウィットマー）

チンルの四天王は、最後の、そしておそらくもっとも大切な手かがりについても知っていた。コエロフィシスの骨格があまりにも多く見つかって、誰もが集団墓地の発掘にかかりきりだったので、何十年間もほかの区域に目が向けられてこなかったのだ。発掘調査用の資金も、調査員の時間と労力も、そのほとんどが集団墓地の発掘につぎ込まれていた。でもそこは、広大なゴーストランチの一地点にすぎない。敷地は広く、化石を豊富に含むチンル層が何万エーカーにもわたって露出している。化石はもっと見つかるに違いなかった。だから、二〇〇二年に元森林経営者のジョン・ヘイデンがゴーストランチの正門からわずか数百メートルの地点で骨化石を見つけた時、四天王は特に驚きもしなかった。

数年後、アーミス、ネスビット、スミス、ターナーの四人は、現地におもむき道具を取り出して発掘をはじめた。かなりの時間と労力を費やしたのだそうだ。昔、ニューヨークのアイリッシュパブで四人に出くわした時、そう聞いたことがある。スミスが私のほうを振り向き、頭を天井に振り上げ、男の誇りをちらつかせながら「あの夏に掘り出した岩の量は、このパブを一杯にするくらいあったね」と言っていたのを覚えている。

その苦労は報われた。その地点に確かに骨化石はあったのだ。やがて続々と骨が見つかり、何百本、何千本と出てきた。地層が川床に堆積したものであることも分かった。およそ二億一二〇〇万年前、非業の死を遂げた恐竜の死骸が次々と流されてきて、この地の川床に落ち着いたらしい。チンルの四天王は、卓越した推理力と、学生の身でありながら「何かを発見したい」という強い意欲を持っていたおかげで、とびきりの三畳紀化石を発見できた。最初の化石を見つけた観察力の鋭い元森林経営者の名を取って「ヘイデン発掘地」と名づけられたその場所は、今や世界有数の三畳紀化石の産地となっている。

ヘイデン発掘地は、太古の生態系の一時期を切り取ったスナップ写真のようなものだ。恐竜が初めて棲みついた砂漠の一つの様子を垣間見せてくれる。そこに写っていた光景は、チンルの四天王が予想していたものとは違った。若き異端者たちが発掘をはじめた二〇〇〇年代中盤は、「恐竜は、三畳紀後期に砂漠に進出すると、即座にその地を征服した」という見方が大勢を占めていた。ニューメキシコ州、アリゾナ州、テキサス州に分布する同年代の地層から化石が豊富に発見されていたからだ。恐竜のものと思われる化石が、ずんぐりした最上位捕食者や中・小型の肉食恐竜から多様な鳥盤類（トリケラトプスやカモノハシ竜の祖先にあたる植物食恐竜）まで、一〇種以上も見つかっていた。恐竜はどこにでもいたように見えた。ところが、ヘイデン発掘地では様子が違った。ポルトガルのメトポサウルスに近縁な怪物両生類、原始的なワニ、長い鼻先や装甲を備えたワニの仲間、細身で肢が短くダックスフントのような体型をしていた爬虫類バンクレビア（*Vancleavea*）、カメレオンのように木にぶら下がっていた珍妙な小型爬虫類ドレパノサウルス。以上の動物が、ヘイデン発掘地からはよく産出する。恐竜は、とても「よく産出する」とは言えなかった。チンルの四天王は、たったの三種の恐竜しか見つけられなかった。ボールドウィンのコエロフィシスにそっくりな俊足の捕食者、やはり俊足の肉食恐竜タワ（*Tawa*）、もう少し大型でがっしりした体格の肉食恐竜チンデサウルス（*Chindesaurus*　アルゼンチンで見つかったエレラサウルスに近縁な恐竜）。しかも、どの種も数点の化石しか見つかっていない。

この結果に、四天王は大いに驚いた。三畳紀後期の熱帯域の砂漠では恐竜はまれな存在で、しかも生息していたのは肉食恐竜だけだったらしい。植物食恐竜は皆無だった。湿潤地帯にあれほど多くいた竜脚類の祖先も、トリケラトプスの祖先にあたる鳥盤類も全然いなかった。恐竜の群れはちっぽけで、ほかの種々の動物のほうが大型で凶暴で多勢で多様だった。

では、ほかの研究者がアメリカ南西部各地で見つけた数十種の三畳紀の恐竜のことはどう考えればいいのか。アーミス、ネスビット、スミス、ターナーの四人は、各種の証拠を集められるだけ集めて精査し、化石標本が保管されている小さな町の博物館を片っぱしから訪ねていった。すると、標本のほとんどが数本の歯だったり骨片の集まりだったりして、新種を記載する根拠としては頼りないものであることが分かった。でも、本当の驚きはそのあとに待っていた。ヘイデン発掘地での発掘を通して、四人の鑑識眼は磨かれていった。おかげで、恐竜とワニや両生類を、ほぼ直感で見分けられるようになった。四人は、そうした直感による判別を繰り返して、ほかの研究者が採集した〝恐竜〟化石のほとんどが、実は恐竜のものではないことを突き止めた。それらの化石の正体は、恐竜の原始的な親戚である恐竜形類だったり、偶然にも恐竜そっくりに見えた初期のワニやその仲間だったりした。

つまり恐竜は、三畳紀後期の砂漠でまれな存在だっただけでなく、いまだに太古の親戚と暮らしていたことになる。約四〇〇〇万年前にポーランドに小さな足跡を残したのと同じ種類の動物と共存していたのだ。これは、何とも不都合な事実だった。「原始的な恐竜形類はつまらない祖先動物であり、強大な恐竜を生み出すためだけに存在した」というのが、それまでの常識だったからだ。「恐竜を生み出す」という仕事を終えた恐竜形類は、そのあとひっそりと絶滅していったと考えられていた。ところが、そうではなかったのだ。恐竜形類は、三畳紀後期の北アメリカ全土で、およそ二〇〇〇万年間も真の恐竜と共存していた。ヘイデン発掘地からはプードル大の新種の恐竜形類ドロモメロン（*Dromomeron*）も見つかっている。

こうした四人の発見に驚かなかった人物がいたとしたら、それはアルゼンチン人学生のマルティン・エスクラだったに違いない。マルティンは、四人のアメリカ人大学院生とは別に、ひと昔前の古生物学者が採集し同定した北アメリカ産の〝恐竜〟化石に疑いを持ちはじめていた。しかし、化石標本を直接調べに行ける状況にはなかった。南米の生まれで、英語はまだ勉強中だったからだ。

それに、マルティンは一〇代だった。

ただし、母国のイスチグアラスト産恐竜の膨大な化石コレクションに触れられるという、大きな強みを持っていた。「博物館を訪ねたい」という一介の高校生の突拍子もない願いに、リカルド・マルチネスをはじめとする博物館の学芸員が寛大に応じたおかげだ。マルティンは、北アメリカの〝恐竜〟化石標本の写真を集め、アルゼンチンの化石標本と丹念に比較し、両者に重要な違いがあることを突き止めた。例えば、北アメリカ産の細身の肉食動物エウコエロフィシス（*Eucoelophysis*）はそれまで獣脚類だと考えられていたが、実は原始的な恐竜形類だった。マルティンはこの結果を二〇〇六年に科学雑誌で発表した。アーミス、ネスビット、スミス、ターナーの四人が最初の発見を発表する前年のことだ。論文を書いた時、マルティンは一七歳だった。

なぜ恐竜はそれほどまでに砂漠に苦戦したのだろう。ほかの多くの動物は、祖先筋にあたる恐竜形類も含めて、もっとうまくやっていたのに。その理由を突き止めることは簡単ではない。でも、チンルの四天王はこの問題の真相に迫ろうと、腕利きの地質学者であり、私たちのポルトガルでの発掘チームの一員でもあったジェシカ・ホワイトサイドに協力を仰いだ。ジェシカは地層を〝読む〟達人だ。私の知るかぎり一番だと思う。地層を見て、いつの時代のものか、どんな環境で堆積したのか、どれほど暑かったのか、また、どれくらい雨が降っていたのか、ということまで見抜いてしまう。ジェシカを化石発掘地に解き放てば、遠い過去の物語を携えて戻ってくる。気候が移ろい、天候が変化し、爆発的な進化が起きて、大量絶滅に至る。そういう物語だ。

ジェシカは、持ち前の第六感をゴーストランチで発揮し、「ヘイデン発掘地の動物たちは楽な生活を送っていなかった」との結論を出した。動物たちが暮らしていた環境は、一年中砂漠だったわけではなく、季節ごとに気候が激変していたのだと言う。一年の大半はカラカラに乾いていたが、もっと湿潤で冷涼な時期もあったのだそうだ。ジェシカとチンルの四天王はこれを「超季節性」と呼んだ。その元凶は二酸化炭素だった。ジェシカの測定によると、ヘイデン発掘地の動物たちが生きていた頃、パンゲアの熱帯域では空気中の分子一〇〇万個につきおよそ二五〇〇個の二酸化炭素分子があったという。これは今日の二酸化炭素の量の六倍以上にあたる。よく考えてみてほしい。近年、地球の気温は急激に上昇し、私たち人類は将来起こりうる気候変動に大きな懸念を抱いている。当時と比べれば、今日の大気中の二酸化炭素の量はずいぶん少ないのにもかかわらずだ。大気中の二酸化炭素濃度が高かった三畳紀後期には、ドミノ倒しのように波紋が広がった。気温と降水量の変動が激しくなり、一年のうちに山火事が猛威をふるう時期と湿度の高くなる時期ができた。おかげで安定した植物群落が形成されづらくなった。

ヘイデン発掘地の気候は、混沌としていて、予測不能で、不安定なものだった。それにうまく適応できた動物もいれば、そうでもない動物もいた。恐竜はどうだったかというと、少しは対処できたものの、真に繁栄するには至らなかったようだ。小型で肉食の獣脚類は何とか生息できたが、もっと大型で成長の速い植物食恐竜は、安定した食料を必要としたため、生息できなかった。誕生から二〇〇〇万年ほどが経ち、湿潤地帯の生態系で大型植物食動物のニッチを獲得し、より暑い熱帯域に進出しはじめても、恐竜はこの地の気候になじむのに苦労していた。

三畳紀後期のヘイデン発掘地にタイムスリップし、洪水の様子を高台から眺めることができたとしよう。季節性の川に飲み込まれ溺れた動物たちが次々と目の前を流されていく。その数々の死骸を見て、どれがどの動物か見分けがつくだろうか。もちろん、巨大なサンショウウオや例のカメレオンもどきの珍妙な爬虫類なら、いとも簡単に見分けられるだろう。でも、コエロフィシスやチンデサウルスなどの恐竜を、ワニやその仲間と見分けるのは、無理なのではないだろうか。たとえその動物たちが生きていて、食べたり動いたり互いに関わったりする姿を見られたとしても、やはり難しいかもしれない。

なぜそうも見分けにくいのか。それには理由がある。アメリカ南西部で活躍したひと昔前の古生物学者がたびたびワニの化石を恐竜のものと見誤ったのも、ヨーロッパや南アメリカの研究者が同種の過ちを犯したのも、同じ理由からだ。三畳紀後期には、見た目も振る舞いも恐竜にそっくりな動物がたくさんいた。進化生物学ではこの現象を「収斂《しゅうれん》」と呼ぶ。系統の異なる生き物どうしが、生活の仕方や棲んでいる環境が似ているために、互いにそっくりになる現象のことだ。例えば、空を飛ぶ鳥類とコウモリはどちらも翼を持っているし、地中の穴をうねうねと進むヘビとミミズはどちらも細長くて脚がない。

恐竜とワニのあいだに収斂が起きていたというのは驚きだし、衝撃的ですらある。ミシシッピ・デルタをうろつくアリゲーターも、ナイル川に潜んでいるクロコダイルも、何となく太古の生き物っぽく見える気はするものの、ティラノサウルスやブロントサウルスとは似ても似つかない。しかし、三畳紀後期のワニは現生のワニとはずいぶん違っていた。

恐竜とワニがどちらも主竜類に属していたことを思い出してほしい。ペルム紀末期の大量絶滅後に繁栄しはじめた、直立歩行をする爬虫類から成るあの一大グループだ。主竜類が数を増やしたのは、同時代の這い歩きをする動物よりもずっと速く効率的に動けたからだった。主竜類は三畳紀初期に二つの大きな系統に枝分かれした。恐竜形類や恐竜につながるアヴェメタタルサリア類と、ワニにつながる偽鰐類だ。大量絶滅後に各生物群が目覚ましい多様化を遂げていく中で、偽鰐類もさまざまな下位グループを生み出した。そのそれぞれの下位グループも三畳紀に多様化を遂げたが、現生ワニを含むグループを除き、やがて絶滅した。これらのグループは、現生ワニや（鳥類に進化した）恐竜と違って現代に生き残っていないため、ほぼ忘れ去られている。遠い昔の奇怪な動物、あるいは進化の袋小路に迷い込み頂点に上りそびれた動物とみなされている。でも、こうした固定観念は間違っている。なぜなら、三畳紀の大半を通して、偽鰐類は繁栄していたからだ。

ヘイデン発掘地からは、三畳紀後期に生息していた主要な偽鰐類のほとんどが見つかる。例えば、マカエロプロソプス（*Machaeroprosopus*）という植竜類（先述のポルトガルの発掘地でも骨が見つかった、鼻先の長い半水生の待ち伏せ型捕食者）の一種もそうだ。モーターボートより大きく、長く伸びたあごに備わる何百本もの鋭い歯で魚に（時には恐竜にも）嚙みついていた。そのそばにはティポトラクス（*Typothorax*）もいたことだろう。戦車のような体つきの植物食動物で、体は装甲に覆われ、首からはトゲが突き出ていた。ティポトラクスが属するグループをアエトサウルス類と言う。食物連鎖の中間層の植物食動物として大いに繁栄したグループで、この何千万年もあとに登場する装甲を持つ恐竜アンキロサウルス類によく似ていた。ティポトラクスは穴を掘ることが得意で、さらに、巣を作り守ることで子育てをしていた可能性も指摘されている。それから正統なワニ類もいたが、私たちになじみ深い現生のワニとはずいぶん違っていた。三畳紀の原始的なワニ（現生ワニにつながる祖先動物）は、まるでグレイハウンド犬のような姿をしていた。体格もちょうどそのくらいで、四本肢で立ち、スーパーモデル並みに細く、とびきり速く走れた。虫やトカゲを常食としていたはずなので、最上位捕食者ではなかっただろう。その称号は獰猛なラウィスクス類にこそふさわしい。全長七・五メートルにも達するグループで、これは現生最大のイリエワニよりも大きい。先ほど紹介したサウロスクスもラウィスクス類に属している。サウロスクスは、イスチグアラストの生態系の頂点に君臨し、きっと最初期の恐竜の悪夢にも出没していたに違いない。ティラノサウルスを少し小柄にして四本肢で歩かせてみよう。筋肉ムキムキの頭頸部、大きな釘のような歯、骨をも嚙み砕くパワーはそのままでいい。それがサウロスクスだ。

ゴーストランチからは、また別の偽鰐類の化石も見つかっている。ただし、ヘイデン発掘地からではなく、その近くにあるコエロフィシスの集団墓地からだ。一九四七年、ウィテカーが集団墓地を発見し、その後発掘調査がはじまった。その化石が発見されたのは、調査がはじまってから数週間後のことだ。アメリカ自然史博物館の調査員は、コエロフィシスの骨格をこれでもかというほど掘り出したせいで、しばらくすると当初の熱が冷めてきて、少々うんざりしはじめていた。どの化石を見てもコエロフィシスに思えてくる。だから気づけなかった。体格も長い肢も軽量な体のつくりもコエロフィシスとそっくりなその骨格に、コエロフィシスとは少し違う特徴があったことに。とりわけ、鋭い歯ではなくクチバシを持っていたことに。気づけなかったのはニューヨークの博物館で働く技術者も同じだった。骨格を岩塊から削り出しはじめたものの、「またコエロフィシスか」と決めつけると、途中で作業をやめてしまった。その骨格は、ほかの骨格とともに倉庫に持って行かれた。

博物館の奥に無造作に放置されていた骨格が再び日の目を見たのは、二〇〇四年のこと。四天王の一人で

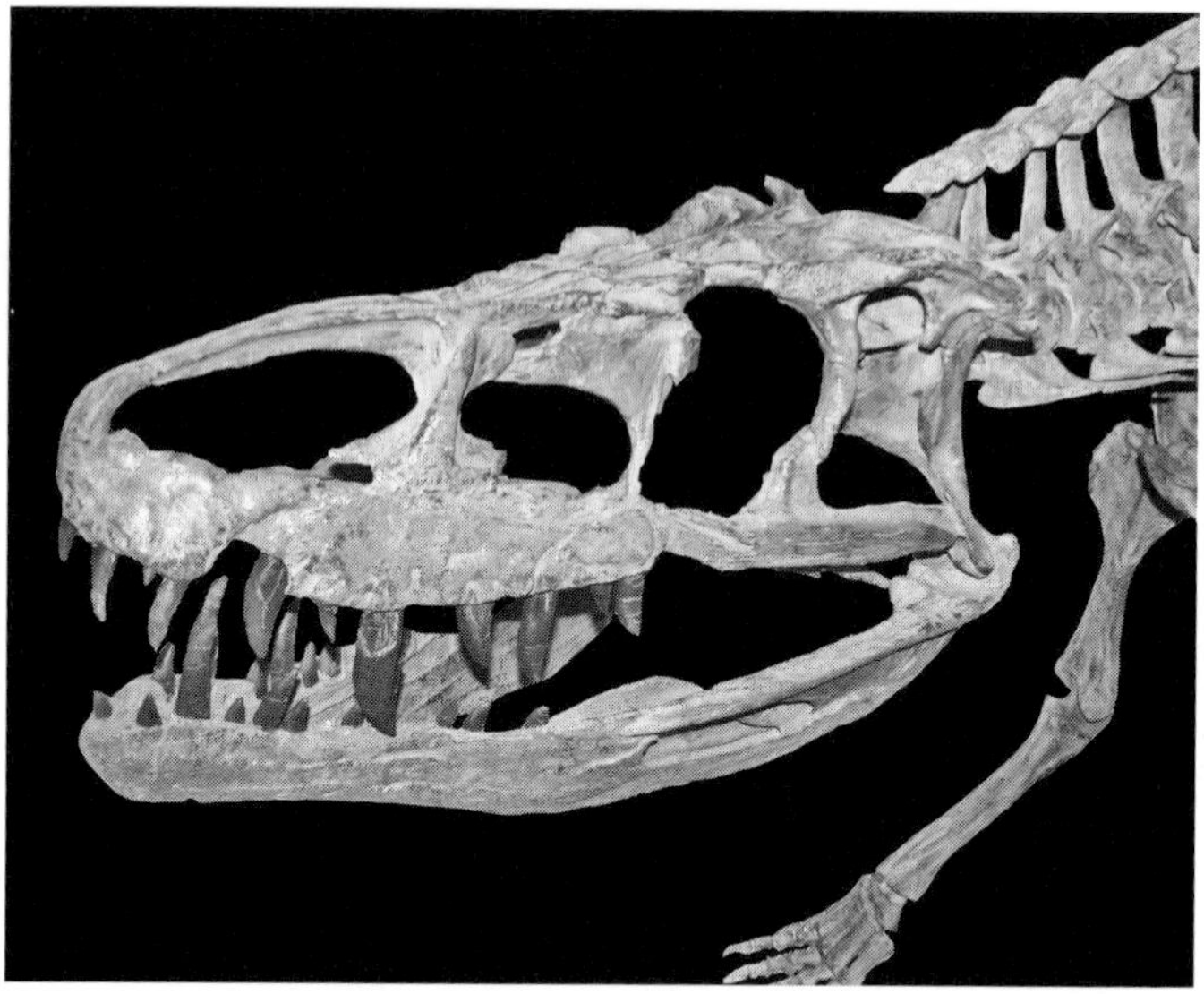

図 7　獰猛な捕食者バトラコトムス（*Batrachotomus*）は，ワニ系統の主竜類（ラウィスクス類）の１種で，初期の恐竜を獲物にしていた。

あるスターリング・ネスビットがニューヨークのコロンビア大学で博士研究に取り組みはじめた時だった。三畳紀の恐竜を研究しようと考えていたネスビットは、コルバートやウィテカーらのチームが一九四〇年代に発掘した化石をひととおり調べ直してみることにした。多くは石膏で固められたままになっていた。こうしたものはそのまま棚に置いておくほかない。しかし、一九四七年に切り出された例の岩塊は、石膏が外されていたうえに技術者により部分的に削り出されていて、調べられる状態にあった。ネスビットは、爛々《らんらん》と輝く両の眼《まなこ》と、半世紀前の退屈しきった調査員の怨念を振り払う熱意をもって、目の前の化石がコエロフィシスではないことを悟った。クチバシがあるし、体つきも違うし、前肢も小さい。さらに、足首の特徴がワニのそれに極めて近かった。目の前の化石は恐竜ですらなかったわけだ。それは、恐竜とのあいだに強烈な収斂を起こした偽鰐類だった。

博物館にこもり思索にふけりながら標本棚を物色したことのある若手研究者なら、誰しもこのたぐいの発見を夢見たことがあるに違いない。発見者のネスビットは命名権を得て、エッフィギア・オキーフィエ（*Effigia okeeffeae*）という心に染みる名前をつけた。属名は「幽霊《ゴースト》」という意味のラテン語でゴーストランチのことを指していて、種小名はゴーストランチ一の有名人だったジョージア・オキーフに敬意を表している。(2)エッフィギア発見のニュースは世界を駆け巡った。不格好で、歯がなくて、前肢の短い、太古のワニらしき動物が、いかにも恐竜に成りきろうとしているように見えるのが、メディアに受けたからだ。コメディアンのスティーブン・コルバートなどは自身の番組で特集を組んでこの新発見を伝え、フェミニストの女流画家ではなくエドウィン・コルバートにちなんで学名をつけるべきだったと冗談交じりに文句を言った（たまたま自分と同じ名字だったからだ）。この特集を見ていた時、私は学部生として最後の年を過ごしていて、ちょうど大学院で何をしようかと考えていた頃だった。だから、若い大学院生の研究がここまで世間にインパクトを与えられることに、感銘を受けたものだ。

ネスビットの研究は私に気づきも与えてくれた。それまでは恐竜のことしか勉強していなかったが、エッフィギアなどの恐竜もどきの偽鰐類を理解することも大切であり、恐竜が頂点に上り詰めるまでの過程を理解するうえで鍵になるのではないかと思いはじめた。私は恐竜学の名著や名論文を読み漁った。ロバート・バッカーやアラン・チャリグなどの大家が著したものだ。そこで声高に訴えられていたのは「恐竜は特別である」という主張だった。スピードにも敏捷性にも代謝機能にも知能にも恵まれた恐竜は、三畳紀に生きていたほかのどの動物よりも優れていたのだと言う。巨大なサンショウウオも、初期の哺乳類似の単弓類も、ワニ系統の偽鰐類も、相手ではなかった。恐竜は選ばれた種族であり、弱い動物を打ち負かし世界帝国を築くことが天命だったというわけだ。こうした著作の中には宗教に近い雰囲気を感じさせるものもあった。それもそのはずと言えるかもしれない。バッカーは世界教会運動の唱道者としても活動しているのだから。彼の熱のこもった講演は、あたかも宣教師が聴衆に福音を説くかのごとく繰り広げられることで知られている。

三畳紀後期の戦場では恐竜が並みいる敵を打ち負かしていた――。何とも聞こえのいい話ではあるのだが、私にはどうも納得がいかなかった。新発見が続くにつれてその定説の信憑性は揺らいでいっているように見えた。そこに大いに関わってくるのが偽鰐類だ。実に多くの偽鰐類が恐竜に姿を似せていた。いや、むしろその反対なのかもしれない。恐竜のほうが偽鰐類になろうとしていたとも考えられる。いずれにしても、この二つのグループが多くの点で似通っているのなら、「恐竜のほうが優れた種族だ」などとどうして言えるだろう。恐竜と偽鰐類のあいだに起きた収斂のほかにも、定説に疑問を投げかける知見はある。三畳紀後期には偽鰐類のほうが恐竜より優勢だったのだ。種の数でも、個々の生態系における個体数でも、恐竜を上回っていた。ゴーストランチにいた多彩なワニの仲間（植竜類、アエトサウルス類、ラウィスクス類、エッフィギアの仲間、真のワニ）は、何もそこだけにいたわけではない。これらの多様なグループは世界のほかの地域でも繁栄していた。

こうした説明は、科学者が相手をやんわり批判したい時に好んで用いる表現で言えば、「面白いけどちょっと感覚的」なものかもしれない。では、三畳紀後期における恐竜と偽鰐類の進化について、もっと明快に比べることはできないだろうか。両グループのどちらかがより成功していたのか。また、その力関係は時間とともに変わっていったのか。そうしたことを検証する方法はないものか。私は統計学の文献を熟読した。恐竜にかかりきりでほかの学問や技術をあまり学んでこなかった人間にとっては、取っつきづらい分野だった。調べてみると、古無脊椎動物学者（古生物学者の〝腹違いの兄弟〟のような存在で、二枚貝やサンゴなどの骨のない動物の化石を研究する人たち）が二〇年前に一つの手法を開発していたこと、そしてその手法を恐竜学者がずっと無視していたことが分かった。それを知って私は少し恥ずかしい気持ちになった。古無脊椎動物学者が開発した手法は「形態的異質性」と呼ばれる概念を使うものだった。

形態的異質性。いかにも難解に聞こえるが、要は多様性を測る尺度の一つにすぎない。多様性を測る方法はたくさんある。種数を数えるのも一つのやり方だ。例えば、南アメリカのほうがヨーロッパより動物種の数が多いなら、南アメリカのほうが多様性が高いと言える。もしくは個体数で多様性を測ってもいい。どんな生態系でも昆虫のほうが哺乳類より個体数が多いのだから、昆虫のほうが多様性が高いと言える。では形態的異質性を考える時はどうするかというと、体の特徴をもとに多様性を測る。考え方はこうだ。鳥類はクラゲより多様性が高いと言える。なぜなら鳥類のほうがずっと複雑な体のつくりをしているからだ。鳥類がさまざまな器官を備えているのに対し、クラゲは袋にねっとりとした液体が詰まっているにすぎない。こうした多様性の測り方は、進化というものを深く理解するうえでとても役に立つ。動物の生態・行動・食事・成長・代謝は、さまざまな面において、体のつくりに支配されているからだ。ある動物群の時間的な変化について知りたい時、または二つの動物群の多様性を比べたい時、形態的異質性はもっとも強力な手段となりうる。

種数や個体数を数えるのは簡単だ。よく見える両目と計数器さえあればいい。では形態的異質性を測るにはどうしたらいいのか。どうすれば複雑極まりない動物の体を統計に落とし込めるのか。私は古無脊椎動物学者が開発した手法にしたがった。手順はこうだ。まず三畳紀の恐竜と偽鰐類の全種を含む一覧表を作った。なぜならその二つの動物群を比べたかったからだ。次にこれらの種の化石を数か月かけて観察し、種ごとに違いの見られる骨格上の特徴を数百個リストアップした。例えば、足の指の数が五本か三本か、四本肢で歩くのか二本肢で歩くのか、歯があるのかないのか、といった特徴だ。続いてこれらの特徴を表計算ソフトのスプレッドシートに、コンピューターのプログラマーよろしく、「0」か「1」かで入力していった。エレラサウルスは二本肢で歩くから「0」、サウロスクスは四本肢で歩くから「1」、といった具合だ。こうして、ほぼ丸一年を費やして、三畳紀に生息していた七六種を四七〇個の骨格上の特徴に基づいて分析したデータベースを完成させた。

こつこつと頑張ってデータの集計を終えたら、今度は数学の時間だ。次の手順として「距離行列」を作成した。これは、骨格上の特徴をまとめたデータベースに基づき、それぞれの種がほかのすべての種とどれくらい異なっているかを数値化したものだ。ある二種の特徴がすべて一致したら、その二種の距離値はゼロになり、両種はまったく同一ということになる。反対に二種の特徴が一つも一致しなかったら、距離値は一になり、その二種はまるっきり違うということになる。ではその中間のケースとして、例えばエレラサウルスとサウロスクスの特徴のうち一〇〇個が一致し、三七〇個が異なっていたとしよう。すると二種の距離値は〇・七九となる。二種で異なる特徴の数三七〇を、特徴の総数四七〇で割ったわけだ。距離行列とはどんなものかを知りたいなら、道路地図帳に載っている主要都市間距離表を思い浮かべてもらうのが一番いい。シカゴ－インディアナポリス間、二九〇キロ。インディアナポリス－フェニックス間、二七〇〇キロ。フェニックス－シカゴ間、二九〇〇キロ。あの表が距離行列だ。

道路地図帳の距離行列にまつわる裏技を紹介しよう。主要都市間の道路距離をまとめたあの表を統計ソフトに入力して多変量解析という手法にかけてやると、一枚のグラフができる。そのグラフでは各都市が点で表されていて、それぞれの点は完璧な比率で隔たっている。要するにそのグラフは地図なのだ。すべての都市の位置と都市間の距離が忠実に再現された、地理的に正しい地図なのである。では、主要都市間距離表の代わりに、三畳紀の恐竜と偽鰐類の骨格の違いをまとめた距離行列を入力したらどうなるだろう。統計ソフトからは、それぞれの種が点で示されたグラフが出てくるはずだ。科学者はこのグラフを「形態空間」と呼ぶ。まあ言ってしまえば、一種の地図だ。この地図は、ある動物群の形態の多様性の幅を視覚的に示してくれる。地図上で互いに近い二種はとてもよく似た骨格を持っている。これは、シカゴとインディアナポリスが地理的に近いことに等しい。地図の両隅にある二種はまるで違う骨格を持っている。これは、シカゴとフェニックスが遠く離れていることに相当する。

この三畳紀の恐竜と偽鰐類の地図を使えば、形態的異質性を測ることができる。地図上の各種を二つの種族（恐竜と偽鰐類）にグループ分けし、それぞれの種族が地図に占める面積を計算してやればいい。より大きな面積を占めるほうが、骨格が多様だと言える。同じやり方で動物たちを時代ごとにもグループ分けし、例えば三畳紀中期と三畳紀後期に分けるなどして、恐竜や偽鰐類の骨格の多様さが三畳紀を通してどう変わっていったかを調べることもできる。私たちはまさにこうした作業を行い、驚くべき結果を得て、それを二〇〇八年に発表した。私の研究者人生の出発点となった研究だ。三畳紀全期を通して、偽鰐類の形態の多様さは恐竜のそれを明らかに上回っていた。地図上で恐竜よりも大きな面積を占めていた。つまり、それだけ骨格の特徴の幅が広かったということだ。骨格が多様だったということは、食事や行動や生活の仕方について、いろいろなやり方を試していたと言える。両グループとも時代が進むにつれて骨格の多様さを増していったが、一貫して偽鰐類が恐竜の先を行っていた。恐竜は、優れた戦士として並みいる強敵を打ち負かしていたわけではなかった。偽鰐類と共存していた三畳紀の三〇〇〇万年間、そのワニ系統の宿敵のせいで、ずっと日陰暮らしを強いられていたのだ。

今一度、三畳紀にいた哺乳類の祖先の体を借りてパンゲアの大地を探索してみよう。時代は三畳紀が終わりを迎えようとしている二億一〇〇〇万年前だ。恐竜の姿は確認できるが、周りにわんさといるわけではない。地域によってはその存在に気づけないことすらあるだろう。湿潤地帯の恐竜群集はわりと多様だった。竜脚形類はキリンほどの大きさにまで進化し、もっとも優勢な植物食動物になっていたが、肉食の獣脚類と植物食か雑食の鳥盤類は、ずっと小さく数も少なかった。もっと乾燥した地域に目を向けると、そこにいたのは小型の肉食恐竜だけで、植物食恐竜や中・大型の肉食恐竜は、超季節性の天候とメガモンスーンに耐えられず、生息できずにいた。ブロントサウルスやティラノサウルスの大きさに多少なりとも近づいた恐竜さえおらず、超大陸のどこを見渡しても偽鰐類のほうがずっと多様で格段に繁栄していて、恐竜は強大な宿敵に抑えつけられながら暮らしていた。当時の恐竜を見たら「ぱっとしない連中だ」と思うに違いない。まずまずうまくやってはいたが、新しく登場したほかの多くの動物群もそれは同じだった。あなたがギャンブル好きで「どの動物が成功するか」を賭けるとしたら、それらの恐竜以外の動物群のどれか、おそらくは目障りな偽鰐類を選ぶだろう。「やがて優勢になり、巨大化して世界を支配するのは偽鰐類だ」と考えるわけだ。

誕生からおよそ三〇〇〇万年。恐竜が世界規模の革命を仕掛けるのはまだ先のことだ。

（1）古生物の骨が一か所に密集して見つかったもの。
（2）生物の学名（種名）は二つの部分から成る。前半が属名、後半が種小名である。

3
恐竜, のし上がる

スコットランドの竜脚類(*Scottish sauropod*)

およそ二億四〇〇〇万年前、地球が割れはじめた。真の恐竜はまだ誕生していなかったが、祖先であるネコ大の恐竜形類はその分裂を経験したに違いない。ただし、少なくともこの時点では、はっきり「経験した」と言えるほどのことではなかった。微弱な地震は起きていただろうが、恐竜形類は気にも留めなかっただろう。「巨大な両生類からどう逃げるか」とか「メガモンスーンをどう生き抜くか」といったことのほうがずっと重要だった。恐竜形類から恐竜が進化してくるあいだも、地下数キロの所で分裂は続いていた。地表からは気づくべくもなかったが、いくつもの亀裂が少しずつ広がり、伸び、互いにつながっていった。エレラサウルスやエオラプトルなどの最初期の恐竜の足元に危険が潜んでいたわけだ。

パンゲアの地盤が分裂しはじめていたのに、恐竜たちはのんきだった。あたかも、自宅が崩れるまで基礎のひび割れに気づかなかったおめでたい家主のように、これから世界が劇的に変わろうとしていることに、まるで気づいていなかった。

最初期の恐竜がとぎれとぎれに進化を続けていた三畳紀の最後の三〇〇〇万年間、地球深部の大いなる力によってパンゲアは東西に引っ張られ続けていた。この力は、重力と熱と圧力が地球規模で混ざり合ったものので、長い時間をかければ大陸を動かせるほど強い。正反対の二方向に引っ張られていたものだから、パンゲアは次第に伸びて薄くなっていき、微弱な地震が起きるたびに裂けていった。パンゲアを巨大なピザだと考えてみよう。そのピザを、腹を空かせた二人の友人がテーブルの両側から取り合ったとする。ピザ生地は次第に薄くなっていき、やがてブチッとちぎれて、二つに分かれるだろう。それと同じことが超大陸にも起きた。東西の綱引き合戦が数千万年間も延々と続いたあげく、ついに亀裂が地表に達し、超大陸が真ん中から裂けはじめた。

この太古の東西分裂があったからこそ、現在の地球において、北アメリカと西ヨーロッパの海岸線は隔たり、南アメリカとアフリカは遠く離れている。大西洋が誕生したのも、東西に離れてゆく陸塊の隙間に海水が流れ込んだからだ。二億年以上前の大いなる力と亀裂によって、現在の大陸配置は生み出されたと言える。でも、話はそこで終わらない。大陸が二つに分かれて、それで「はい、おしまい」とはならない。人間関係に亀裂が入った時と同じように、大陸が分裂した時も事態はすごく厄介な方向に展開していく。パンゲアで台頭しつつあった恐竜やほかの動物も、母なる大地が分裂したことの余波を受け、大きな変化を余儀なくされようとしていた。

詰まるところ、問題はこうだ。大陸が裂けると、その裂け目から溶岩が流れ出す。これは物理学の基本法則にのっとった現象にすぎない。地殻が両側に引っ張られて薄くなると、地球深部の圧力が減少する。圧力が減ると、地下深くからマグマが上昇し、地表に達して火山から噴き出す。地殻に小さな裂け目ができるくらいなら（例えば大陸の一部が二つに割れるくらいなら）、大した影響はない。いくつか火山ができて、多少の溶岩と火山灰が噴き出して、辺り一帯が破壊されたら、じきに噴火はやんでしまう。そうした現象は今日のアフリカ東部で起きているが、とても災厄と呼べるようなものではない。でも、超大陸が真っ二つに割れたら、それは地球規模の災厄の様相を帯びてくる。

三畳紀が終わりを迎えた二億一〇〇〇万年前、世界は荒々しく作り変えられた。それまでの四〇〇〇万年間に、パンゲアに徐々に亀裂が入っていき、地下にマグマが溜まっていった。超大陸がついに分裂すると、マグマが行き場を求めて動き出した。熱気球が空に上っていくように、マグマ溜まりからマグマが上昇し、亀裂だらけのパンゲアの地表から噴き出した。さかのぼること約五〇〇〇万年前のペルム紀末期の火山噴火（大量絶滅を引き起こし、恐竜とその主竜類の親戚の誕生を促した噴火）と同じように、この三畳紀末期の噴火も、私たち人類が見かけたことのないたぐいのものだった。例えば、ピナトゥボ山のように高温の火山灰が空に噴き出すことはなかった。当時の噴火は約六〇万年間続き、その間に四回の大規模な活動期があり、パンゲアのリフト［大地溝］帯[1]から膨大な量の溶岩が〝地獄からの津波〟のように流れ出していた。この表現に誇張はまったくない。溶岩流は、いくつかの波が重なることで、約九〇〇メートルの厚さに達することもあった。ということは、エンパイアステートビルを二棟も飲み込めたということになる。結局、パンゲア中央部の八〇〇万平方キロ近くの大地が溶岩の下に埋もれた。

この時期が、恐竜にとって、いや、あらゆる動物にとってつらい時期だったことは言うまでもない。何しろ地球史上最大規模の火山噴火だったのだから。溶岩が大地を覆っただけではなく、溶岩とともに有毒ガスも湧き出してきて、大気を汚し、とめどない温暖化を引き起こした。こうしたことが引き金となり、生命史上屈指の大量絶滅が起きた。絶滅した種の割合は三割を超えると言われているが、もしかするともっと多かったかもしれない。ところが、矛盾しているように聞こえるだろうが、恐竜が初期の不調期を抜け出せたのも、私たちの想像をかきたてる巨大で支配的な動物になれたのも、この大量絶滅のおかげなのだ。

ニューヨークのブロードウェイを歩いていて、たまたま高層ビル群の隙間を見通せる所に来たら、通りと平行に流れるハドソン川の向こうに隣のニュージャージー州が見えるはずだ。そのニュージャージー側の岸に、くすんだ茶色の絶壁がそびえているのも見えるだろう。高さ三〇メートルほどで垂直に何本もの亀裂が走っているこの崖は、地元で「パリセイズ」と呼ばれている。夏になると、その絶壁にどうにか張りついている木々がうっそうと生い茂り、岩肌がほとんど見えなくなる。ジャージーシティやフォート・リーなどのベッドタウンの地盤でもあり、世界一交通量の多い橋として知られるジョージ・ワシントン・ブリッジの西端も築かれていて、理想的な土台として機能している。その気になれば、パリセイズ沿いの道を踏破することもできる。全長は八〇キロほどで、スタテン・アイランドに端を発し、ハドソン川沿いに北上してニューヨーク市外まで続いている。

この崖を毎週見ている人は何百万人もいる。崖の上に住んでいる人も数十万人いる。でもその崖が、パンゲアを引き裂いて恐竜時代の到来を告げた太古の火山噴火のなごりであることを知っている人は、ほとんどいない。

パリセイズは地質学者が言うところの「シル（岩床）」だ。シルとは、地下深くの二枚の地層のあいだにマグマが入り込み、地表に噴き出すことなく固まったもののことで、火山の地下に広がる〝配管網〟の一部だったものだ。固まって岩石になる前は管になっていて、地下のマグマの通り道になっていた。マグマは、そうした配管を通って地表にたどり着くこともあれば、火山から逸れて行き止まりにぶち当たり、行き場を失うこともあった。パリセイズのシルができたのは三畳紀末期のこと。当時は、現在のニューヨーク市の所在地から数キロ先の所で、のちにアメリカ東海岸となる裂け目に沿って、パンゲアが分裂していた。超大陸が二つに割れる際に地下深部から湧き出してきたまさにそのマグマにより、パリセイズのシルは作られたのだ。

パリセイズのシルとなったマグマは地表に達することはなかった。つまり、パンゲアのリフト帯から流れ出した厚さ九〇〇メートルの溶岩流の一部にはなれなかったわけだ。溶岩流は、各地の生態系を飲み込み、大量の二酸化炭素を吐き出して、地球の未来に暗い影を落とした。マグマの噴出地点から西に三〇キロほど行った所に、当時の溶岩が固まってできた玄武岩を見られる場所がある。ニュージャージー州北部の低い丘陵地、「ウォッチャング山地」だ。高さ一〇〇メートル前後の丘が南北六〇キロ余りにわたって連なっているだけだから、「山地」という呼び名はずいぶん気前がいい。ここは、世界有数の大都会にある自然豊かなオアシスとして、地元住民の憩いの場となっている。

この山地の中心部に、リビングストンという人口三万人ほどのベッドタウンがある。一九六八年、この町の数キロ北にある旧採石場から、恐竜の足跡化石が発見された。太古の火山のふもとにあった川や湖で形成された赤色頁岩(2)から産出したものだ。地元紙の投稿欄に目を留めた母親からそのことを聞かされた一四歳の少年、ポール・オルセンは、自宅のそばにかつて恐竜が棲んでいたことを知り、心底驚いた。早速、友人のトニー・レッサを駆り出し、自転車に飛び乗って、その旧採石場に向かった。そこは、草木に覆われた岩くずだらけの大穴にすぎなかったが、化石の発見に地元が沸き立っていたからか、すでに数人のアマチュア採集家が来ていて、足跡化石を探していた。オルセンとレッサは採集家の何人かと親しくなり、化石採集のいろはを教えてもらった。「恐竜の足跡をどう見分けるか」とか、「化石をどう母岩から削り出すか」とか、「化石をどう研究するか」といったことだ。

二人の少年は夢中になった。採石場に足しげく通い、ほどなく夜中まで作業をするようになり、かがり火のもとで恐竜の足跡がついた岩板を削り出していった。真冬だろうがお構いなしだ。日中は学校に行かないといけなかったから、作業は夜にするしかなかった。二人は一年以上も作業を続けた。化石発見当初の熱が冷めて、化石ハンターが一人また一人と姿を消しても、通い続けた。そうして、数百点に上る足跡化石を採集した。ゴーストランチのコエロフィシスに似た肉食恐竜、植物食恐竜、爬虫類の仲間、哺乳類の仲間と、実にさまざまな足跡を見つけた。ところが、化石の採集を続けるうちに二人の気は滅入っていった。夜中に発掘作業をしているとゴミの不法投棄をしに来たトラックにしょっちゅう邪魔をされたし、昼間学校に行っているあいだにも、不届きな輩に採石場に侵入されて発掘しかけの足跡を盗まれることがたびたびあった。

では、お気に入りの化石発掘地を荒らされた一九六〇年代の少年は、一体どんな行動に出たのだろう。ポール・オルセンは、中間をすっ飛ばして、いきなりトップに働きかけた。大統領のリチャード・ニクソンに手紙を送りはじめたのだ。ニクソンが大統領に選出されたばかりの頃、すなわち、ウォーターゲート事件で面目を失う前のことだった。何通も手紙を送った。大統領の力で採石場を公園にして保護してほしいと訴え、獣脚類の足跡を写し取ったガラス繊維製の型をホワイトハウスに送ることまでした。メディアにも積極的に訴えて、「ライフ」誌に自分の記事を書いてもらったりした。そうした大胆で辛抱強い努力がついに実を結ぶ。一九七〇年、採石場が保有会社から国に寄付され、「ライカーヒル化石発掘地」という名前の恐竜公園になったのだ。翌年には発掘地が国の天然記念物に指定され、オルセンには大統領から功績を称える賞状が贈られた。本人は知らなかったが、オルセンをホワイトハウスに招くことも一時は真剣に検討されたという。大統領のイメージを気にかける一部の補佐官が、科学オタクの少年との写真撮影の機会を設けて、頬肉の垂れ下がった大統領の好感度を大いに上げようと画策したのだが、最後の最後にニクソンの顧問であるジョン・アーリックマンに計画を潰された。このアーリックマンは、のちにウォーターゲート事件の首謀者となる人物でもある。

一介の少年が成し遂げたこととしては大変な偉業と言えるだろう。恐竜の足跡化石を大量に採集し、発掘地を保護して後世に残し、大統領とペンフレンドにまでなったのだから。でも、オルセンはそこで立ち止まらなかった。大学に進んで地質学と古生物学を学び、イェール大学で博士号を取得したあと、ライカーヒルから見てハドソン川の対岸にあるコロンビア大学に教授として採用された。やがて、世界を代表する古生物学者となり、アメリカ科学アカデミーの会員にも選ばれた。これは、アメリカの科学者にとって最高の栄誉の一つだ。オルセンは、私がニューヨークで博士論文に取り組んでいた時に博士委員会(3)の委員を務めてくれた人物でもある。こちらは、何の名誉にもならない面倒なだけの仕事だ。オルセンは、私にとってもっとも信頼の置ける教官の一人だった。どんなに突拍子もない研究構想を語っても、親身に相談に乗ってくれた。私は私で、二年間にわたりオルセンの講義助手を務めた。コロンビア大学の学部生相手に恐竜学を教える講義は大変な人気で、いつも専攻外の学生からの申し込みが殺到していた。白い口ひげをたくわえた著名な研究者が講壇を跳ね回りながら熱弁を振るうからだ。その熱量の源は、講義前に飲む数本のエナジードリンクだった。熱っぽくて荒々しい私の講義スタイルは、オルセンに多分に影響を受けている。

オルセンが研究者人生を通してやってきたことは、一〇代の頃から変わっていない。彼の中心的な研究テーマは、恐竜がニュージャージーに足跡を残した時代に起きていた出来事だ。三畳紀末期のパンゲアの分裂、想像を絶する火山噴火、大量絶滅、三畳紀からジュラ紀にかけての恐竜の台頭と世界的な繁栄。こうした出来事を研究してきた。

少年時代に自転車に乗って初めて採石場に向かった時には知るべくもなかっただろうが、オルセンの地元は、三畳紀後期とジュラ紀初期の研究をするうえでは世界一の地域だった。オルセン少年の遊び場は、「ニューアーク盆地」と呼ばれる地質構造の中にあった。お椀型の窪地《くぼち》に三畳紀とジュラ紀の地層が堆積した場所だ。こうした盆地は、パンゲアのリフト帯が広がっていく際にできたことから「リフト盆地」と呼ばれる。北リフト盆地はほかにもたくさんあり、北アメリカの東海岸に一六〇〇キロ余りにわたって連なっている。北から順に見ていくと、まずカナダのファンディ湾に一つあり、そのずっと南にコネチカット州とマサチューセッツ州の中央部を南北に貫くハートフォード盆地がある。さらに、ニューアーク盆地、ゲティスバーグ盆地と続く（ゲティスバーグといえば、言わずと知れた南北戦争の激戦地だ。その盆地地形は軍事作戦の策定にも影響し、高台の確保が重視された）。ゲティスバーグからさらに南下すると、バージニア州とノースカロライナ州の辺境に小さめの盆地が数多く点在し、最南端にノースカロライナ州内陸部の巨大なディープリバー盆地がある。

これらのリフト盆地は、パンゲアが東西に分かれた際の割れ目に沿って分布している。東西の境目であり、分裂の最前線であり、超大陸が二つに割れた現場である。パンゲアを東西に引き離す力が働きはじめると、地殻の深部に断層ができ、硬い岩盤を割って伸びていった。力が働くたびに地震が起き、地震が起きるたびに断層の両側の岩盤が少しずつ上下にずれていった。数百万年後、そうした断層が地表に達し、さらに断層の片側の岩盤がずり落ちていくと、ついに盆地ができた。つまり、ずり落ちた側の岩盤が窪地になり、ずり上がった側の岩盤が高い山脈になったわけだ。こうして、北アメリカの東海岸に連なる数々のリフト盆地ができた。それらは、三〇〇〇万年余りにわたり、圧力を受け、引っ張られ、地震に見舞われてきたすえの産物だった。

これとまったく同じことが現在のアフリカ東部でも起きている。アフリカと中東が年に約一センチのペースで引き離されつつあるのだ。この二つの陸塊は、三五〇〇万年ほど前には地続きだったが、今では細長い紅海で隔てられている。紅海は年々広がり続けていて、ゆくゆくは海洋となる運命にある。南に目を転じると、数々の盆地がアフリカ本土を南北に連なっていて、それぞれ、アフリカと中東を引き離す力が働いて地震が起きるたびに、広く、深くなっていっている。その中には、水深一五〇〇メートル近くのタンガニーカ湖をはじめ、世界有数の水深を持つ湖に姿を変えたものもある。隣にそびえる山脈からいくつもの急流が流れ込んでくる盆地もあり、そうした盆地では、アフリカを代表する動植物でにぎわう豊かな熱帯生態系が発達している。リフト帯にはキリマンジャロ山をはじめとする火山も点在していて、大地が分裂するにつれて地下に溜まっていくマグマを地表に逃がす役目を果たしている。時折、これらの火山の一つが噴火し、溶岩と火山灰を噴き出して、盆地やそこに棲む生き物を埋める。

オルセンゆかりのニューアーク盆地も、北アメリカの東海岸に連なるほかの諸盆地も、アフリカのリフト盆地と同じような変遷をたどっていた。数々の地震によって徐々に盆地が形作られ、そこに川が流れ込んで豊かな生態系が育まれ、やがて水を湛えられるほどに深くなり、幾筋もの川だったものがついに湖に変貌した。ところが、気まぐれな気候のせいで湖が干上がると、また何本もの川が現れ、同じことが一から繰り返された。何度も、何度も、何度も。恐竜、偽鰐類、巨大なサンショウウオ、哺乳類の初期の親戚が川辺に栄え、無数の魚が湖を埋め尽くした。こうした動物がやがて化石となり（オルセンが一〇代の頃に採集をはじめた足跡や骨もその一部だ）、川や湖に堆積した厚さ数百メートルの砂岩や泥岩などの中で永い眠りに就いた。パンゲアが限界まで引き伸ばされ、地殻がはじけて火山が噴火し出すと、盆地も、そこに暮らしていた生き物も、溶岩や火山灰に埋もれた。

最初の噴火は、ニューアーク盆地の辺りで起きたわけではなかった。それは、現在のアフリカ・モロッコにあたる地域で起きた。というのも、当時のモロッコは現在の北アメリカ東部にあたる地域と隣り合っていて、今のニューヨーク市の所在地から数百キロしか離れていない場所にあったからだ。やがて、パンゲアの分裂帯にあるほかの地域からも溶岩が流出しはじめた。ニューアーク盆地、現在のブラジルにあたる地域、そして（例の大型サンショウウオの集団墓地が見つかったような）湖のある環境からだ。パンゲアの裂け目はその後何千万年もの時をかけて大西洋に変貌していくことになる。溶岩の流出には四回のピークがあった。そのたびに緑豊かなリフト盆地が焼かれ、有毒ガスが世界にまき散らされた。事態の深刻さは回を追うごとに増していった。（地球の長い歴史から見れば一瞬に等しい）わずか五〇万年ほどで噴火はやんだものの、その頃には地球はすっかり様変わりしていた。

噴火前のリフト盆地に棲んでいた恐竜、偽鰐類、巨大な両生類、哺乳類の初期の親戚は、おめでたいことに、これから何が起きるのかまったく知らなかった。事態はにわかに悪化した。

最初の噴火がモロッコで起きると、強力な温室効果ガスである二酸化炭素も大量に湧き出してきて、地球が急速に温まっていった。この温暖化のせいで、海底の地下に眠る「クラスレート」と呼ばれる奇妙な氷の層が、世界各地の海で一斉に溶け出した。クラスレートは、「氷」とは言っても、私たちになじみ深い硬い氷の塊のようなものではない。飲み物に入れる氷や、ノミで削ってパーティー用の凝った彫像にする氷とは違う。それは、もっとスカスカの物質で、凍った水分子の格子の中に別の物質が閉じ込められている。例えば、メタンだ。地球深部から絶えず海洋にしみ出しているメタンが、大気に達する前にクラスレートに閉じ込められたりする。メタンは厄介極まりない。二酸化炭素よりも格段に強力な温室効果ガスであり、なんと三五倍の温室効果能力を有している。最初の噴火で大量の二酸化炭素が放出されて地球の気温が上がると、クラスレートが溶け、中に閉じ込められていたメタンがにわかに解き放たれた。それをきっかけにとめどない温暖化が起きた。大気中の温室効果ガスの量が数万年で約三倍になり、気温が三〜四度上がった。

陸上の生態系も海洋の生態系もこの急激な変化に対処できなかった。気温が大幅に上がったことで多くの植物が生育できなくなり、なんと九五パーセント余りの種が絶滅した。すると今度は植物食動物の食べる物がなくなり、爬虫類、両生類、哺乳類の初期の親戚の多くが死に絶えた。負の影響がまるでドミノ倒しのように食物連鎖を駆け上がっていった。一連の化学反応により海洋の酸性度が高まり、殻を持つ生き物が大打撃を受け、食物網が崩壊した。気候が危ういほどに不安定になり、酷暑の時期が続いたかと思えば、極寒の時期が続いたりした。おかげで、パンゲアの南北の気温差が拡大してメガモンスーンが激しさを増し、沿岸域はいっそう湿潤に、内陸部はいっそう乾燥した。それまでのパンゲアも決して棲みやすい土地とは言えなかったが、すでにモンスーンや砂漠や宿敵の偽鰐類に苦しめられていた初期の恐竜は、いっそう苦しい立場に追い込まれた。

では、まだわりと進化の初期段階にあった恐竜は、目まぐるしく移ろう世界にどう対応したのだろうか。その謎を解く手がかりは、ポール・オルセンがもう五〇年近く研究している足跡化石にある。恐竜の足跡化石は、オルセンが調査したニュージャージーの採石場のほかに、アメリカとカナダの東海岸に点在する七〇か所以上の産地からも見つかっている。これらの産地は、「地層の重なり方」という意味で言うとずっと連続していて、その期間は三〇〇〇万年にもわたっている。最初の恐竜が現在の南アメリカにあたる地域に誕生した（ただし北アメリカにはまだいなかった）時代から、三畳紀後期、火山噴火による大量絶滅期を経て、次のジュラ紀にまで達しているのだ。リフト盆地に砂岩と泥岩が交互に堆積してできたこうした地層に、恐竜やほかの動物が綿々と生痕を残している。だから、その生痕を順番に調べていけば、恐竜などの動物がどう進化していったかが分かる。

地層は驚くべき物語を語ってくれる。二億二五〇〇万年前にはじまる三畳紀の後半、リフト盆地が形成されはじめてまだまもない頃に、恐竜は足跡を残しはじめた。ただし、その数は極めて少ない。例えば、グラツラタ（*Grallator*）と呼ばれる三本指の足跡化石がある。大きさは五センチから一五センチほど。足跡の主は小型で俊足の肉食恐竜で、ゴーストランチのコエロフィシスのように二本肢で立っていた。アトレイプス

（*Atreipus*）と呼ばれる別の種類の足跡化石は、大きさこそグラッラタに近いものの、三本指の後足のそばに小さな前足の跡もついている。足跡の主が四本肢で歩いていた証しだ。アトレイプスを残したのは、おそらく原始的な鳥盤類（トリケラトプスやカモノハシ竜のもっとも古い親戚）だと思われるが、あるいは恐竜に近い恐竜形類かもしれない。これらの恐竜の足跡は、偽鰐類、大型両生類、哺乳類の親戚、小型のトカゲの足跡に比べるとずっと少ない。恐竜は確かにそこにいたが、リフト盆地の生態系ではまだ端役にすぎず、その立ち位置は三畳紀の終わりまで変わらなかった。

ところがここで例の火山噴火が起きる。その時の溶岩流の上に堆積したジュラ紀初期の地層を見ると、恐竜以外の動物の足跡の多様性が急激に減っている。多くの種類の足跡が忽然と姿を消す。それは、もっとも目立っていた偽鰐類の足跡のいくつかも例外ではない。かつては、偽鰐類のほうが、数も種類も恐竜を上回っていたにもかかわらずだ。恐竜はと言うと、以前は足跡全体の二割ほどを占めるにすぎなかったのに、火山噴火が起きてまもなく全体の五割を占めるようになる。そして、さまざまな新しい足跡がお目見えする。前足と後足の跡がセットで見つかるアノモエプス（*Anomoepus*）は、おそらく鳥盤類の恐竜がつけたものだろう。四本指の大型の足跡化石オトゾウム（*Otozoum*）は、リフト盆地に最初に棲みついた竜脚形類が残したものだ。三本指の足跡化石エウブロンテース（*Eubrontes*）は、俊敏な肉食恐竜のもので、大きさが三五センチほどある。似てはいるもののもっと小型の肉食恐竜が火山噴火前の三畳紀に残した足跡化石グラッラタと比べると、格段に大きくなっている。

何とも意外な展開ではないだろうか。地球史上最大級の火山噴火が起きて各地の生態系が大打撃を受けたのに、恐竜ときたら、種類を増やし、個体数を増やし、さらに大型化したのだ。ほかの動物群が滅んでいくのを尻目に、目新しい種を進化させ、新しい環境に広がっていった。世界が破滅に向かう中、周りの混沌をどうにか糧にして、恐竜は栄えていった。

火山の溶岩が尽きて六〇万年におよぶ恐怖の時代が終わった時、世界は三畳紀後期の頃とはまるで違っていた。気温はずっと高く、嵐はずっと激しくなり、森林火災も起きやすくなっていた。それまで優勢だった広葉の球果植物に代わり、新しい種類のシダやイチョウが台頭していた。そして、三畳紀を代表する動物の多くが滅んでいた。哺乳類の親戚であるブタ似のディキノドン類もクチバシで植物をついばむリンコサウルス類も滅んでいたし、大型のサンショウウオも滅びかけていた。では、偽鰐類はどうなったのか。三畳紀の最後の三〇〇〇万年間、存在感でも力でも、おそらくは生存競争でも恐竜を圧倒していたワニ系統の主竜類は、どんな運命をたどったのだろう。なんと、ほとんどの種が死に絶えていた。鼻先の長い植竜類も、戦車を思わせるアエトサウルス類も、最上位の捕食者だったラウィスクス類も、恐竜に似たエッフィギアのような珍妙な動物も、地球上からすっかり姿を消していた。偽鰐類の中でパンゲアの分裂期を唯一生き残ったのが、数種類の原始的なワニだ。この疲弊しきったひと握りの生き残りが、ゆくゆくは現生のワニに進化していくことになる。でも、世界を制覇するかに思えた三畳紀後期のような大繁栄を謳歌することは、ついぞなかった。

どういうわけか、恐竜は勝者になった。パンゲアの分裂、火山の噴火、急激な気候変動、森林火災に競合相手が打ちのめされていく中、踏ん張った。その理由について、残念ながら私は納得のいく答えを持ち合わせていない。この謎のことを考えると、大げさでなく夜も眠れなくなる。恐竜に何か特別な強みがあって、絶滅した偽鰐類などの動物より有利だったのだろうか。恐竜のほうが速く成長できたり、すばやく繁殖できたり、代謝が高かったり、効率よく動けたりしたのだろうか。あるいは、酷暑の時期や極寒の時期に重宝する呼吸法や、身の隠し方、体温の保ち方などを編み出していたのだろうか。ひょっとしたらそうなのかもしれない。でも、外見も行動も恐竜にそっくりな偽鰐類が数多くいたことを考えると、今述べたような考えは、いいかげんとまでは言わないが、根拠に乏しいと言わざるをえない。もしかすると、恐竜は運がよかっただけなのかもしれない。唐突で破滅的な地球規模の災厄が起きると、平常時の進化の法則など通用しなくなってしまうのだろう。恐竜は、飛行機の墜落事故から無傷で生還した乗客のようなものなのかもしれない。ほかの大勢の乗客が死亡する中、幸運に命を救われたというわけだ。

答えが何であれ、この謎は次世代の古生物学者に解かれる日を待っている。

ジュラ紀にこそ、真の恐竜時代は幕を開けた。もちろん、最初の真の恐竜はジュラ紀がはじまる三〇〇〇万年以上前にすでに登場している。しかし、これまで見てきたように、三畳紀の恐竜はお世辞にも支配的な動物とは言えなかった。ところが、パンゲアが分裂し、火山灰の中から不死鳥のごとく恐竜が立ち現れると、そこには空所の目立つ新世界が広がっていて、恐竜に征服されるのを待っていた。恐竜は、ジュラ紀の最初の数千万年間を通して多様化し、多種多彩な新種を生み出していった。諸々の目新しいグループが誕生し、その一部はこのあと一億三〇〇〇万年余りにわたって存続していくことになる。恐竜は大型化し、世界中に生息域を広げ、湿潤地帯から砂漠地帯まで、あらゆる環境に棲みついていった。ジュラ紀の半ばまでに、恐竜のすべての主要グループが世界中で見られるようになった。博物館の展示や児童書にあふれているコテコテの恐竜像が、ここで現実のものとなる。地響きを立てて歩く恐竜。食物連鎖の頂点に獰猛な肉食恐竜が君臨し、ほかにも巨大な竜脚類や、装甲や骨板を備えた植物食恐竜がいる。ちっぽけな哺乳類や、トカゲ、カエルなどの恐竜以外の動物は、恐怖に身をすくませているしかない。

パンゲアのリフト帯の火山がジュラ紀の幕開けを告げると、ついにおなじみの恐竜たちが姿を現しはじめた。肉食の獣脚類ディロフォサウルス（*Dilophosaurus*）は、ダブルモヒカンを思わせる珍妙なトサカを頭部につけていた。全長はおよそ六メートル。ラバほどの大きさのコエロフィシスや、その他大勢の三畳紀の肉食恐竜をはるかに上回る大きさだ。植物食の鳥盤類では、スケリドサウルス（*Scelidosaurus*）やスクテロサウルス（*Scutellosaurus*）などの装甲を身にまとう恐竜が現れた。戦車を思わせる鎧竜類や背に骨板を持つ剣竜類の直近の祖先にあたる恐竜たちだ。ヘテロドントサウルス（*Heterodontosaurus*）やレソトサウルス（*Lesothosaurus*）などの小型で俊足でおそらく雑食だった鳥盤類は、角竜類やカモノハシ竜類につながる系統の初期の一員だった。三畳紀に登場しつつも生息域が限られていたほかのおなじみの恐竜（竜脚形類や最初期の鳥盤類など）も、ついに世界各地に移住しはじめた。

このように多様化の一途をたどっていた恐竜のどれよりも、新たな支配者としての恐竜を象徴していたのが、竜脚類だ。長い首、柱のような肢、樽のような胴体、旺盛な食欲、小さな脳。ほかと見間違えようのない怪物と言える。竜脚類には、ブロントサウルス、ブラキオサウルス（*Brachiosaurus*）、ディプロドクスなどの、恐竜の中でも屈指の知名度を誇る種類が属している。たいていの博物館に展示されているし、映画『ジュラシック・パーク』の花形でもある。アニメ『原始家族フリントストーン』の主人公は粘板岩を採掘する際に竜脚類を働かせていたし、ある石油会社は緑色の竜脚類の図案をもう何十年もロゴマークとして使っている。竜脚類は、ティラノサウルスと同じく、恐竜の象徴なのだ。

竜脚類は、私が「竜脚形類」と呼んできた祖先グループから、三畳紀末期に進化した。これらの祖先種は、そこそこ首が長いイヌ〜キリン大の植物食恐竜で、約二億三〇〇〇万年前のイスチグアラストに現れた最初期の恐竜群集にも含まれていた。その後、三畳紀のパンゲアの湿潤地帯で主要な植物食動物となったが、砂

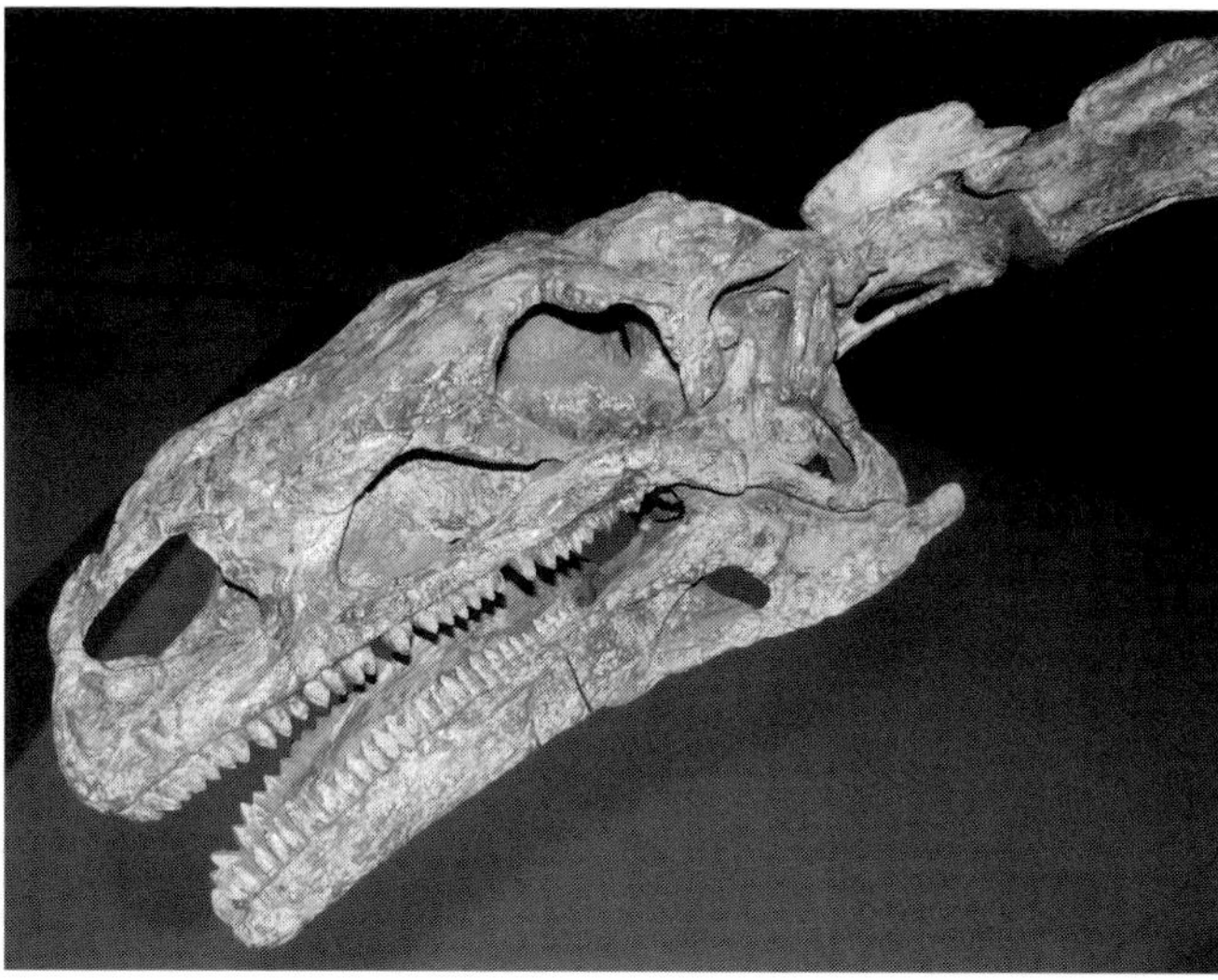

図 8　プラテオサウルス（*Plateosaurus*）の頭骨。竜脚類を生み出した祖先グループである竜脚形類の1種。

漠に棲めないという弱点のせいで、その潜在能力を存分に発揮できずにいた。状況が変わったのはジュラ紀初期のこと。生息環境の制約から解き放たれて世界中に移り棲めるようになり、麺のように細長いその独特な首を進化させ、同時に怪物並みの体格も発達させた。

本当に巨大な体を持つ最初の竜脚類（体重一〇トン超、全長一五メートル超で、ビル数階分の高さまで首を伸ばせた恐竜）の化石は、イギリス・スコットランド地方の西岸に浮かぶ風光明媚なスカイ島から、ここ数十年のあいだに産出しはじめている。太い肢骨が一本出てきたり歯や尾椎が一個見つかったりするだけで、手がかりはまだ乏しいものの、それらは、約一億七〇〇〇万年前に生きていた超大型動物の存在を示唆している。ジュラ紀も半ばに差しかかり、パンゲアの分裂と破滅的な火山噴火は遠い過去のものとなっていたが、恐竜が支配者の地位に上り詰めるまでにはあと一歩という段階だった。

スカイ島の竜脚類化石に私の心がくすぐられたのは、スコットランドに移住した二〇一三年のこと。ニューヨークで博士課程を終えてエジンバラ大学に新たな職を得た私は、自分の研究室を持てることに胸をときめかせながらスコットランドに渡った。着任して数週間で、同じ学科の二人の研究者とつるむようになった。マーク・ウィルキンソンは、筋金入りの野外地質学者で、ひっつめ髪にボサボサのひげという風貌はヒッピーのそれに近い。トム・チャランズは赤い髪の働き蜂で、私と同様に古生物学の博士号を取得していた（ただし、研究対象は四億年以上前の微化石だった）。トムは、その直前まで会社勤めをしていて、地質学の知識を活かしてエネルギー会社の石油探査に協力していた。その頃は、ベッドと小型キッチンをしつらえた特注のキャンピングカーで移動し、常に探査区域のそばで寝泊まりしていたらしい。その生活は、結婚式のあと花嫁にきつく言われて改めたそうだが、キャンピングカーは発掘調査旅行に行く際にまだ重宝しているそうで、よく週末になると霧に煙るスコットランドの海岸線を走り、手当たり次第に化石を探しているのだという。トムもマークもスカイ島で地質調査をした経験があり、島の地勢を知り尽くしていた。そこで二人と協力し、まだ謎だらけの大型竜脚類の良好な化石を探すことにした。

スカイ島のことを調べていると、同じ名前に何度も出くわした。デュガルド・ロス。聞いたことのない名前だった。彼は、古生物学者でも地質学者でもなく、そもそも研究者ですらない。それなのに、スカイ島産の恐竜化石の多くを発見し、記載していた。島の北東部にあるエリシャダーという小さな村に育ったらしい。岩がちな峰々、緑に覆われた丘陵、泥炭で濁った小川、風の吹きすさぶ海岸。その荒涼とした風景はファンタジー小説さながらで、J・R・R・トールキンの『指輪物語』を彷彿とさせる。家庭ではゲール語が話されていたそうだ。ゲール語は、スコットランド・ハイランド地方の土着語で、現在では五万人ほどしか話し手がいない。それでも、スカイ島のような辺境の島ではいまだに現役で、道路標識に書かれていたり学校で使われていたりする。デュガルドは、一五歳の時に自宅のそばで矢じりや青銅器時代の遺物を発見し、それをきっかけに故郷の島の歴史にのめり込んだ。以来、大人になってからも、大工やクロフター（零細農家と羊飼いを兼ねる人を指すハイランド地方特有の言葉）として働きながら、調査を続けている。

私はデュガルドと連絡を取り、「スカイ島で巨大恐竜の化石を見つけたい」という私たちの野望を話した。この時の電子メールほど私に幸運を呼び込んでくれたメールは、後にも先にもないかもしれない。そのメールをきっかけに一つの親交がはじまるとともに、実り多き共同研究体制が生まれたのだから。私たちが数か月後に島を訪ねると、「自分の所に立ち寄ってほしい」とデュガルド（本人は「デュギィ」と呼ばれるほうが好きらしい）からお招きを受けた。デュギィの指示にしたがって島の北東岸を走る二車線の幹線道路を進んでいくと、待ち合わせ場所に指定された長い平屋建ての建物が見えてきた。壁は大小さまざまの灰色の石で組まれ、屋根は黒色の瓦でふかれている。外の芝生には年代物の農具が転がっていた。表に掲げられた看板には「TAIGH-TASGAIDH」とある。ゲール語で「博物館」という意味だ。デュギィが赤い大型の業務用バンから巨大な鍵の束を持って降りてきて、自己紹介をしたあと、誇らしげに私たちを招き入れてくれた。穏やかで感情豊かなアクセント（ショーン・コネリー風のスコットランドなまりとアイルランドなまりの絶妙な組み合わせ）でデュギィが言うには、学校の廃墟を買い取ってこの「スタフィン博物館」を建てたのだそうだ。しかも、開設したのは一九歳の時だという。この一部屋だけの博物館には、カフェも、広々とした土産物コーナーも、大都市の博物館にありがちな豪華な装飾もなければ、なんと電気さえも通っていない。それでも、島民の歴史を今に伝える遺物とともに、デュギィが島で見つけた数々の恐竜化石が展示されている。何とも不思議な光景だった。大きな恐竜の骨や足跡の化石のそばに、古い水車だったり、カブを掘り出すための鉄の棒だったり、かつてハイランドの農民が使っていた年代物のモグラ捕獲器だったりが展示されていたのだ

図 9　スコットランド・スカイ島の絶景

から。

その週の残りは、デュギィお気に入りの化石発掘地の数々に案内してもらった。そして、ジュラ紀の化石を数多く見つけた。イヌ大のワニのあごや、「魚竜類」と呼ばれる爬虫類（イルカに似た動物で、恐竜がスカイ島を支配しはじめた時期に海に棲んでいた）の歯や背骨などだ。しかし、巨大な竜脚類の化石は出てこなかった。その後の数年間、私たちは何度もスカイ島に渡った。

そして二〇一五年の春、ついにお目当てのものを見つけた。ただし、最初からその存在を認識できたわけではない。その日、私たちは、北大西洋の凍える海に張り出した岩棚で、そばに建つ一四世紀の古城に見下ろされながら、ほぼ丸一日四つん這いになっていた。ジュラ紀の地層に含まれる微細な魚の歯や鱗を探していた。きっかけはトムの提案だった。当時魚の化石を研究していたトムから、恐竜の化石探しを手伝う代わりに魚の化石の採集も手伝ってほしいと言われ、快諾したのだ。もう何時間も岩棚に目を凝らしていた。防水仕様の服を三枚重ねにしていたのに、それでも寒い。潮が満ちてきて、午後も深まって日も暮れかけ、夕飯の時間が迫っていた。トムと私はそろそろ潮時かと思い、魚の歯を入れた袋と発掘道具を持って、磯辺の向かい側に停めてあったトムの派手なバンのほうに歩き出した。その時だ。私たちの目に何かが留まった。岩棚に不自然なくぼみがある。大きさは車のタイヤほどだろうか。ずっとちっぽけな魚の骨ばかり探していたものだから、すっかり見落としていた。念頭に置いていた探索対象のイメージが小さすぎて、

図 10　（上）トム・チャランズとともに発見した恐竜の“ダンスフロア”。竜脚類の足跡が見られる。（左）デュギィ・ロスがスカイ島の岩から恐竜の骨を削り出そうとしている。

こんな大きなものに気づける状態にまったくなかったのだ。

そのまま近づいていくと、似たようなくぼみがほかにもたくさんあることに気づいた。西日が横から差し込むようになっていたから、輪郭がくっきりと見える。くぼみはどれも同じくらいの大きさで、もっとじっくり見ると、私たちの周りに四方八方に点々と続いていた。どうも規則性があるように見える。個々のくぼみが長い二本の列になり、しかもジグザグに並んでいる。右、左、右、左、右、左。そんなくぼみの列が幾重にも交差し、私たちが一日中ずっと目を凝らしていた岩棚のかなりの部分を覆っていた。

トムと目が合った。その瞬間、まるで兄弟のように意思が通じ合った。同じ経験を積んできた者どうし、言葉に出さなくても分かり合えたのだ。このたぐいのものは以前にも見たことがあった。スコットランドではなく、スペインや北アメリカ西部などでだ。これが何なのか、私たちは知っていた。

目の前にあるくぼみの列は、化石化した行跡だった。しかも個々の足跡はかなり大きい。恐竜の行跡とみて間違いないだろう。よく観察すると、前足と後足、どちらの跡もあるし、足跡によっては指の跡まで残っている。行跡には竜脚類ならではの特徴が見て取れた。私たちは一億七〇〇〇万年前の〝恐竜のダンスフロア〟を見つけたのだ。それは、全長約一五メートル、体重ゾウ三頭分の巨大な竜脚類が残した痕跡だった。

行跡は太古の潟《かた》(4)に残されたものだった。普通、竜脚類とは結びつかない環境と言える。「竜脚類」と聞くと、巨大な恐竜の群れがドシンドシンと地響きを立てながら大地を駆ける光景が思い浮かぶものだろう。それはそれで間違ってはいない。しかし、ジュラ紀中頃の竜脚類はすでにかなり多様化していて、それまでとは違う生態系にも進出しはじめていた。葉っぱのたぐいを膨大に食べ続けないとその巨体は維持できないわけで、常に新たな食料源を探す必要に駆られていたのだ。私たちが見つけたスカイ島の足跡化石産地では、少なくとも三つの層準から足跡が産出する。つまり、それぞれ違う時代に生きていた竜脚類が潟を歩いて足跡を残したということだ。竜脚類のほかにも、もっと小柄な植物食恐竜がいたり、小型トラックほどの大きさの肉食恐竜が時折現れたり、さまざまなワニやトカゲ、あるいはビーバー似の平たい尾を持つ水棲哺乳類がいたりした。現在よりずっと温暖だった当時のスコットランドは、湿地や砂浜や急流の見られる島だった。島は、拡大の一途をたどる大西洋の真ん中、つまり、パンゲアの分裂とともに互いに遠ざかり続けていた北アメリカとヨーロッパの中間にあった。竜脚類をはじめとする恐竜が島を完全に支配していた。それは今や、いや、やっとと言うべきか、世界中で見られる現象となっていた。

スコットランドの太古の潟に痕跡を残した竜脚類は、畏敬の念を起こさせる動物だった。「畏敬の念を起こさせる」という表現ほど、竜脚類にしっくりくるものはないだろう。途方もなく大きく、恐怖を覚えずにはいられず、同時に人々の想像力をかき立てる。まっさらな紙とペンを渡されて「架空の動物を考案しろ」と言われても、私の想像力では、進化が生み出した竜脚類に勝る動物など決して描けない。それでも、竜脚類はかつて実在した動物だ。この世に生を受け、成長し、動いたり食べたり呼吸したりして、捕食者から隠れ、眠って、足跡を残し、死んでいった。現代に生きる動物のどれ一つとして竜脚類には似ていない。長い首と樽のような胴体を持つ動物もいないし、竜脚類の大きさにわずかにでも張り合えそうな陸生動物もいない。

竜脚類はあまりにも大きいので、一八二〇年代に骨化石が初めて見つかった時、研究者を大いに困らせた。当時はちょうど人類史上初の恐竜化石が発見されていた頃で、すでに肉食のメガロサウルスや植物食のイグアノドンなどが見つかっていた。これらの恐竜ももちろん大きい。ところが、その巨大な骨化石を残した動物は、さらに比較にならないほど大きかった。だから、当時の研究者は、その骨を恐竜のものだとは考えず、彼らが知る中でそれほど巨大になりうる唯一の動物、つまりクジラのものだと考えた。この勘違いが解けたのは、それから数十年後のことだ。さらに驚いたことに、後年の研究により、多くの竜脚類が大半のクジラより大きくなることも分かった。竜脚類は史上最大の陸生動物であり、進化にまつわる限界を押し上げる存在だった。

ここで、古生物学者が一〇〇年以上前から魅了されてきた疑問が頭をもたげてくる。竜脚類は、どうやってそんなに大きくなったのだろう。

これは、古生物学における最大の謎の一つだ。でも、その謎を解きにかかる前に、もっと基本的な事柄を押さえておく必要がある。果たして、竜脚類はどこまで大きくなれたのだろう。全長は？　首はどこまで高く伸ばせた？　そして何より、体重は何トンあった？　こうした問いに答えるのは実は難しく、とりわけ体重については、まさか恐竜を体重計に乗せるわけにもいかず、なかなか知りようがない。ここで古生物学者の〝企業秘密〟をお教えしよう。よく本や博物館の展示で、「ブロントサウルスの体重は一〇〇トン。体格は飛行機より大きかった！」などとうたわれているが、それらの法外な数字の多くはかなりでっち上げに近い。科学的な知見に基づく推測ではあるが、中にはその域に達しているかどうかさえ怪しい数字もある。ところが最近になって、骨化石をもとにして恐竜の体重をもっと正確に推定する方法が二つ開発された。

一つめの方法はいたって簡便で、物理学の基本に基づいている。それは「重い動物ほど自重を支えるためにより強靭な肢骨を必要とする」というものだ。動物の体のつくりには、この当然と言えば当然の法則が反映されている。これまでに数多くの現生動物の肢骨が計測されていて、体を支える主な骨（二足歩行なら大腿骨、四足歩行なら大腿骨と上腕骨）の太さと、その動物の体重とのあいだに、強い相関のあることが統計的に明らかになっている。つまり、ほぼすべての現生動物にあてはまる方程式が存在するということだ。肢骨の太さを測ることができれば、その動物の体重を一定の誤差の範囲内で計算できる。普通の電卓を使って解ける単純な方程式だ。

二つめの方法は、もっと手間がかかるものの、その分ずっと面白い。研究者が最近になって使い出したその方法は、恐竜骨格の三次元デジタルモデルを構築し、アニメーションソフト上で皮膚と筋肉と内臓をつけたうえで、コンピュータープログラムを用いて体重を計算するというものだ。この手法は、イギリスの若手古生物学者（カール・ベイツ、シャーロット・ブラッシー、ピーター・フォーキンガム、スージー・メイドメントなど）が、現生動物に詳しい生物学者からコンピューター科学者・プログラマーに至るまでのさまざまな人脈に協力を仰ぎながら開発した。

数年前、ちょうど博士課程を終えようとしていた頃のこと、私はカールとピーターに誘われて、デジタルモデルを駆使し竜脚類の体格と体型を調べる研究に参加した。その目標は何とも野心的だった。全身の骨格が十分にそろっている竜脚類のすべての種について精密なコンピューターモデルを構築し、それぞれの体の大きさを調べたうえで、竜脚類が真の巨大恐竜になるまでに体のつくりがどう変わっていったかを解明しようというのだ。私が誘われたのはいたって実務的な理由からだった。当時私が研究拠点にしていたニューヨークのアメリカ自然史博物館に、竜脚類の世界最上級の骨格が展示されていたからだ。二人が特に欲しがっていたのは、ジュラ紀後期の種類であるバロサウルス（*Barosaurus*）のデータだった。デジタルモデルの構築に必要なデータの採り方を聞いて、驚いた。普通のデジタルカメラと三脚とスケールバーがあればいいのだという。私は、バロサウルスの骨格標本をありとあらゆる角度から一〇〇枚ほど撮影した。注意点は、カメラが動かないよう三脚で固定することと、画角にスケールバーが収まるようにすること。そうやって撮影した画像をカールとピーターがパソコンに取り込むと、あとはコンピュータープログラムが勝手にやってくれる。複数の画像の一致点を重ね合わせ、画像中のスケールバーを基準に一致点間の距離を求めていく。この作業を繰り返すことで、もとの二次元の画像から三次元モデルを構築する。

この「写真測量法」と呼ばれる技法は、恐竜研究に革命をもたらしつつある。この技法を使って超高精細モデルを作れば精密な身体測定が可能となる。モデルをアニメーションソフトに取り込んで走らせたりジャンプさせたりすれば、その恐竜がとりえた動きや振る舞いも分かる。さらには、映画やテレビのドキュメンタリー番組の制作にも使える。本物の恐竜に極めて近いＣＧを銀幕やテレビ画面に提供できるというわけだ。

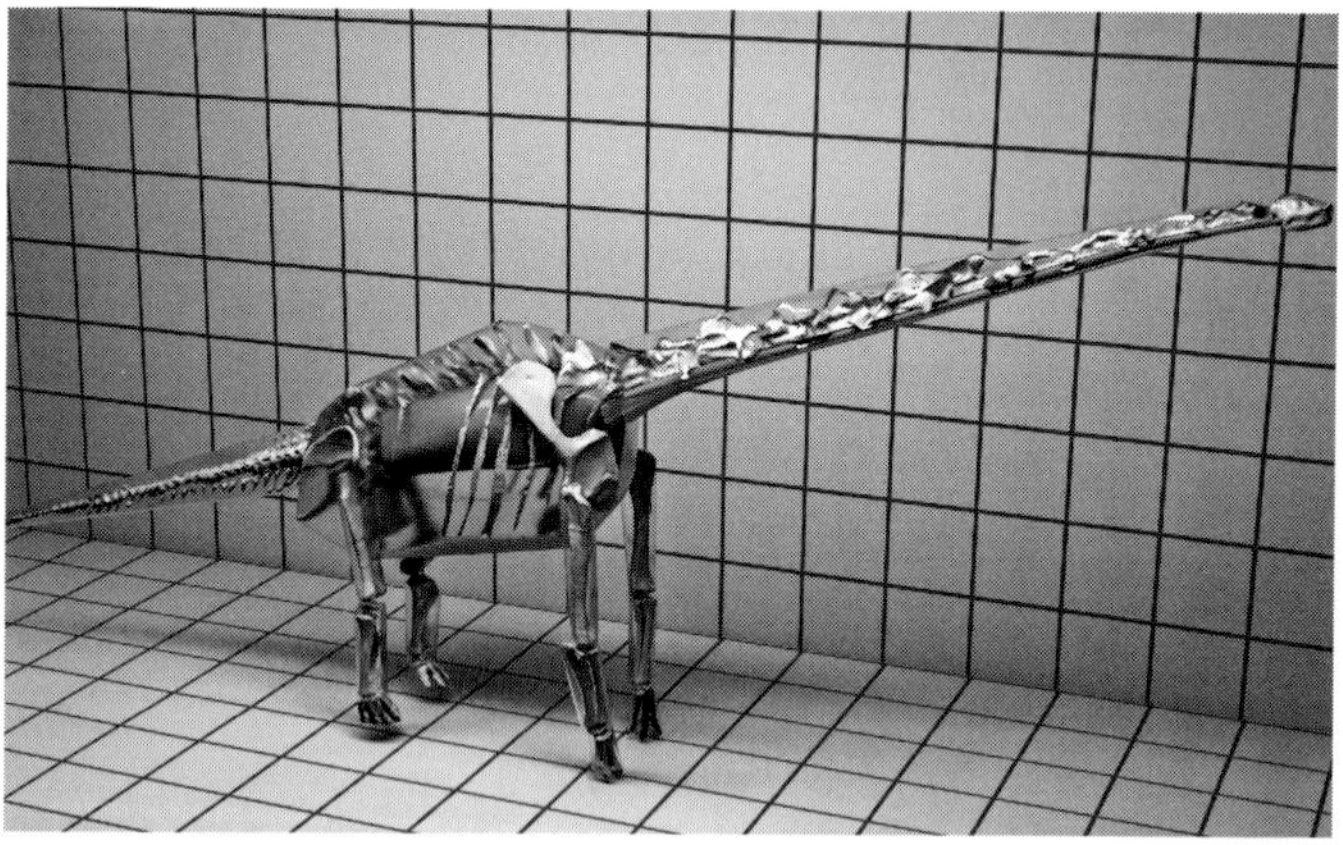

図 11　（上）ニューヨークのアメリカ自然史博物館にあるブロントサウルスの骨格標本。ヒトの骨格は大きさの比較のために置かれている（AMNH Library）。（下）竜脚類ギラファティタン（*Giraffatitan*）の骨格のデジタルモデル。このモデルを使って体重を計算できる（写真提供：ピーター・フォーキンガム，カール・ベイツ）。

この超高精細モデルは恐竜に命を吹き込んでくれる。

　私たちのコンピューターモデルを使った研究も、肢骨の太さなどを測る従来の研究も、たどり着く結論は同じだ。竜脚類はとにかく大きい。まず、三畳紀にプラテオサウルスなどの原始的な竜脚形類が若干の巨大化を試み、体重二、三トンに達する種が出てきた。これは、だいたいキリン一、二頭分に相当する。やがて、パンゲアが分裂しはじめ、火山が噴火して、時代が三畳紀からジュラ紀に移ると、真の竜脚類が大幅に巨大化した。スコットランドの潟に足跡を残した竜脚類は一〇〜二〇トンほどの体重があったし、さらに時代が下ると、ブロントサウルスやブラキオサウルスなどの有名どころが三〇トンを超すようになる。それよりさらに段違いに大きかったのが白亜紀の超大型種で、ドレッドノータス（*Dreadnoughtus*）、パタゴティタン（*Patagotitan*）、アルゼンチノサウルス（*Argentinosaurus*）などがいた。「ティタノサウルス類」というピッタリな名前のグループに属し[5]、体重は五〇トンを超えていた。これは、旅客機のボーイング七三七型機を上回る重さだ。

　現生で最大・最重量の陸生動物はゾウである。生息域や種類により体格は変わってくるが、体重はおおむね五〜六トンのあいだに収まる。記録に残る中で最大のゾウの体重は一一トンほどだったらしい。いずれにしろ竜脚類には遠くおよばない。ここでまた例の疑問が頭をもたげてくる。竜脚類はどうやって、これまで地球上に進化してきたあらゆる動物をはるかに凌駕する巨体を手に入れたのか。

　まず考えないといけないのは、動物が体を大きくするためには何が必要かということだ。真っ先に思い浮かぶのは、「食べ物をたくさん食べないといけない」ということだろう。推定では、竜脚類の体格とジュラ紀に主流だった食料の栄養価を考慮すると、ブロントサウルスなどの大型竜脚類は毎日四五キロほど（もしかするとそれ以上）の木の葉や枝を食べる必要があった。つまり、それだけ大量の食料をかき集めて消化する方法が必要だったということだ。二つめの課題は「速く成長しないといけない」というものだ。少しずつ成長しても別に構わないのだが、大きくなるのに一〇〇年以上もかけていたら、捕食者に食べられたり、嵐の日に倒木の下敷きになったり、病気で死んだりと、完全な成体になるまでに不慮の死を遂げる確率が高くなってしまう。三つめの課題は「極めて効率的に呼吸をしないといけない」というものだ。そうして十分な量の酸素を取り込まないと、巨体の隅々で起きている代謝反応を回しきれない。四つめの課題は体のつくりについてで、骨格は強靭でないといけないが、同時に、体を動かせなくなるほどかさばってもいけない。最後に、「余分な体熱を発散できないといけない」という課題もある。大型動物は、酷暑にさらされると、いとも簡単にオーバーヒートして死んでしまうからだ。

竜脚類はこれだけの課題をすべてこなす必要があった。でも、どうやって？　数十年前、この謎に多くの研究者が挑みはじめ、そして一番安易な答えに行き着いた。三畳紀、ジュラ紀、白亜紀の地球環境に、現在とどこか違うところがあったのではないかと考えたのだ。ひょっとしたら今より重力が弱くて、巨大な動物でも身軽に動けたり存分に成長できたりしたのかもしれない。あるいは大気の酸素濃度が今よりも高く、巨大な竜脚類でも効率よく呼吸ができて、したがって成長や代謝も効率よく行えたのかもしれない。今述べたような推測はもっともらしく聞こえるかもしれないが、よく吟味すると見当外れだと分かる。恐竜時代の重力が現在と大きく違っていたという証拠はないし、当時の酸素濃度を見ても、今日と同じくらいか、ひょっとすると少し低いくらいだった。

そうなると、ありうる説明は一つに絞られてくる。竜脚類の体そのものに何らかの要因があったということだ。その要因のおかげで、巨大化を妨げる何らかの制約から解き放たれたのだろう。一方、ほかのあらゆる陸生動物（哺乳類、爬虫類、両生類、ほかの恐竜など）はその制約から逃れられず、はるかに小柄な状態にとどまらざるをえなかった。鍵は、竜脚類ならではの体のつくりにあるように思える。いくつかの特徴が三畳紀からジュラ紀初期にかけて一つずつ進化してきて、ついに、巨体で生きることに完璧に適応した動物ができあがったのではないだろうか。

まずは何といっても首だろう。長くて細くて流麗なフォルムを持つあの首は、竜脚類のもっとも際立った特徴と言える。この普通より長い首は、三畳紀の最古の竜脚形類で進化しはじめ、それからも体全体に対して相対的に伸びていった。首が伸びたのは、頸椎（首の個々の骨）の数が増えたおかげでもあるし、個々の頸椎が伸びたおかげでもある。この長い首は、映画『アイアンマン』のパワードスーツのように、竜脚類にすごい力を授けた。ほかの植物食動物よりも樹木の高い所まで首を伸ばせるようになり、まったく新しい食料源を利用できるようになった。一か所に何時間もとどまり、まるではしご車のように首を上下に動かしたり旋回させたりするだけで、体力をほとんど消耗することなく植物をむさぼれるようにもなった。つまり、ほかの植物食動物よりたくさん食べ物を食べることができ、したがってより効率的にエネルギーを摂取できたということだ。この適応が一つめの課題に対する答えとなる。「竜脚類は、長い首のおかげで、膨大な食料を食べて体重を途方もなく増やせた」。

次は成長の仕方だ。恐竜の祖先にあたる恐竜形類が、三畳紀の初めにやはり多様化しつつあった両生類や爬虫類の多くと比べて、代謝が高く、成長が速く、より活発な生活を送っていたことを思い出してほしい。恐竜形類は鈍重ではなく、イグアナやワニのように気が遠くなるほどの長い年月をかけて成熟することもなかった。同じことは恐竜形類から進化した恐竜についても言える。骨の成長について調べた研究によると、ほとんどの竜脚類で、モルモット大の幼体から飛行機大の成体になるまでに三〇～四〇年ほどしかかからなかったらしい。このすさまじい変貌にかかる時間としては極めて短いと言えるだろう。この強みが二つめのいでいた」。

竜脚類は三畳紀の祖先から別のものも受け継いでいた。それは、効率のいい肺だ。竜脚類の肺は鳥類のものにそっくりで、私たちの肺とはかなり違う。哺乳類の肺は単純で、酸素を吸い込んでは二酸化炭素を吐き出すということを繰り返す。一方、鳥類の肺は一方向にしか空気が流れない。だから、空気を吸い込む時だけでなく吐き出す時にも酸素を取り込める。息を吸うたび、息を吐くたびに酸素を取り込めるわけだから、鳥類式の肺は極めて効率がいい。生命進化の傑作とも言えるこの仕組みは、気嚢《きのう》と呼ばれる、肺とつながった一連の袋状の器官のおかげで成り立っている。気嚢があるおかげで、息を吸う際に酸素に富んだ空気の一部をたくわえておいて、息を吐く際にその空気を肺に通すということができる。頭がこんがらがってしまったとしても気にすることはない。この珍妙な肺の仕組みを理解するのに、生物学者でさえ数十年もかかったくらいなのだから。

なぜ竜脚類が鳥類式の肺を持っていたと分かるのか。それは、胸腔を構成する骨の多くに「含気孔《がんきこう》」と呼ばれる大きな空洞が開いているからだ。この含気孔に気嚢が深く入り込んでいたと考えられている。竜脚類の含気孔は現生鳥類のものと構造がそっくりで、そうした構造が作られる要因は気嚢のほかにありえない。この適応が三つめの課題に対する答えだ。「竜脚類は、極めて効率的な肺のおかげで、巨体内の代謝を回していけるだけの酸素を取り込めた」。獣脚類の恐竜も同じ鳥類式の肺を持っていたので、ティラノサウルス類などの大型肉食恐竜があれだけ大きくなれたのは、そのことが一因なのかもしれない。ところが鳥盤類の恐竜は鳥類式の肺を持っていなかった。そのため、カモノハシ竜類、剣竜類、角竜類、鎧竜類は、竜脚類ほどの巨体を持ちえなかった。

気嚢には別の機能もある。呼吸の際に空気をため込むだけではなく、骨に入り込むことで骨格を軽くもしているのだ。要は、骨の内部をくり抜いて、外側の強靭な部分は残しつつ、大幅な軽量化を図ったようなものと言える。空気の詰まったバスケットボールのほうが同じ大きさの岩塊より軽いのと同じことだ。竜脚類は、長い首を持ち上げても、シーソーが傾くように前につんのめったりはしない。それはなぜかと言えば、すべての椎骨に気嚢が入り込んでいたからだ。椎骨はハチの巣も同然で、羽根のように軽いのに強度も高い。この強みが四つめの答えとなる。「竜脚類の骨格は、気嚢のおかげで、強靭でありながら動き回るのに差し支えないほど軽かった」。気嚢のなかった哺乳類、トカゲ、鳥盤類の恐竜は、そんな骨格を持てなかった。

では五つめの課題はどうだろう。「余分な体熱を発散できないといけない」というものだ。なんとこの課題にも肺と気嚢が関わってくる。竜脚類の体内には気嚢が数多くあり、全身に張り巡らされていて、骨の内部や内臓どうしの隙間にも入り込んでいた。つまりそれだけ、体熱を発散させるための表面積を増やしていたことになる。吸い込んだ息が体内を通って熱くなるたびに、この中央空調設備がその息を冷やしていたに違いない。

今紹介した特徴をすべて合わせれば、「超巨大恐竜の作り方」の完成だ。これらの特徴（長い首、成長率の速さ、効率のいい肺、骨格を軽くするための気嚢、または体を冷やすための気嚢）の一つでも欠けていたら、竜脚類はあれほどの怪物にはなれなかったに違いない。そんな生き物は存在しえないはずだ。ところが、進化という〝作り手〟はすべてのピース（特徴）を正しい順序で組み立てた。この組み立てキットが火山噴火後のジュラ紀の世界でついに完成した時、竜脚類は、古今のあらゆる動物に真似のできないことをできるようになった。竜脚類は途方もなく巨大化し、たちまち世界中を席巻した。威風堂々と支配者の地位に上り詰めたのだ。そして、それから一億年ものあいだ支配者であり続けた。

（1）二枚のプレートが互いに離れつつある境界地帯のこと。
（2）薄く割れやすい性質をもつ泥岩。本のページ（頁）をめくるように剝がすことができる。
（3）博士論文に取り組む学生に助言を行ったり、研究の進行を管理したりする機関のこと。
（4）砂州などによって外海から隔てられた浅い湖のこと。
（5）"Titano" はギリシャ神話の巨人タイタンに由来する。

4

恐竜と漂流する大陸

ステゴサウルス（*Stegosaurus*）

コネチカット州ニューヘヴンに広がるイェール大学構内の北の外れ、緑豊かな並木道沿いに〝聖堂〟がある。大学附属のピーボディ博物館にある「恐竜大広間」だ。宗教の聖地ではないのに、私にはそのように感じられて仕方がない。子供の頃、カトリック教会のミサに参加した時と同じように、中に入ると身震いを覚える。普通の聖堂とは違い、神の像もないし、ろうそくの炎も揺らめいていないし、香の匂いもただよっていない。外から見たかぎり、特に壮麗でもない。〝聖堂〟が入っているのはわりと平凡なレンガ造りの建物で、周りの講義棟と見分けがつかない。でも、そこには〝遺物〟が所蔵されている。私にとっては、宗教施設にある遺物と同じくらい神聖で冒しがたい。もちろん、恐竜のことだ。驚異に満ちた太古の世界に思いを馳せるのにこれほどふさわしい場所は、世界中を探してもほかにないと思う。

恐竜大広間は一九二〇年代に建てられ、そこにイェール大学の比類なき恐竜化石コレクションが収蔵された。何十年もかけて集められた数々の化石は、ごろつき連中がアメリカ西部各地で発掘し、しかるべき報酬と引き換えに、東海岸の名門私立大学にいる一流研究者たちのもとに送り届けたものだ。大広間は、建てられて一〇〇年が経とうというのに、当初の趣をそっくりそのままとどめている。前衛的な展示空間というわけではないので、コンピューター画面が瞬いていたり、恐竜のホログラムが投影されていたり、豪快な咆哮《ほうこう》が鳴り響いていたりはしない。そこは〝科学の聖堂〟であり、恐竜を象徴する種の骨格が、薄暗い照明を浴びながら、まんじりともせずおごそかに立ち尽くしている。館内に漂う静寂はまさに教会のそれを彷彿とさせる。

東側の壁を見ると、壁面いっぱいに絵が描かれている。長さ三〇メートル余り、高さ五メートル近く。ルドルフ・ザリンガーという男が四年半という歳月をかけて描いたものだ。シベリアに生まれたのちアメリカに渡ったザリンガーは、大恐慌時代のさなかに絵画を本格的に学びはじめた。もし現代に生きていたら、アニメーションスタジオに就職して絵コンテ作家になっていたのではないだろうか。いくつかの場面を設定し多彩な役を配することに長けていたザリンガーは、筆一本で壮大な物語を紡ぎ出してみせた。一番有名な作品は、間違いなく『進歩の行進（*The March of Progress*）』だろう。よくパロディ化されるこの絵は人類の進化を時系列で表したもので、拳をついて歩く類人猿が徐々に進化していき、ついに槍を抱えた人間になるというものだ。あの一枚の絵を通して進化論を理解した（あるいは誤解した）人のほうが、世界中の教科書・学校の授業・博物館の展示を通して理解した人よりも多いに違いない。

だが実は、人類の絵を描く前、ザリンガーは恐竜にのめり込んでいた。恐竜大広間に飾られている壁画『爬虫類の時代（*The Age of Reptiles*）』は、その時期の最高傑作だ。アメリカの切手の図柄に採用され、「ライフ」誌にも取り上げられ、あらゆる恐竜関連グッズの中で正規に掲載されたり無断で盗用されたりしている。古生物学界の『モナ・リザ』と言える存在であり、これまでに生み出された恐竜関連の芸術作品の中でもっとも認知度の高い作品と言えるだろう。もっとも、『爬虫類の時代』は『モナ・リザ』というより『バイユーのタペストリ』(1)に似ていて、そこには壮大な征服の物語が描かれている。魚に似た生き物が陸上に姿を現し、新しい環境に棲みつき、やがて爬虫類と両生類に分かれる。爬虫類はさらに哺乳類の系統とトカゲの系統に枝分かれする。(2)それから哺乳類の祖先が繁栄し、次いでトカゲが栄え、ついにその中から恐竜が現れる。そういう壮大な物語だ。

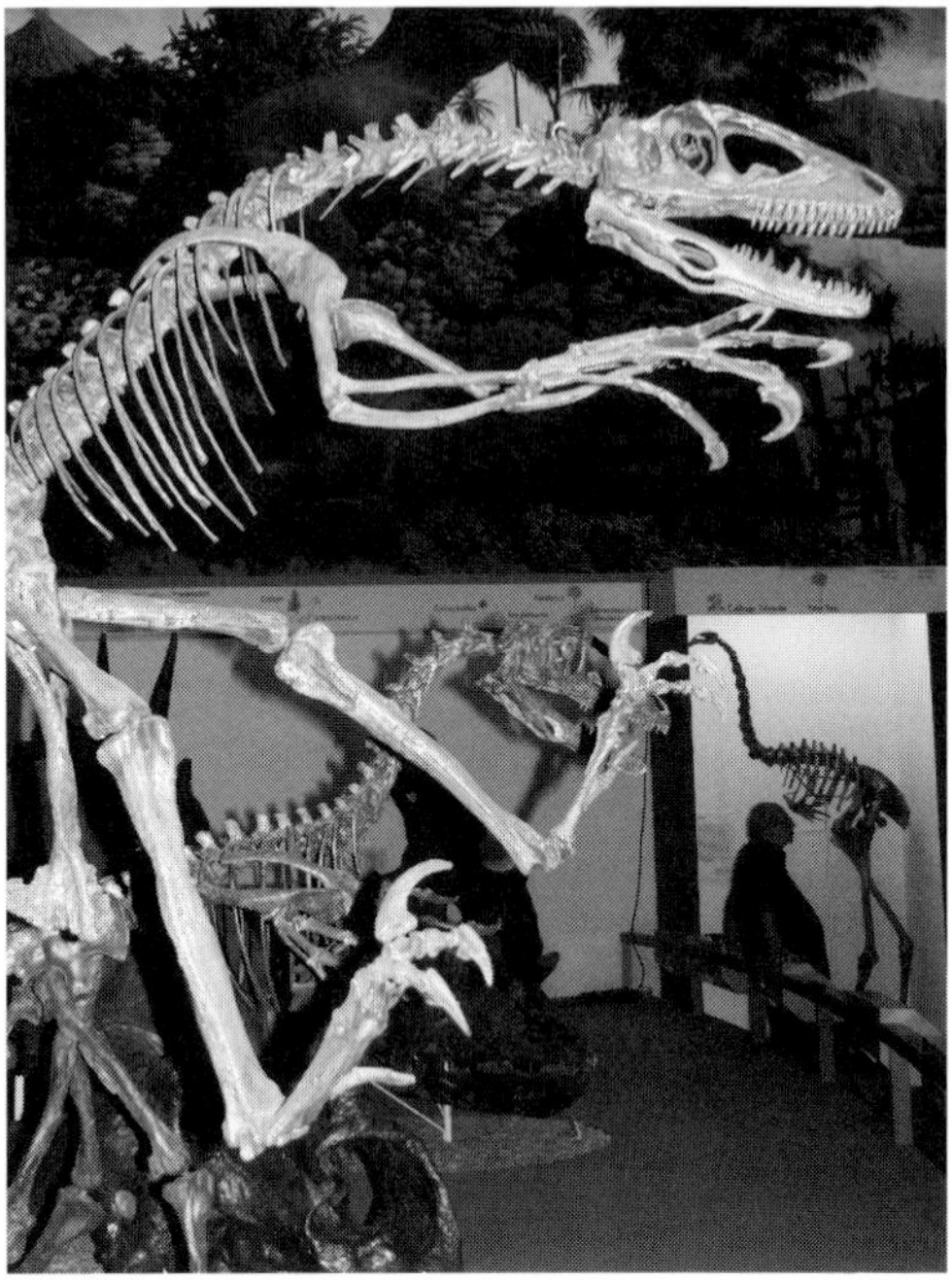

図 12　イェール大学・ピーボディ博物館内の様子。獣脚類のデイノニクス（*Deinonychus*）がザリンガーの壁画を守るように立っている。

　壁画を時代順に見ていくと、まずは鱗をまとった太古の動物がうろつく別惑星のような風景が延々と続く。そして、一八メートルほど進んだところ、時間にして二億四〇〇〇万年が経ったところで、ついに恐竜がひしめくようになる。トカゲと哺乳類の祖先から恐竜への禅譲《ぜんじょう》はじわじわと進んでいくものだから、「いつの間に？」と思うかもしれない。ここまで来ると恐竜はどこにでもいる。姿かたちも大きさもさまざまで、デカデカと描かれている恐竜もいれば、背景に溶け込んでいる恐竜もいる。ここで、壁画のまとう雰囲気もガラッと変わる。スターリンが聴衆の小作農に向けて熱弁を振るう姿を描いた旧ソ連のプロパガンダのポスターや、サダム・フセインの宮廷に飾られていた自己賛美のためのフレスコ画と通じる雰囲気がある。壁画の恐竜たちを一目見ただけで、力を感じる。強さ、統制、支配。恐竜は統べる者であり、そこは彼らの世界なのだ。

　壁画のこの後半部には、恐竜が進化的な成功の頂点にあった頃の様子が見事なまでに要約されている。前景には、沼に浸かっている巨大なブロントサウルスが周りに生えるシダや常緑樹の葉をむしり取って食べている姿が描かれている。その横に目を向けると、バスほどの大きさのアロサウルスが血まみれの死骸を前足で押さえつけながら肉に食いついている。それでは辱め足りないとでもいうように、巨大な後足で獲物を踏みつけてもいる。そこから十分に距離を取って悠々と食事をしているのはステゴサウルスだ。ただ、万が一アロサウルスが変な気を起こした場合に備えて、背中の骨板と尾のトゲを見せびらかしてもいる。後景にも目を向けてみよう。沼が途切れて雪化粧をした山脈が連なっている辺りに、長い首を伸ばして地面近くの低木の葉をむさぼっている竜脚類の姿が見える。その上空では二頭の翼竜（恐竜に近縁な空飛ぶ爬虫類）が空中戦を展開していて、のどかな青空を引き裂くように舞っている。

「恐竜」と聞いて多くの人が思い浮かべるのは、まさにこうした光景ではないだろうか。すなわち、恐竜たちの絶頂期の姿だ。

ザリンガーの壁画は架空のものではない。名画の常として自由な発想も散りばめられてはいるが、おおむね実態に即している。描かれている恐竜も、まさに壁画の間近に飾られているブロントサウルス、ステゴサウルス、アロサウルスなどの有名どころの骨格標本をモデルにしている。ジュラ紀後期の一億五〇〇〇万年前頃に生きていた恐竜たちだ。当時、すでに恐竜は陸上の支配的な勢力になっていた。偽鰐類に勝利を収めてから五〇〇〇万年、最初の巨大な竜脚類がスコットランドの潟を歩いていた頃からでも優に二〇〇〇万年が経っていた。恐竜の繁栄を押しとどめるものはもう何もなかった。

ジュラ紀後期の恐竜については多くのことが分かっている。その時代の化石が世界各地から豊富に見つかっているからだ。地層はいつも同じように堆積しているわけではないので、化石が多産する時代もあればそうでもない時代もある。化石が多産する一般的な条件としては、その時代に地層が厚く堆積すること、または、地層の形成後に侵食・洪水・火山噴火といった化石の発見を難しくする出来事にあまり見舞われないことが挙げられる。ジュラ紀後期に関して言えば、さらに二つの幸運に恵まれた。一つめは、実に多彩な恐竜群集が世界各地の川辺・湖畔・海辺に暮らしていたことだ。水辺は、恐竜の死骸が堆積物に埋まって化石化するにはうってつけの環境である。二つめは、この時代の地層が古生物学者にとって都合のいい場所に露出していることだ。アメリカ、中国、ポルトガル、タンザニアなどの人家のまばらな乾燥地域に露出していて、建物・高速道路・森・湖・川・海などに化石の発掘を邪魔されることがない。

ジュラ紀後期の代表的な恐竜（つまりザリンガーの壁画に描かれた恐竜たち）の化石は、アメリカ西部各地に露出する分厚い地層から産出している。その地層は研究者から「モリソン層」と呼ばれていて、名称の由来となったコロラド州の小さな町には、彩り豊かな泥岩と薄茶色の砂岩の美しい露頭が見られる。モリソン層の規模は怪物級で、その分布域は一三の州にまたがり、約一〇〇万平方キロの低木地帯に広がっている。削られやすい岩質のため、小高い丘陵やなだらかな荒野を形作り、いかにも西部劇の映画に出てきそうな光景を織り成している。モリソン層は、アメリカ有数のウラン鉱床の母岩でもある。そしてもちろん、恐竜化石の宝庫でもあり、ガイガーカウンターを鳴らすほどにウランを含んだ恐竜の骨が見つかる。

私は、学部生の頃、モリソン層の発掘をして二夏《ふたなつ》を過ごした。恐竜骨格の発掘法のいろはを覚えたのはその時のことだ。当時、私はシカゴ大学のポール・セレノの研究室で見習いとして働いていた。ポール・セレノと言えば、先ほども紹介したとおり、発掘隊を率いてアルゼンチンにおもむき、エレラサウルス、エオラプトル、エオドゥロマエウスという三畳紀の最古級の恐竜化石を掘り出した人物だ。もっとも、ポールはどんな恐竜にも手を出すし、世界中どこにでも発掘調査に出かける。魚食性で首の長い珍妙な恐竜をアフリカで見つけたこともあるし、中国やオーストラリアを探査したこともあるし、そればかりか、ワニや哺乳類や鳥類の貴重な化石を記載したことまである。

さらに、大学所属の古生物学者の務めとして、講義も行っていた。ポールが毎年開いていた学部生向けの人気講座「恐竜学」は、座学に実習を組み合わせたものだった。といっても、シカゴ近辺に恐竜化石は見つからないので、毎年夏に一〇日間の日程でワイオミング州に発掘調査旅行に出かけていた。学生はそこで、有名研究者とともに恐竜を発掘するという一生に一度の機会を満喫するわけだ。私は、化石発掘の経験などほとんどなかったのに、講義助手、つまりポールの右腕として同行し、医学部から哲学科までのさまざまな受講生を引き連れて荒野を練り歩いた。

ポール行きつけの発掘地は、「シェル」という小さな町のそばにあった。シェルは、東のビッグホーン山脈と一五〇キロ西にあるイエローストーン国立公園とのあいだに、ひっそりとたたずんでいる。直近の国勢調査によると住民は八三人しかいない。私たちが二〇〇五年と二〇〇六年に訪れた際には、町の入り口の標識に堂々と「人口五〇人」と書かれていた。でもこれは、古生物学者にとってはありがたいことだと言える。化石発掘地の周辺は人気《ひとけ》が少なければ少ないほどいいからだ。シェルは、地図上でも見過ごされがちな町だが、「世界有数の恐竜発掘地」とうたっても何ら差し支えない。モリソン層の直上に築かれていて、周りを美しい丘陵に囲まれており、この丘陵地帯を成す淡緑色と赤色と灰色の地層から恐竜が豊富に産出する。あまりにも産出数が多くてもはや正確には数えられないが、今まで

図 13　ポール・セレノ。ワイオミング州にて。

図 14　ワイオミング州のシェル近郊でモリソン層から竜脚類の骨を発掘している時の様子。写真奥中央にサラ・バーチがいる。のちに T. レックスの前肢の専門家となる女性だ（第 6 章を参照のこと）。

に見つかった骨格の数は一〇〇個体を優に超えているに違いない。

ワイオミング州北部のシェリダンから皆と一緒に西に向かい、驚くほどの悪路を通って険しいビッグホーン山脈を越えていた時、私は大物恐竜の足跡《そくせき》をたどっている気分になった。シェル地域からは、竜脚類のブロントサウルスやブラキオサウルス、それらの捕食者である大型肉食恐竜のアロサウルスなどの史上最大級の恐竜が見つかっている。また、別の意味での〝大物〟の足跡をたどっている気分にもなった。一九世紀後半に当地で初めて恐竜の骨を発見した人々のことだ。鉄道職員や作業員だった彼らは恐竜ブームの火つけ役となり、その機を捉えて雇われ化石ハンターに転職し、イェール大学などの金持ち機関に雇われはじめた。彼らは西部の荒くれ者の集まりで、カウボーイハットと口ひげとボサボサな髪が目印だった。巨大な骨を何か月もぶっ通しで掘り出していたかと思えば、暇になると競合相手の発掘地を荒らしに行った。いがみ合い、妨害工作、酒盛り、銃撃は日常茶飯事だった。ところが、こうした一見当てにならない連中が、それまで誰も知らなかった太古の世界を白日の下にさらしたのだ。

モリソン層の恐竜化石に初めて気づいたのは、アメリカ西部各地にいたネイティブ・アメリカンの諸部族とみて間違いないだろう。しかし、記録に残る事例に限ると、一八五九年の調査隊が最初ということになる。事態が本格的に動き出したのは一八七七年三月のこと。鉄道職員のウィリアム・リードが、狩りで仕留めた獲物と猟銃を引きずりながら帰宅していたところ、「コモ・ブラフ」という長い丘の斜面から巨大な骨が突き出ているのを発見した。ワイオミング州南東部の無名の荒野を貫く線路からそう遠くない場所だった。リードは知る由もなかったが、同じ頃、数百キロ南のコロラド州ガーデンパークでも、大学生のオラメル・ルーカスが似た骨を見つけていた。さらに、同じ月に、学校教師のアーサー・レイクスも同州デンバーで化石を見つけていた。恐竜化石が相次いで発見されたことで熱狂が巻き起こり、三月のうちにアメリカ西部の隅々にまで、それこそもっとも辺境の村々や鉄道駅にまで、噂が広まった。

カネの匂いのする熱狂の常として、この恐竜フィーバーの時もワイオミング州とコロラド州の辺境に怪しい輩が押し寄せてきた。その多くが日和見主義者の老人で、恐竜の骨をカネに変えられるチャンスに飛びついただけの連中だった。誰が一番高い報酬を支払ってくれるかは、まもなく判明した。こざっぱりとした二人の東海岸の研究者、フィラデルフィアのエドワード・ドリンカー・コープとイェール大学のオスニエル・チャールズ・マーシュだ。第2章にも少し登場した、北アメリカ西部初の三畳紀恐竜を研究したあの二人である。二人の研究者は、当初は仲が良かったものの、次第に利己心と自尊心を肥大化させ、ついに全面的に対立するようになった。あらゆる手を使って相手を出し抜こうとし、尋常ならざる争いを繰り広げ、どちらがより多くの新種を命名できるかを競った。コープとマーシュもまたチャンスに飛びつくタイプで、牧夫や鉄道職員から「モリソンの荒野で新しい恐竜化石を見つけた」という知らせが届くたび、「今度こそあいつ

図15　エドワード・ドリンカー・コープ。骨戦争の主人公（AMNH Library）。

を完膚なきまでに打ち負かしてやる」と意気込んだ。

コープとマーシュはアメリカ西部を戦場とみなし、敵対関係にある組織をそれぞれ雇った。どちらの組織も軍隊さながらに行動し、行く先々で化石をごっそりとかっさらい、相手の隙を見つけては妨害工作を仕掛けた。敵味方の入れ替えも激しかった。ルーカスはコープにつき、レイクスはマーシュと組んだ。リードはマーシュに仕えたが、彼の手下はコープに寝返った。略奪、盗掘、賄賂、何でもござれだ。そうした狂乱状態が一〇年以上も続いた。やがて狂乱は終わったが、その時にはもうどちらが勝者でどちらが敗者なのかよく分からなくなっていた。

このいわゆる「骨戦争」には功罪の両面がある。良かった点としては、どの子供の口からもすらすらと名前が出てくる有名どころの恐竜が見つかったことだ。ちょっと名前を挙げるだけでも、アロサウルス、アパトサウルス（*Apatosaurus*）、ブロントサウルス、ケラトサウルス（*Ceratosaurus*）、ディプロドクス、ステゴサウルスなどが見つかっている。悪かった点としては、常に紛争状態にあったせいで心の平静が失われ、いろいろなことがずさんに行われたことだ。化石がやみくもに発掘され、その後の研究も性急に進められた。ある骨片の集まりを誤って新種にしてしまったり、同一個体の頭骨の別々の部位をまったくの別種とみなしてしまったりした。

争いは永遠には続かない。一九世紀末から二〇世紀初頭にかけて、徐々に平穏が戻ってきた。まだアメリカ西部各地で新種恐竜の発見が続いていたし、国内屈指の自然史博物館と一流大学の調査員がモリソン層の

図 16　（左）コープが 1874 年につけていたフィールドノートの 1 ページ。ニューメキシコ州の化石が多産する地層が描かれている（AMNH Library）。（右）コープが 1889 年に描いた角竜類のスケッチ。彼が生き物としての恐竜をどう思い描いていたかが分かる 1 枚（コープは研究者としては優秀だったが，絵描きとしてはそれほどでもなかったようだ。AMNH Library より）。

どこかしらで発掘を続けていたが、恐竜フィーバーに伴う狂乱は終わっていた。騒ぎが収束に向かう中で、いくつかの大発見がなされた。コロラドとユタの州境では、一二〇体を超える恐竜の集団墓地が見つかった（ここはのちに「恐竜国立公園」に指定されることになる）。ユタ州プライス南部のクリーブランド・ロイド恐竜発掘地では、地面に開いた大穴から、最上位捕食者アロサウルスのものが大勢を占める一万個以上の骨が見つかっている。オクラホマのパンハンドルでは、道路工事の作業員によりボーンベッドが発見された。その発掘作業を担ったのは、大恐慌で職を失ったもののルーズベルトのニューディール政策で再雇用された労働者の集団だった。そして、ポール・セレノが（高い授業料を払って〝労働〟に参加する学部生と私の手を借りて）発掘しようとしていたシェル近郊の発掘地も、大発見がなされた地の一つだ。

　ポールも世界各地でそれなりの数の恐竜化石産地を見つけているが、シェル近郊の発掘地については彼の手柄ではない。その一帯で初めて恐竜の骨を見つけたのは地元の岩石採集家だ。一九三二年、その女性は、町を通りかかったバーナム・ブラウンというニューヨークの古生物学者に骨のことを話した。このブラウンは、若手時代にティラノサウルス・レックスを発見した人物でもあり、

図 17　（上）骨戦争におけるコープのライバル，オスニエル・チャールズ・マーシュ（後列中央）と，学生有志から成るチームの面々。1872 年にアメリカ西部に発掘調査におもむいた時の写真（写真提供：イェール大学附属ピーボディ自然史博物館）。（下）ステゴサウルス。骨戦争期にモリソン層から見つかった恐竜の中でもっとも有名なうちの 1 種。ロンドンの自然史博物館に展示されている骨格標本（写真提供：プロスワン）。

その話は次の章でしようと思う。ブラウンが女性の話に興味を引かれ現場に案内してもらうと、そこには牧場がぽつんと建っていた。バーカー・ハウという八〇代の男性が運営する牧場だった。ヤマヨモギの匂いがただよう周りの丘陵地帯には、ピューマがうろついていたり、プロングホーンの群れが草をはんでいたりした。ブラウンはその光景に心を惹かれ、その週いっぱい滞在した。下調べをしたところ化石が産出する見込みが立ったので、石油会社のシンクレアオイルに資金を拠出してもらい、一九三四年の夏、現在「ハウ発掘地」として知られるその地で本格的な発掘調査を行った。

その発掘調査は、恐竜学史上屈指の目覚ましい成果を収めることになった。ブラウンの調査員が発掘をはじめると、そこかしこから続々と骨格が出てきた。互いに折り重なるように、四方八方に埋まっている。二〇体以上の骨格と約四〇〇〇個の骨が、バスケットボールコートほぼ一面分に相当する約二八〇平方メートルの範囲から産出した。あまりにも大量に出てきたので、一日も休まずに働いても、全部掘り出すのにおよそ六か月かかったほどだ。一行が野営地を引き払ったのは、大雪に二か月も耐えたあとの一一月中旬のことだった。地層には当時の生態系がまるごと保存されていた。ディプロドクスやバロサウルスなどの植物食の巨大な竜脚類、鋭い歯を持つアロサウルス、二足歩行の中型植物食恐竜であるカンプトサウルスがもつれ合って埋まっていた。約一億五五〇〇万年前のこの地で、何か恐ろしいことが起きたに違いない。どの骨格も身をよじるような体勢で埋まっているので、すぐに死ねたわけでも楽に死ねたわけでもなかったようだ。重たい肢を柱のようにまっすぐ伸ばして直立姿勢のまま埋まっている竜脚類もいた。ぬかるみに足を取られたらしい。どの恐竜も、洪水は何とか生き延びたものの、水が引いたあとに逃げようとしたら、ぬかるみにはまってしまったということのようだ。

ブラウンは舞い上がった。発掘地を「クラクラするほど魅力的な恐竜化石の宝庫だ！」と絶賛し、掘り出した恐竜化石を上機嫌でニューヨークに持ち帰り、アメリカ自然史博物館の化石コレクションの目玉とした。その数十年後、ハウ発掘地は再び注目を集めることになる。一九八〇年代後半、カービー・シイベルというスイス出身の化石採集家がワイオミング州にやって来た。

シイベルは営利主義の古生物学者だ。つまり、恐竜化石を掘り出しそれを売っている。これは、私のような大学所属の古生物学者にとっては頭の痛い問題だ。本来、化石はかけがえのない自然遺産であり、博物館で保管して研究の用に供したり一般の人に観てもらったりするべきもので、オークションで一番高い値をつけた人に売り払うべきものではない。ただ、一口に「営利主義の古生物学者」と言っても、化石の密輸に手を染める武装した犯罪者から、勤勉でまじめな勉強家で、知識も経験も大学の研究者に引けを取らない採集家まで、さまざまな人がいる。シイベルは後者のタイプに属する。というより、そうした採集家たちの鑑と言ってもいい。研究者からの評価も高く、チューリヒの東に自前の博物館まで構えている。「恐竜博物館（Saurier Museum）」の恐竜展示は、ヨーロッパでも指折りの充実ぶりだ。

シイベルは、由緒あるハウ発掘地での発掘許可を得たものの、それほど多くの恐竜化石を見つけられなかった。その地の化石は、ブラウンの調査隊があらかた採り尽くしてしまっていた。そこで、周りの小峡谷や丘陵に新たな化石産出地点がないか、探すことにした。ほどなく、ハウ発掘地から三〇〇メートルほど北に行った所に有望な場所を見つける。油圧ショベルで掘り進めると、まず竜脚類の骨が見つかり、続いて大型獣脚類の背骨を成すひと連なりの椎骨が見つかった。その糸巻き形の椎骨を一つずつたどっていったシイベルは、やがて自分が掘り出し物を発見したことに気づく。それは、モリソン層群集の最上位捕食者であるアロサウルスの、ほぼ完璧な骨格だった。この有名恐竜が骨戦争の全盛期にマーシュに命名されてから一二〇年余りが経っていたが、その間に発見されたすべての化石の中でも最良の標本であるように見えた。

アロサウルスはジュラ紀の「butcher」と呼ばれている。これには「虐殺者」という比喩的な意味と「食肉解体屋」という字義どおりの意味が込められている。この獰猛な捕食者は、モリソン層分布域の氾濫原や川岸をうろついて獲物を探していた。ティラノサウルス・レックスを小型・軽量にして（成体で全長九メートル、体重二～二・五トンほど）、体のつくりをもっと走行に適したものにしたと考えてもらえばいい。なぜ「食肉解体屋」の異名がついているかと言うと、頭を斧のように振り回して獲物を屠《ほふ》っていたと考えられているからだ。コンピューターモデルを使った研究によると、アロサウルスの薄い歯が強く嚙むことに適していなかった一方で、頭部のほうは大きな衝撃にも耐えられたらしい。さらに、アロサウルスのあごがゾッとするほど広く開いたということも分かっている。そこで、腹を空かせたアロサウルスが口をあんぐりと開けて獲物に切りつける光景が想像されたわけだ。上下のあごにハサミの刃のように並んだ薄くて鋭い歯で、獲物の皮膚や筋肉を切り裂いていたのだろう。あまたのステゴサウルスやブロントサウルスがそうして絶命したに違いない。血に飢えたアロサウルスは、その恐ろしいあごで獲物を仕留めそこなっても、爪の生えた三本指の前肢で打ちすえて、とどめを刺せた。その前肢は、ティラノサウルス・レックスのちょこんとした前肢より長く、用途も広かった。

保存状態のいいアロサウルスの全身骨格を発見できたことは、シイベルのキャリアにおいてもっとも輝かしい出来事の一つだったが、その喜びは長くは続かなかった。夏の発掘調査を終えたシイベルが、アロサウルスの骨格を地層に残したまま、化石の見本市におもむいて自分の商品を売りさばいていた時のことだ。ワイオミング州北部上空を飛んでいた連邦政府の土地管理局の職員が、たまたまハウ発掘地周辺の砂埃の舞う荒野を通りかかった。その職員は山火事の兆候がないかどうかを監視していた。連邦政府の公有地を管理するうえでの任務の一つだ。ところが、荒野の上空を通りかかると、ハウ発掘地周辺の未舗装路をズタズタに引き裂くように、タイヤの跡がついていた。どうやら夏のあいだにこの辺りを奔走《ほんそう》していた人がいたらしい。ハウ発掘地の敷地内であれば何の問題もない。そこは私有地だし、シイベルはちゃんと地主の許可も取っていた。ところが、どこまでが私有地でどこからが公有地なのか、職員には確信が持てなかった。公有地であれば、土地管理局の許可を取った研究者しか活動できないことになっている。そこで改めて確認したところ、シイベルが土地管理局の公有地に数百メートルほど入り込んでいたことが分かった。シイベルに公有地で活動する権限はなく、アロサウルスの発掘は続けられなくなった。おそらく純粋なミスだったのだろうが、その代償はあまりにも大きかった。

さて、困ったのは土地管理局だ。恐竜の見事な骨格が地層に埋まっている。でも、それを発見して発掘しかけていた人たちは、もう仕事を全うできない。そこで、モンタナ州立大学ロッキー博物館の伝説的な古生物学者であるジャック・ホーナーに声をかけ、彼のスタッフを主軸とする精鋭チームを編成した（ホーナーは主に二つのことで知られている。一九七〇年代に恐竜の営巣地を初めて発見したことと、映画『ジュラシック・パーク』シリーズの科学アドバイザーを務めたことだ）。骨格は、テレビカメラと大勢の新聞記者が見守る中で発掘され、その後モンタナ州に運ばれて、博物館の安全な場所に大切に保管された。その標本は、シイベルが想像していたよりも見事なものだった。なんと全身の約九五パーセントの骨が保存されていた。大型肉食恐竜のものとしてはちょっと聞いたことのない比率だ。全長は約八メートル。成長段階としては六〜七割までしか進んでいない。年齢にしてまだ一〇代。それでもすでに過酷な生活を送っていたことがうかがえる。その体はあらゆる災いにむしばまれていた。骨に残る骨折の跡、病気の跡、変形の跡が、ジュラ紀後期の血で血を洗う世界のありさまを物語っていた。最大級の肉食恐竜でもディプロドクスやブロントサウルスなどの怪物を狩るのは簡単ではなかったし、いくら鋭い歯と爪を持っていても、ステゴサウルスに尾のトゲで攻撃されて生きていられる保証はなかった。

そのアロサウルスは「ビッグ・アル」という愛称をつけられ、一躍〝人気者〟になった。イギリス・BBCの国際放送で特集番組が組まれたほどだ。その熱狂はやがて収まったが、ビッグ・アルが眠っていた大穴の底には、まだまだあらゆる種類の化石がぎっしりと埋まっていた。ポール・セレノは、土地管理局の許可を取り、その地を野外実習場にして学生に発掘の技法を教えることにした。私たちが三台の大型SUVに学部生を詰め込んで向かったのは、そういう経緯からだった。

ワイオミング州での最初のシーズン（二〇〇五年の夏）は、荒野に何日も滞在し、表面がボコボコした泥岩を慎重に取り除いて、学部生らがカマラサウルス（*Camarasaurus*）の骨格を掘り出すのを手伝った。カマラサウルスは、有名どころの恐竜とは言えないかもしれないが、モリソン層からはわりとよく産出する。竜

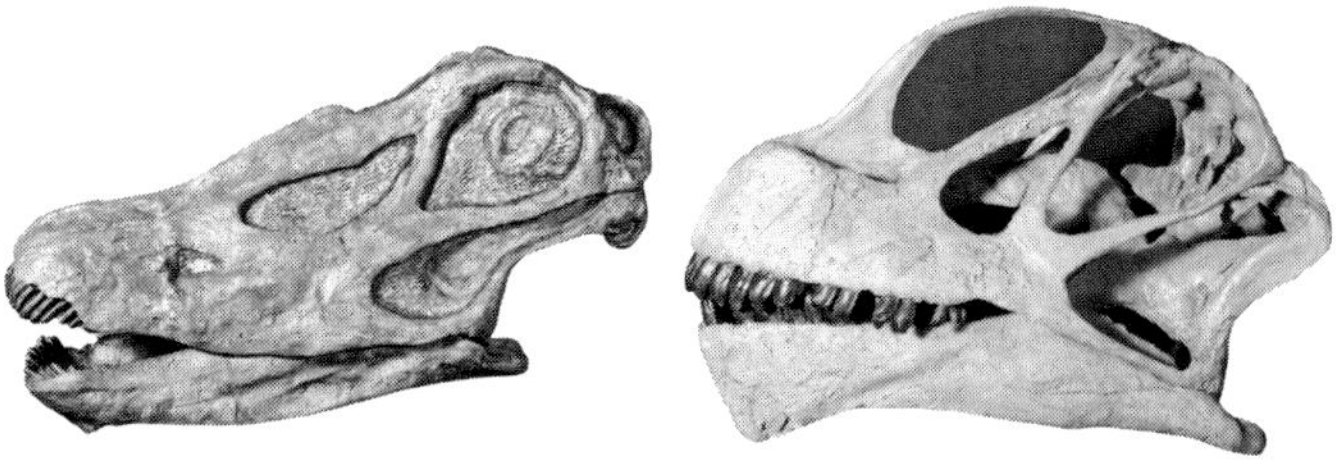

図 18　ディプロドクスの頭骨（左）とカマラサウルスの頭骨（右）。この２種類の竜脚類は頭骨の形も歯の形も違っている。それに応じて食べる植物の種類も違っていた（写真提供：ラリー・ウィットマー）。

脚類の一種であり、ブロントサウルス、ブラキオサウルス、ディプロドクスと類縁が近い。竜脚類に典型的な体のつくりをしていて、ビル数階分の高さまで届く長い首、小さな頭、木の葉をむしるためのノミ形の歯、そして巨大な体格を備えている。全長はおよそ一五メートル、体重は二〇トンほどだ。まさにこういう植物食恐竜を、ビッグ・アルをはじめとするアロサウルスは好んで獲物にしていたことだろう。ただ、なにぶん段違いに大きいだけに、もっとも恐ろしい肉食恐竜と言えども相当手こずったに違いない。ひょっとしたら、ビッグ・アルにひどい傷を負わせたのは、この時私たちが発掘していたようなカマラサウルスだったのかもしれない。

モリソン層から産出している大型竜脚類は、カマラサウルスだけではない。〝ビッグ・スリー〟と称される有名な親戚、すなわちブロントサウルス、ブラキオサウルス、ディプロドクスも見つかっている。さらに、恐竜オタクだけが知っている（または、平均的に恐竜好きなあなたのご家庭の幼稚園児もたぶん知っている）マニアックな種類も産出する。アパトサウルス、バロサウルス、もっと言うなら、ガレアモプス（*Galeamopus*）、カアテドクス（*Kaatedocus*）、ディスロコサウルス（*Dyslocosaurus*）、ハプロカントサウルス（*Haplocanthosaurus*）、スウワッセア（*Suuwassea*）などだ。ほかにも、骨片の集まりをもとに命名された竜脚類が多々存在する（何しろ分類の根拠が骨片の集まりだから、実際はもっと多くの種に細分されるのかもしれない）。さて、モリソン層はカバーしている年代域も空間的な分布域も極めて広い。だから、今挙げた竜脚類のすべての種が同時期・同地域にいたわけではない。それでも、多くの種が共存していたことは間違いない。同一の地点から、複数の種の骨格が互いにもつれた状態で発見されているのだから。当時のモリソン層分布域では、ごく普通の状態として、多種多様な竜脚類が渓谷のほとりに一緒に暮らしていた。きっと、ドシンドシンという地響きが絶えなかったことだろう。巨体を維持するのに毎日何十キロもの葉っぱや茎が必要だったから、一帯を歩き回っていたに違いない。

ちょっと想像してみてほしい。なんと不思議な光景だろう！　例えるなら、五、六種のゾウがアフリカのサバンナに共存していて、それぞれに生きる糧となる食料を探しているようなものだ。そして、その背後にはライオンやハイエナが潜んでいる。当時のモリソン層分布域も、現代のサバンナに負けず劣らず危険だった。もし竜脚類の恐竜が空腹でふらついていたら、近くの林にアロサウルスが潜んでいると考えてまず間違いない。相手が隙を見せた瞬間に飛びつこうと、じっと待ち伏せているわけだ。

食物連鎖の頂点から下を見下ろすと、アロサウルス以外にも多くの肉食恐竜がいた。例えば、全長六メートルの中位捕食者で鼻先に凶悪なツノを生やしていたケラトサウルス、骨戦争の主役であるマーシュにちなんで名づけられたウマ大の肉食恐竜マーショサウルス（*Marshosaurus*）、T・レックスの原始的な仲間であるロバ大のストークソサウルス（*Stokesosaurus*）などだ。〝切り裂き魔〟と称される軽量・俊足の肉食恐竜も多々いて、その例としては、コエルルス（*Coelurus*）、オルニトレステス（*Ornitholestes*）、タニュコラグレウス（*Tanycolagreus*）などが挙げられる。さしずめ、モリソン層版のチーターといったところか。今名前を挙げた肉食恐竜たちは、アロサウルスも含めて、食物連鎖の頂点近くに君臨していたもう一種類の怪物の影で怯えながら暮らしていたに違いない。その怪物とは、トルヴォサウルス（*Torvosaurus*）だ。化石記録が極めて少なく、分かっていることは多くない。ただ、今までに見つかっている骨からは何とも恐ろしげな姿が見えてくる。ナイフのように鋭い歯を備えた最上位の捕食者。全長は一〇メートル、体重は二・五トンか、それよりもう少しあったかもしれない。ずっとあとの時代に登場する大型のティラノサウルス類の一部と比べても、それほど遜色のない体格をしていた。

モリソン層の生態系にそれほど多くの捕食者がいたわけは、深く考えなくても分かる。獲物となる竜脚類がたくさんいたからだ。では、なぜそれほど多くの大型竜脚類が一緒に暮らしていたのか。その答えを探ることのほうがよほど難しい。さらに、この謎をいっそう難しくするのが、地表近くの低木の葉を食べていた数々の中・小型植物食恐竜の存在だ。剣竜類のステゴサウルスやヘスペロサウルス（*Hesperosaurus*）、鎧竜類のミモオラペルタ（*Mymoorapelta*）やガーゴイロサウルス（*Gargoyleosaurus*）、鳥脚類のカンプトサウルス（*Camptosaurus*）、そして小型・俊足のシダ食恐竜の数々（ドリンカー〈*Drinker*〉、オスニエリア〈*Othnielia*〉、オスニエロサウルス〈*Othnielosaurus*〉、ドリオサウルス〈*Dryosaurus*〉など）がいた。竜脚類は、これらすべての植物食恐竜とも生活空間を分け合っていたのだ。

では、竜脚類の恐竜たちはどうやって共存していたのだろう。成功の鍵は、その多様性にあったようだ。モリソン層分布域には、確かに多くの竜脚類が生息していたが、皆、少しずつ違っていた。まずは体格を見てみよう。一部の種類は途方もなく巨大で、ブラキオサウルスの体重は約五五トン、ブロントサウルスやアパトサウルスの体重も三〇～四〇トンに達していた。一方でそれよりは小型の種類もいて、ディプロドクスやバロサウルスは、少なくとも竜脚類の基準で言えば細身かつ小柄で、体重も一〇～一五トンしかなかった。こうなると、種類ごとに食事の量に差が出てくることは言うまでもない。竜脚類は首にもさまざまな違いがあった。ブラキオサウルスの首は天空に悠然と弧を描き、キリンの首のように高々と持ち上げられたので、樹木の頂上付近の葉っぱを食べるのにうってつけだった。かたやディプロドクスの首は、肩より少し高い所までしか持ち上げられなかったらしい。だから、わりと背丈の低い樹木や低木の葉っぱを、まるで掃除機のように吸い込んでいたのだろう。最後に、竜脚類は頭部と歯にも違いがあった。ブラキオサウルスやカマラサウルスの頭骨は、上下に高く筋肉隆々で、あごにはヘラ形の歯が並んでいた。だから、太い柄やロウ分に富む葉などの硬めの食べ物も食べられた。一方、ディプロドクスの頭骨は前後に長く、華奢な骨でできている。口先に並んでいる小さな歯は鉛筆のように細長い。きっと、何か硬いものを食べようとしたら折れてしまうに違いない。だから、木の枝についている小ぶりな葉っぱを、頭部を熊手のように前後に動かして、むしり取って食べていた。

竜脚類のさまざまな種が、個々に食性を特化させ、それぞれ違う食べ物を食べていた。選択肢は豊富にあっただろう。ジュラ紀のうっそうとした森には、針葉樹が天高くそびえ、その下にシダやソテツなどの低木も生い茂っていたのだから。竜脚類の各種は、同じ種類の樹木や低木をめぐって争うのではなく、植物という食料資源を皆で分け合っていた。これを専門用語で「ニッチ分割」と呼ぶ。同じ場所に棲む生物種どうしが、互いに争わなくて済むように、行動の仕方や食べ物の種類を相手と少し変えることをいう。当時のモリソン層分布域は、竜脚類が大いに栄えていたことの証しとして、細かく分割されていた。生態系を碁盤の目のように切り刻むことで、目を見張るほど多彩な種が隣り合いながら繁栄していた。太古の北アメリカの浸水した森や海岸平野で、暑くて湿潤な気候のもと、栄えていた。

では、世界のほかの地域では、ジュラ紀後期の恐竜はどのように暮らしていたのだろう。どうやら北アメリカの状況がほぼすべての地域に当てはまっていたようだ。多様な竜脚類、中型の植物食恐竜である剣竜類、ケラトサウルスやアロサウルスと同じたぐいの小型〜大型の肉食恐竜。北アメリカと似た構成の群集が、ジュラ紀後期の化石記録が豊富な中国、アフリカ東部、ポルトガルなどから見つかっている。

どうして、どの地域からも似た構成の群集が見つかるのか。その謎を解く鍵は当時の地勢にある。パンゲアの分裂はもう何千万年も前にはじまっていたが、超大陸が散り散りになるまでには途方もない時間がかかる。それぞれの陸塊が互いに離れていく速度は一年にわずか数センチ。これは人間の爪が伸びる速さにほぼ等しい。だから、ジュラ紀末期になるまで、世界の大部分はしっかりとつながっていた。ヨーロッパとアジアはまだ密着していたし、ヨーロッパと北アメリカのあいだにも数々の島が連なっていて、恐竜が楽々と往来できた。今挙げた北半球の陸塊をまとめて「ローラシア大陸」と呼び、オーストラリア・南極・アフリカ・南アメリカ・インド・マダガスカルが密集していたパンゲア南部のことを「ゴンドワナ大陸」と呼ぶ。ローラシアとゴンドワナは互いに離れつつあったが、時折海水準が下がると陸橋が現れたし、海水準が高い時期にも南北の大陸間に浮かぶ島々が便利な移住路になった。

こうして、ジュラ紀後期の世界は画一的になった。同じ構成の恐竜群集が世界を隅々まで支配した。巨大な竜脚類の各種が食料源を分かち合い、大型植物食動物としては地球史上に類を見ない多様性のピークを迎えた。中・小型の植物食恐竜も竜脚類の陰に隠れるようにして繁栄し、有象無象の肉食恐竜もそうした植物食恐竜の肉にありついた。最初の真の大型獣脚類であるアロサウルスやトルヴォサウルスなどが登場するとともに、ヴェロキラプトルや鳥類につながる王朝の創設メンバーであるオルニトレステスなどの種類も現れた。地球はうだるように暑く、恐竜はどこにでも思うままに行けた。これぞまさに、〝リアル〟ジュラシック・パークだ。

一億四五〇〇万年前、ジュラ紀が終わり、恐竜進化の終幕期である白亜紀がはじまった。地質時代は、大規模噴火が三畳紀を終わらせた時のように、派手に移り変わることがある。そうかと思えばほとんど気づかないうちに変わっていることもあって、こちらはむしろ、科学的にどう整理をつけるかという問題になってくる。要するに、大規模な変化や災厄が長らく起きていない時期を、地質学者が便宜的に区分けするわけだ。ジュラ紀と白亜紀の境界もそういうたぐいのものと言える。小惑星の衝突や大規模な噴火などが起きてジュラ紀が終わったわけではないし、動物や植物の大量絶滅が起きたわけでもないし、白亜紀の幕開けとともに〝すばらしい新世界〟が拓けていたわけでもない。むしろ、ただ刻々と時が流れ、ジュラ紀の多様な恐竜群集がそのまま白亜紀に乗り込んでいった。巨大な竜脚類も、剣竜類も、大小さまざまな肉食恐竜も健在なままだった。

そうは言っても、まったく何も変わらなかったわけではない。むしろさまざまなことがジュラ紀から白亜紀にかけて地球に起きた。破滅的な災厄ではなく、もっと緩やかな変化が二五〇〇万年ほどかけて大陸と海洋と気候に生じた。ジュラ紀後期の温室世界が一転して寒冷化し、さらに乾燥化して、白亜紀前期にまた元の状態に戻った。海水準はジュラ紀末期に下がりはじめ、白亜紀に入って一〇〇〇万年ほど経ってから再び上がりはじめるまで、低いままだった。海水準が下がると陸地が大幅に増えることになる。おかげで、ジュラ紀後期の頃よりもさらに恐竜などが各地に移動しやすくなった。パンゲアは分裂し続けていて、時間とともにおのおのの陸塊が互いに離れていった。パンゲア南部の広大なゴンドワナもついに分裂しはじめ、大地に亀裂が入り、現在の南半球の諸大陸の姿が浮かび上がってきた。初めに、アフリカ・南アメリカの集合体と南極・オーストラリアなどの集合体が分離し、そのあとさらに後者が分裂しはじめた。大地の亀裂からは溶岩が流れ出した。ペルム紀末期や三畳紀末期の大規模噴火とは比較にならない規模だったが、やはりこの時も環境を汚染するガスが一緒に噴き出してきた。

こうした変化の一つ一つは特に破滅的ではなかったものの、互いに結びつくことで、じわじわと押し寄せる脅威となった。気温や海水準が長期的に変化していったが、恐竜たちが気づくことはなかっただろう。恐竜はもちろん、たとえ私たち人類がいたとしても、一生のうちに気づくことはできなかったに違いない。それに、恐竜どうしが食ったり食われたりしていたジュラ紀後期と白亜紀前期の世界において、ブロントサウルスやアロサウルスにはもっと大切なことがいろいろあって、「海水準が少し変動した」とか「冬が若干寒くなった」とか、そんなことを気にしている余裕はなかった。さはさりながら、地球環境の変化はじわじわと進行し、やがて致命的なものとなった。

ジュラ紀の終焉から約二〇〇〇万年後の一億二五〇〇万年前頃になると、そこにはもう新しい白亜紀の世界があり、以前とはまったく違う恐竜群集が幅を利かせていた。真っ先に目につく変化は、一番目立っていた巨大な竜脚類にまつわるものだろう。ジュラ紀後期のモリソン層の生態系であれほどの多様性を誇っていた竜脚類が、白亜紀初期に急激に衰退した。ブロントサウルス、ディプロドクス、ブラキオサウルスといったおなじみの種類があらかた死に絶えた。一方で、ティタノサウルス類という新しいグループが台頭し、やがて超大型種に進化した。例えば、全長三〇メートル余り、体重五〇トンに達した白亜紀中期のアルゼンチノサウルスは、地球史上最大の陸生動物として知られている。ただ、白亜紀に超大型種が進化してきたとはいえ、竜脚類がジュラ紀後期の頃のような繁栄を謳歌することは二度となかった。首・頭骨・歯を多彩に進化させ、生態系のさまざまなニッチを開拓していた頃とはもう違っていたということだ。

竜脚類が衰退する一方で、それより小柄な植物食の鳥盤類が栄え、世界中の生態系にあまねく存在する中型植物食動物となった。一番有名なのはきっとイグアノドンだろう。一八二〇年代にイギリスで発見され、初めて「恐竜」と呼ばれた動物の一種だ。全長は一〇メートル、体重は数トンほど。親指には防御用のトゲ(3)が、口先には植物をついばむためのクチバシがあった。歩く時は四本足で、走る時は二本足でと、切り替えができたらしい。イグアノドンの系統は、ゆくゆく、「カモノハシ竜類」とも呼ばれるハドロサウルス類につながる。ハドロサウルス類は驚異的な成功を遂げた植物食恐竜で、天敵であるT・レックスとともに白亜紀末期に繁栄を謳歌した。そうなるのは何千万年もあとのことだが、白亜紀初期にすでに繁栄の種がまかれていたわけだ。

　イグアノドンが小さめの竜脚類の後釜に座る一方で、地面付近の植物を食べる恐竜にも変化が起きていた。剣竜類が長期的な衰退局面に入って徐々に数を減らしていき、白亜紀初期についに最後の一種も絶滅して、この象徴的なグループの命脈が完全に絶えた。それに代わって台頭してきたのが鎧竜類だ。体を装甲板で覆った風変わりな恐竜で、〝戦車と化した爬虫類〟といった風情だった。ジュラ紀に誕生して以来、ほとんどの生態系で端役にとどまっていたものの、剣竜類の衰退とともに一気に多様化した。鎧竜類は、恐竜の中でももっとも愚鈍な部類に入る恐竜だったが、どんな攻撃も寄せつけない装甲に守られて、地面近くに生えているシダなどの植物をついばみながら悠々と暮らしていた。どんなに鋭い歯を持つ捕食者でも、厚さ数センチの硬い骨の装甲が相手とあっては、満足に噛みつけなかったに違いない。

　そして肉食恐竜もいた。獲物である植物食恐竜にこれだけのことが起きていたのだから、ジュラ紀から白亜紀にかけて獣脚類にも変化が生じたことは何ら驚くに当たらない。小型獣脚類の種類が以前よりずっと多彩になり、その中から突飛な食べ物を試そうとするものが現れた。肉の代わりに、木の実、植物の種、虫、甲殻類などを食べるようになったのだ。大鎌のような爪を備えたテリジノサウルス類と呼ばれるグループに至っては、完全な植物食に移行した。大型獣脚類にもスピノサウルス類という珍妙なグループがいた。背中の帆と円錐形の歯が並んだ長いあごが特徴で、水中生活に適応し、まるでワニのように狩りをして魚を食べていた。

獣脚類に話題がおよぶと、必ずと言っていいほど、最強の捕食者の話にもっとも関心が集まる。小型～中型の仲間と同じように、食物連鎖の頂点にいた大型肉食恐竜もジュラ紀から白亜紀かけて激しい変化に見舞われた。大型肉食恐竜は私のお気に入りの一つだ。なぜなら、私が（ポール・セレノ付きの学部生としてワイオミング州でジュラ紀後期の竜脚類を発掘したあの二年間の夏に）人生で初めて研究に取り組んだ恐竜こそ、白亜紀初期のアフリカに生息していた大型獣脚類だったからだ。

映画を観たり、音楽を聴いたり、野球の試合に行ったりと、私も一〇代の頃は人並みのことをしたものだが、憧れていたヒーローはスポーツ選手でも俳優でもなく、ある古生物学者だった。ポール・セレノ。ナショナルジオグラフィック協会付きの研究者にして非凡な恐竜ハンターであり、世界各地で発掘調査を指揮していた人物である。おまけに、「ピープル」誌の「世界でもっとも美しい五〇人」に選ばれ、トム・クルーズが表紙の号で紹介されたこともある。恐竜好きの高校生だった私は、まるでロックスターの追っかけのように、ポールの研究を逐一チェックしていた。ポールが教鞭を執るシカゴ大学は私の家からそう遠くない所にあったし、出身地であるイリノイ州シカゴ郊外のネイパービルは、私のいとこの出身地でもあった。ポールは地元の優等生で、のちに有名な研究者兼冒険家となった。私は彼のようになりたかった。

そんな憧れの人物と私が出会えたのは一五歳の時のこと。ポールが地元の博物館に講演に来た時のことだ。きっとファンの少年に声をかけられることなど慣れっこだっただろうが、雑誌のコピーがパンパンに詰まった封筒を眼前に突きつけてきた私は、ことさら奇異に映ったことだろう。何を隠そう、私はジャーナリストの卵でもあったのだ（少なくとも自分ではそう思っていた）。アマチュア古生物学者向けの雑誌やウェブサイトに、ちょっと気味が悪いほどのペースで大量の記事を投稿していた。記事は、ポールと彼の発見に関するものが多かった。そこで、自分が書いた記事を本人に読んでもらおうと思ったのだ。封筒を手渡した時、声がうわずった。気まずかった。でも、その日の午後、ポールはすごく優しく接してくれて、長話をしたあとに「これからも連絡を取り合おう」と言ってくれた。実際、それからの何年間かで二、三回ほど会ったし、メールのやり取りも頻繁にした。だから、ジャーナリストではなく古生物学者を一生の仕事にしようと決めた時、私が入りたい大学は一つしかなかった。シカゴ大学に入ってポールのもとで学ぶことしか考えられなかった。

シカゴ大学に合格し、二〇〇二年の秋に入学した。最初の週にポールに会いに行き、彼の化石研究施設で働かせてほしいと頼み込んだ。地下にあるその研究施設では、アフリカ産や中国産の採れたての化石を母岩から削り出す作業が行われていた。骨を覆っている砂を払いのけるにつれて、まったく新しい恐竜が姿を現してくるのだ。雇ってくれるなら、床磨きでも棚の掃除でも何でもするつもりだった。ありがたいことに、私のその情熱を、ポールは別の方面に向けてくれた。まず、化石の保存の仕方や目録の作り方を教えてくれて、さらにある日、サプライズを用意してくれた。「新種の恐竜を記載してみないか？」私を標本棚まで案内しながら、そう訊いてくれたのだ。

目の前に、いくつもの引き出しに収まった、白亜紀初頭〜中頃の恐竜化石の数々があった。ポールのチームがサハラ砂漠から持ち帰ったばかりのものだった。その一〇年ほど前、最古級の恐竜であるエレラサウルスやエオラプトルを発見しアルゼンチンでの発掘調査を大成功に導いたポールは、そこで一度区切りをつけ、今度はアフリカ北部に関心を移した。当時、アフリカの恐竜は謎に包まれた存在だった。植民地時代にヨーロッパ人による発掘調査が何回か行われ、タンザニア、エジプト、ニジェールなどで興味深い化石が見つかったが、その後ヨーロッパ人が引き揚げると、恐竜の採集に対する関心はほぼ消え失せた。それればかりか、アフリカ産恐竜化石の白眉とも言えるもの（ドイツ人貴族のエルンスト・シュトローマー・フォン・ライヘンバッハがエジプトの白亜紀初頭〜中頃の地層から発見した化石の数々）も、すでに失われていた。何とも運の悪いことに、ミュンヘンのナチス党本部から数区画の所にある博物館に保管されていたため、一九四四年の連合国軍による空襲で焼失してしまったのだ。

アフリカに関心を向けたポールだったが、参考資料といえば数枚の写真と数篇の論文があるだけで、化石も戦火を逃れたヨーロッパの博物館にわずかに残っているだけだった。でも、それしきのことであきらめるポールではない。一九九〇年にニジェールを訪れ、サハラ砂漠の中心部で予備調査を実施した。そこで大量の化石が見つかったため、一九九三年と一九九七年に再びニジェールに渡り、その後も何回かおもむいた。それらの発掘遠征は多大な苦難を伴うものだった。インディ・ジョーンズばりの探検旅行で、数か月かかることもざらだったし、時折盗賊に襲われたり、内戦に巻き込まれたりもした。「ちょっと一息」ということで、一九九五年にはニジェールでの調査を一年間お休みし、モロッコを訪れた。ポールの一行はそこでも多くの化石を発掘し、大型肉食恐竜カルカロドントサウルス（*Carcharodontosaurus*）の見事に保存された頭骨も発見した（もともとシュトローマーが命名した恐竜で、その基準となったエジプト産の頭骨と骨格の部分化石は、ミュンヘンの博物館でほかの化石とともに焼失していた）。ポールは、アフリカでの発掘調査で合計約一〇〇トンもの恐竜の骨を見つけた。その多くはいまだにシカゴの倉庫に眠っていて、研究される日を待っている。

倉庫にしまわれていない恐竜の骨は、ポールの研究室で目録にまとめられていた。私の目の前に並んでいたのはそういう骨だ。例えば、ニジェールサウルス（*Nigersaurus*）という珍妙な竜脚類の骨があった。あごの前端に並ぶ数百本の歯で植物をむさぼっていた竜脚類だ。魚食性のスピノサウルス類に属するスコミムス（*Suchomimus*）の長い椎骨（背中に走る丈の高い帆を支えていた骨）も何個かあった。そのそばには、ルゴプス（*Rugops*）という肉食恐竜のごつごつとした頭骨もあった。ルゴプスは生きた獲物も狩っていたが、おそらくそれと同じくらい屍肉もあさっていた。

そこにあったのは恐竜の化石だけではない。全長一二メートルのワニの仲間サルコスクス（*Sarcosuchus*）メディア通のポールが「スーパークロコダイル」というぴったりの愛称をつけた動物）の特大の頭骨や、大型翼竜の翼の骨、さらにはカメや魚の骨まであった。今挙げたすべての化石を産出した地層は、白亜紀初頭〜中頃にかけての一〇〇〇万〜一五〇〇万年間に、河口の三角州やマングローブ林が生い茂る熱帯の海岸に堆積したものだ。当時のサハラ地域は、砂漠ではなく、高温多湿な湿地性の密林だった。

標本棚の引き出しが開くたびに、舞台の〝登場人物〟が増えていく。目移りして仕方がない。ふとポールの手が止まり、一つの骨を取り出した。大型肉食恐竜の顔の一部だった。T・レックスと比べても遜色ないほど大きいように見える。同じ引き出しにほかの部位もあった。下あごの一部、数本の歯、脳と耳を包んでいたはずの後頭部の癒合した骨の一群。ポールによると、それらの化石はニジェールのイギディという人里離れた地域で見つかったのだそうだ。砂漠のオアシスのやや西にあるその地域に、一億〜九五〇〇万年前にかけて堆積した河川性の赤色砂岩が分布していて、そこから産出したのだと言う。化石は、ポールがモロッコで見つけたカルカロドントサウルスの骨と似ていたが、すべての特徴が一致しているわけでもなかった。そこでポールは、私に両者の違いを明らかにさせようとしたのだ。

一九歳にして、情報を集めて恐竜の種を同定するという作業を初体験することになった。私は夢中になった。残りの夏をかけて、骨を観察したり寸法を測ったり写真を撮ったりし、その結果をほかの恐竜と比べてみた。私が下した結論はこうだ。ニジェール産の骨は、モロッコ産のカルカロドントサウルス・サハリクス（*Carcharodontosaurus saharicus*）の頭骨と確かによく似ている。しかし、両者には数多くの違いも見られ、決して同じ種とはみなせない。この結論にポールも同意し、私たちはニジェール産の化石を新種として記載する論文を書いた。モロッコ産の種と近縁ではあるものの、れっきとした別種であるとの位置づけだ。カルカロドントサウルス・イギデンシス（*Carcharodontosaurus iguidensis*）と名づけた。その恐竜は、白亜紀半ばのアフリカの湿潤な海岸生態系における最上位捕食者であり、全長一二メートル、体重三トンの怪物だった。きっと、ポールが発見したほかのサハラ砂漠産の恐竜たちを睥睨《へいげい》していたに違いない。

白亜紀初頭〜中頃にかけては、カルカロドントサウルスに似た恐竜が世界中に数多く生息していた。それらは、何のひねりもなく「カルカロドントサウルス類」と呼ばれている。〝家族アルバム〟に載っている三種類を紹介しよう。ギガノトサウルス（*Giganotosaurus*）、マプサウルス（*Mapusaurus*）、そして、何となく名前が恐ろしいティラノティタン（*Tyrannotitan*）だ。三種類とも、白亜紀初頭〜中頃にはまだアフリカと地続きだった南アメリカから見つかっている。もっと離れた地域に棲んでいた仲間もいた。アクロカントサウルス（*Acrocanthosaurus*）は北アメリカから、シャオチロン（*Shaochilong*）とケルマイサウルス（*Kelmayisaurus*）はアジアから、コンカウェーナートル（*Concavenator*）はヨーロッパから産出している。サハラ砂漠産の種類をもう一つ紹介しておこう。エオカルカリア（*Eocarcharia*）は、ニジェールでの発掘調査で見つかった頭骨をもとにポールと私で記載した。カルカロドントサウルスよりおよそ一〇〇〇万年古く、体の大きさは半分ほどしかない。極めて凶暴で、骨と皮膚から成るゴツゴツしたこぶが目の上にあり、何とも恐ろしい顔つきをしていた。このこぶは頭突きで獲物を屈服させるのに使われていたのかもしれない。

　私はカルカロドントサウルス類に好奇心をそそられた。このグループは、ティラノサウルス類が成し遂げたことを何千万年も前におおむね達成していた。巨大化し、捕食のための各種の武器を発達させ、食物連鎖の頂点に泰然と君臨し、あらゆる生き物を恐怖に陥れていたのだ。カルカロドントサウルス類はどういう経緯で誕生したのか。どうやって世界中に拡散し、支配的になったのか。そして、そのあとに何が起きたのか。

　これらの問いに答える手段は一つしかない。系統樹を作るのだ。系譜は歴史を理解する手だてであり、だからこそ多くの人々が（私も含めて）家系図に強い関心を持っている。親類どうしのつながりを知れば、自分の一族が経験してきた数百年にわたる変遷を読み解ける。自分の祖先がいつどこで生きていたのか。いつ移住したのか。不慮の死が起きたのはいつか。婚姻を通してほかの一族とどうつながったのか。そうしたことを読み解ける。恐竜も同じだ。恐竜の系統樹（あるいは古生物学者が言うところの「系統発生」）を読めば、恐竜の進化をつまびらかにできる。でもどうすれば〝恐竜の家系図〟たる系統樹を描けるのだろう。カルカロドントサウルスは出生証明書など持っていないし、ギガノトサウルスの祖先もビザをもらってアフリカから南アメリカに渡ったわけではない。ただ、別の手がかりが化石そのものに残されている。

　生き物は進化を通して時間とともに変わってゆく。とりわけ姿かたちを変えていく。ある生物種が二つの種に分かれたとしよう。その二つの種を隔てるのはたいてい些細な違いだから、一目で見分けるのはなかなか難しいかもしれない。でも、時間が刻々と過ぎ、二つの系統が別々の道を歩んでいくにつれて、両者の違いはどんどん大きくなっていく。私が父親とはよく似ていて、三従兄弟《みいとこ》とはほとんど似ていないのと同じことだ。生き物は、進化を通して新しい特徴を獲得することもある（例えば、歯が一本増えたり、前頭部にツノが生えたり、突然変異で指が一本なくなったりする）。そうした進化的に新しい特徴は、その特徴を最初に獲得した個体から子孫に受け継がれていく。しかし、その個体とたもとを分かち独自の進化の道を歩みはじめたいとこには受け継がれない。私は自分の両親からあらゆる特徴を受け継いでいて、いずれそれらの特徴を自分の子供たちに引き渡す。でも、私のいとこにふいに異変が生じ、背中に翼が生えてきたとしても、その特徴が私に受け継がれることはない。私といとこの血統はじかにつながっていないからだ。つまり、このケースではありがたいことに、私の子供たちの背中に翼が生えることもない。

要するに、生き物の系統関係はその姿かたちに反映されているということだ。一般的に言って、骨格の似ている恐竜どうしは、まるっきり似ていないほかの種と比べて、互いに近縁である可能性が高い。ただ、ある二種の恐竜が本当に近縁かどうかを知りたいなら、先ほど説明したような進化的に新しい特徴を探す必要がある。例えば、指を一本余分に持つ動物たちがいたとしよう。そういう新しく進化してきた特徴を共有している動物たちは、その特徴を持っていないほかの種と比べて、互いに近縁であると言える。なぜなら、動物たちはその新規の特徴を共通の祖先から受け継いだに違いないからだ。共通祖先により獲得された特徴が、まるで進化の道筋をドミノが倒れていくかのように、その系統に連なる代々の子孫に受け継がれていったわけだ。余分な指を持つ種であればその系統の一員であると言えるし、余分な指を持っていない種であれば系統樹の別の枝に属する種であろうと推測できる。だから、恐竜の系統樹を描くためには、各種の骨をじっくりと観察し、互いの類似度と相違度を評価する方法を見つけたうえで、進化的に新しい特徴を特定し、どのグループがその特徴を共有しているかを突き止める必要がある。

カルカロドントサウルス類に興味を抱いた私は、各種の情報をできるかぎり集めはじめた。博物館に出向いて骨格をじかに調べ、資金援助を受けていない学部生にとっては縁遠い異国の化石については、写真・スケッチ・公表文献・手記を集めた。調べれば調べるほど、種によって違いの見られる特徴がいろいろと見つかってきた。脳の周りに深い空洞を備える種もいれば、そうでない種もいた。カルカロドントサウルス属などの大型種がサメに似たナイフ形の歯（「サメのような歯を持つトカゲ」という属名の由来になった歯）を持つのに対し、それより小柄な種はもっと華奢な歯をしていた。リストはどんどん長くなり、ついに、種によって違いの見られる特徴は九九個に達した。

次は、この情報から何らかの意味を引き出そうと、リストを表計算ソフトのスプレッドシートに落とし込んだ。横の行にそれぞれの種を、縦の列に骨格上の特徴を並べ、各セルに、その種に備わる特徴の状態に応じて「0」か「1」か「2」を打ち込んでいった。エオカルカリアの華奢な歯は「0」、カルカロドントサウルスのサメ似の歯は「1」、といった具合だ。次に、そのスプレッドシートをあるコンピュータープログラム上で開き、アルゴリズムを使ってデータの迷路を探索し、系統樹を作成した。コンピュータープログラムは、どの骨格上の特徴が進化的に新しいかを特定し、どの種とどの種がその特徴を共有しているかを教えてくれる。「そんなの自明のことでは?」と思うかもしれないが、コンピューターは欠かせない。進化的に新しい特徴の数々は、カルカロドントサウルス類というグループ内に複雑に分布している。多くの種に見られる特徴もあれば、少数の種にしか見られない特徴もある。脳の周りの大きな空洞は大多数の種に備わっている一方で、サメ似の歯はカルカロドントサウルスやギガノトサウルスとそれらに近縁な仲間にしか見られない。コンピューターは、骨格上の特徴のそうした複雑な分布をすべて取り込んだうえで、ロシア人形のような入れ子構造を認識してくれる。もしある二種が多くの進化的に新しい特徴をその二種だけで共有しているなら、その二種は互いにもっとも近縁な関係にあるということだ。その二種がほかの進化的に新しい特徴を第三の種と共有しているなら、その三種はグループの残りの種と比べて互いに近縁だということになる。これを続けていけば、グループ全体の系統樹を描ける。こうした作業を、私たちの業界では「分岐分析」と呼ぶ。

カルカロドントサウルス類の系統樹を描いたことで、その進化をひも解くことができた。まず、この巨大な肉食恐竜の出自と、繁栄に至るまでの道のりがはっきりと見えてきた。カルカロドントサウルス類が誕生したのはジュラ紀後期のことで、その類縁は、ジュラ紀最恐の捕食者である〝食肉解体屋〟ことアロサウルスに極めて近かった。つまり、すでに最上位捕食者のニッチに収まっていた超肉食動物の一団から進化して、そこからさらに大きく、強く、獰猛になったということだ。その一方で、彼らの祖先であるアロサウルス類は、ジュラ紀末期の一億四五〇〇万年前、先述の長期的な環境・気候変動のさなかに絶滅した。カルカロドントサウルス類がほかのアロサウルス類を絶滅に追いやったのだろうか。それとも、ほかのアロサウルス類が別の理由で死に絶えた機会をうまく捉えたのだろうか。答えはまだ分かっていない。いずれにしろ、カルカロドントサウルス類は何らかの方法で祖先の地位を奪い取り、白亜紀の幕が開ける頃にはもう世界を我がものにしていた。それからおよそ五〇〇〇万年間、白亜紀の半ば過ぎまで、カルカロドントサウルス類は世界を支配した。

系統樹からはほかにも分かることがある。この残忍な肉食恐竜のそれぞれの種がなぜそこに棲んでいたのか、ということだ。カルカロドントサウルス類が誕生したジュラ紀後期、各大陸はまだおおかたつながっていて、最初のカルカロドントサウルス類は苦もなく世界各地に広がっていけた。時が流れて各大陸が離れ離れになっていくと、地理的に隔離された各地にさまざまな種が誕生した。そのことは系統樹の枝分かれの仕方にも表れている。つまり、系統樹に大陸の移動が映し出されているのだ。カルカロドントサウルス類の中で最後に進化してきたのは、南アメリカとアフリカに棲んでいた各種から成るグループである（南アメリカとアフリカは、北アメリカ、アジア、ヨーロッパが切り離されていったあとも、長いあいだつながったままだった)。赤道の南側に取り残されたこのグループの各種(ギガノトサウルス、マプサウルス、そして、私がポールとともに研究したニジェール産のカルカロドントサウルスも含まれる)は、肉食恐竜として前例のないサイズに巨大化した。

巨大で獰猛だったカルカロドントサウルス類。それでも、いつまでも頂点に君臨していられるわけはない。カルカロドントサウルス類のそばで、その陰に隠れるようにして生きていた肉食恐竜の一族がいた。もっと小柄で、もっと俊敏で、もっと頭の良い連中だ。その名はティラノサウルス類。このあとまもなく行動を開始し、新たな恐竜王国を興すことになる。

(1) フランスのノルマンディー公ウィリアムがイングランドを征服する過程を描いたタペストリー。
(2) 現在では、爬虫類から哺乳類が進化したのではなく、両生類から爬虫類と哺乳類の祖先がそれぞれ進化したと考えられている。本文の説明は、あくまで壁画が描かれた時代の解釈に基づくものだと考えるべきだろう。
(3) イグアノドンの〝トゲ〟は、親指そのものが鋭くとがったものであると考えられている。

5
暴君恐竜

チエンチョウサウルス（*Qianzhousaurus*）

二〇一〇年のうだるように暑い夏の日のこと。中国南東部の贛州《かんしゅう》市で油圧ショベルを操作していた運転手が「ガリッ」という音を聞いた。最悪の事態が頭をよぎる。産業団地(この一〇年に中国各地に造成されている、オフィスビルと倉庫が延々と立ち並ぶ単調な団地)の完成に向け、作業員が一丸となって追い込みをかけていた。作業の遅れは経費の増加につながる恐れがある。硬い岩盤にぶち当たったのだろうか。それとも古い水道管? とにかく、工事の中断を余儀なくする厄介物に出くわしてしまったようだ。

ところが、土煙が晴れても、押し潰された水道管やワイヤーは見えてこない。岩盤も見当たらない。代わりに目に飛び込んできたのは、まったく違うものだった。骨の化石。しかも大量に。かなり巨大なものもある。

工事はストップした。運転手は大学の学位も持っていなかったし、古生物学を学んだこともなかったが、自分が重要なものを発見したことを悟った。あれはきっと恐竜の骨に違いない。この一帯は新種の恐竜化石の一大産地になっている。しかもその半分ほどは最近見つかったものだ。運転手は現場監督を呼んだ。そして、狂騒がはじまった。

その恐竜は六六〇〇万年以上にわたり地層に埋まっていた。ところが、今、その運命が、非常事態に揺れる現場のとっさの判断に委ねられようとしている。噂が広まり出した。焦った現場監督は街から一人の友人を呼んだ。化石採集家であり恐竜愛好家でもあるその人物の名は「ミスター・シエ」としか伝わっていない。

格式高くもどこかつかみどころのないその名字は、映画『００７』シリーズに登場する謎の人物を彷彿とさせる。ミスター・シエは建設現場に急行し、地元政府の一支局である市の鉱物資源課にいる知り合いに電話をかけた。鉱物資源課はそこから各方面に電話をつなぎ、ついに骨化石を発掘するための小規模なチームを編成した。チームは六時間かけて発掘を行い、骨のかけらまで一つ残らず回収した。そして、二五枚の袋を恐竜の骨でいっぱいにして街に持ち帰り、市の博物館に保管した。

実は、チームは間一髪で難を逃れていた。不吉な影がすぐそこまで迫っていたのだ。一同が発掘を終えるやいなや、三、四人の化石密売人が姿を現した。まるで猟犬のように新種の恐竜の匂いを嗅ぎつけてきた闇市場の売人たちの目的は、化石を買収することだった。ちょっと賄賂を渡せば、それがやがて大金に化ける。新種の恐竜を買い取って、珍しい化石に目がない海外の裕福な実業家に売りつければ、大儲けできるのだ。このたぐいの取引は（たいてい違法なのだが）、中国でも、世界のほかの地域でも、ごく当たり前に行われている。違法取引と組織犯罪の温床である暗黒街に化石が流れていっていると思うと、胸が痛んでならない。ただしこの時は、善良な者たちが勝った。

地元の博物館という安全圏で、化石を調べ、やがて骨格を組み立てはじめた研究者らは、ほどなく、その新発見の化石がいかに素晴らしいものであるかを悟った。それは、ただの雑多な骨の集まりではなく、ある肉食恐竜のほぼ完全な骨格だった。映画やテレビでいつも悪役を演じている印象のある、巨大で歯の鋭い怪物の化石だ。さらにその骨格は、地球の真裏から産出するある有名恐竜に似ていた。そう、ティラノサウルス・レックスだ。T・レックスが北アメリカの森を歩き回っていたのとほぼ同じ時期に、贛州市の赤色の地層は堆積した。例の油圧ショベルの運転手は、建物の基礎を打つために、その赤色の地層を掘り進めていたわけだ。

研究者らはふと悟った。目の前の化石は〝アジア版のティラノサウルス〟なのだと。その獰猛な支配者は、六六〇〇万年前の密林に生きていた。一年中じめじめとしていて、シダ・マツ・その他の針葉樹が生い茂り、沼があったり、時折流砂《りゅうさ》の落とし穴が現れたりする森だ。森の生態系を構成していたのは、トカゲ、雑食性の羽毛恐竜、竜脚類、カモノハシ竜類の大群だった。流砂の落とし穴にはまって命を落とし、やがて化石になる個体もいたことだろう。運よく難を逃れた個体も、肉食恐竜の格好の餌食になったに違いない。その肉食恐竜こそ、運転手が偶然に発見した、T・レックスにもっとも近縁な一種だった。

かくして、幸運は運転手のもとに舞い降りた。彼は、古生物学者なら誰もが夢見るたぐいの発見を成し遂げたのだ。ただ、運が良かったのは私も同じだった。苦労して自ら化石を掘り当てることなく、この新発見に携わることができたのだから。

贛州市における晩夏の狂騒から数年後のこと、私は、バーピー自然史博物館で開かれた学会に出席した。実家から一路北に向かい、イリノイ州北部の厳冬の荒野に建つその博物館を訪れると、世界中から集まった研究者が恐竜の絶滅について議論を交わしていた。私は、その日の早い時間に行われた呂君昌の講演に心を奪われた。スライドが切り替わるたび、私の目は大きく見開かれていった。中国産の美しい新化石の写真が次々とスクリーンに映し出されていったからだ。呂教授のことは人づてに聞いていた。中国きっての恐竜ハンターだともっぱらの評判だった。教授の数々の発見のおかげで、中国は世界一ホットな恐竜研究の拠点になっていた。

呂教授は花形研究者だった。そんな人が一介の若手研究者にすぎない私のもとに歩み寄ってきたものだか

図 19　アリオラームス・アルタイ（*Alioramus altai*）の顔の骨。私が博士課程の時に記載した長い鼻先が特徴の新種のティラノサウルス類（写真：ミック・エリソン）。

ら、心底驚いた。握手を交わし、先ほどの講演に賛辞を送ったあと、ひとしきり他愛ない話をした。教授の声にはどこか切迫した響きがあり、その手には何枚もの写真が詰まったフォルダーが握りしめられていた。何か話があるに違いなかった。

数年前、中国南部でとある建設作業員が見事な恐竜化石を発見し、その研究を呂教授が任された――。話の趣旨はそんなところだった。その化石は、ティラノサウルス類であることは確かだが、特殊な感じもするらしい。T・レックスとは明らかに違うので、新種の可能性が高い。そして、大学院生だった頃の私が数年前に記載した珍妙なティラノサウルス類、細身で鼻先が長いモンゴル産の肉食恐竜アリオラームス（*Alioramus*）に、どことなく似ているのだという。しかし、呂教授はその直感に自信が持てなかった。そこで他人の意見を聞きたくなったわけだ。もちろん私は、自分にできることなら何でも協力するつもりだった。

呂教授、いや君昌は、すぐに私と打ち解け、自分の生い立ちを包み隠さず話してくれた。君昌は中国の東海岸に面する山東省の貧しい家庭に育った。文化大革命のさなかにあった幼少期は野草を摘んで飢えをしのいでいたらしい。やがて政治の風向きが変わると、大学に進んで地質学を学び、アメリカ・テキサス州に渡って博士号を取得した。その後北京に戻り、中国地質科学院の教授職という、中国の古生物学界でもっとも誉れ高い役職の一つに就いた。

〝小作農出身教授〟こと君昌は、私の友人になった。学会での出会いからほどなく「中国に来ないか」という誘いを受け、一緒に新種の恐竜を研究し、骨格を記載して論文にまとめることになった。私たちは、骨格をつぶさに観察し、ほかのティラノサウルス類のものと見比べていった。そして「新種の恐竜はT・レックスの近縁種である」との結論に達した。こうして、研究開始からおよそ一年後の二〇一四年、建設作業員が偶然見つけたその骨格をティラノサウルス類の最新の一員として世間に公表した。名づけて、チエンチョウサウルス・シネンシス（*Qianzhousaurus sinensis*）。何だか舌がもつれそうな学名になったので、滑稽なほど長い鼻先にちなんで「ピノキオ・レックス」という愛称もつけた。この発見はメディアの注目を集めた（記者というのは愉快な愛称を好むものらしい）。君昌と私は、発表翌朝のイギリスのタブロイド紙に自分たちの顔がデカデカと載っているのを見て、にんまりとした。

チエンチョウサウルスは、過去一〇年間に怒濤のごとく発見されてきた新種のティラノサウルス類の一例にすぎない。今、この恐竜の代名詞とも言える肉食恐竜の一族にまつわる知見は塗り替えられつつある。ほかならぬT・レックスは、一九〇〇年代初頭に発見されてから一〇〇年以上も脚光を浴び続けてきた。恐竜の王者。全長一二メートル、体重七トンの怪物。世界中の誰にとってもなじみ深い存在と言えるだろう。その後、T・レックスの巨大な近縁種が何種か見つかり、これらの大型捕食者が恐竜の系統樹において独自の枝を形成することが分かった。それが、ティラノサウルス類（専門的には「ティラノサウロイデア」）と呼ばれるグループだ。ただ、古生物学者にはまだいくつかの謎が残されていた。この素晴らしい恐竜たちはいつ誕生したのか。どんな祖先から進化したのか。どうやってあれほどの巨大化を遂げ、食物連鎖の頂点にたどり着いたのか。これらの疑問に答えが出たのは、つい最近のことだ。

過去一五年間に、二〇種近くのティラノサウルス類の新種が世界各地から見つかっている。チエンチョウサウルスの産地である中国南部の埃っぽい建設現場などはいたって平凡なほうで、ほかの種はもっと辺鄙《へんぴ》な場所から発見されている。例えば、イギリス南部の荒波が打ち寄せる崖、北極圏の凍てつく雪原、辺り一面砂だらけのゴビ砂漠などだ。こうした場所から発見された化石を手がかりに、私と研究者仲間はティラノサウルス類の系統樹を描き、その進化を調べてきた。

その結果は驚くべきものだった。

ティラノサウルス類の起源は古く、なんとT・レックスが登場するより一億年以上も前に誕生していたのだ。これは、恐竜が栄えはじめたジュラ紀中期の黄金期にあたる。ちょうど、スコットランドの太古の潟にも足跡を残した竜脚類が大地を揺らしていた頃だ。最初期のティラノサウルス類は地味な存在だった。生態系の隅にいるヒト大の肉食恐竜で、そんな立ち位置に八〇〇〇万年間もとどまっていた。ジュラ紀にはアロサウルス類、白亜紀初頭～中頃には獰猛なカルカロドントサウルス類がいて、ずっとそうした大型肉食恐竜の陰に怯えて暮らしていた。いつ終わるともしれない雌伏《しふく》の時を経て、その後やっと、ティラノサウルス類は大きく、強く、残忍になった。食物連鎖の頂点に上り詰め、恐竜時代の最後の二〇〇〇万年間、世界を支配した。

ティラノサウルス類にまつわる物語は、グループ名の由来であるT・レックスが二〇世紀初頭に発見されたところからはじまる。T・レックスを調べた研究者は、あのセオドア・〝テディ〟・ルーズベルト大統領の友人で、テディ少年の親友としてともに自然と冒険を愛した人物だった。その名をヘンリー・フェアフィールド・オズボーンという。一九〇〇年代初期のアメリカにおいて、もっとも有名な科学者の一人だった。オズボーンは、ニューヨーク・アメリカ自然史博物館の元館長であり、アメリカ科学アカデミーの会員でもあった。一九二八年に「タイム」誌の表紙を飾ったこともある。しかし、この男、ただの科学者ではない。何しろ血筋がいい。父親は鉄道界の大物、おじは企業買収家のJ・P・モルガンときている。秘密社交クラブの会員として、紫煙のただよう重厚な板張りの部屋に出入りしていたらしい。骨化石の寸法を測っていない時は、アッパーイーストサイドのペントハウスでニューヨークの上流階級の仲間と親交を温めていたようだ。

現代におけるオズボーンの評判は決して好意的なものとは言えない。彼はあまり感じのいい男ではなかった。潤沢な資金と政治的なコネを使い、自らの優生学的な考えと人種差別思想を押し広めようとした。移民、マイノリティー、貧困層は敵だった。自らの属する種がアフリカで誕生したわけではないことを示そうと、調査隊を組織してアジアにおもむき最古の人類化石を見つけようとしたこともある。自分が〝劣った〟人種から進化してきた子孫であるとは、到底受け入れられなかったようだ。現代において、オズボーンが大昔の偏屈者として切り捨てられてしまうことが多いのも、当然と言える。

もし私が金ぴか時代[1]のニューヨークにいたとしても、オズボーンのような男とビールを飲みたいとは思わなかっただろう。いや、彼と飲むなら高級カクテルか（どちらにしろ、「ブルサッテ」という異国情緒ただようイタリア系の名字を警戒して、私の隣には座ろうとしなかったかもしれない）。それでも、オズボーンが優秀な古生物学者であり、超優秀な科学行政官でもあったことは疑いようがない。アメリカ自然史博物館（セントラルパークの西に大聖堂のようにそびえる威厳ある機関であり、私が博士課程を過ごした場所でもある）の館長としてのその手腕は、彼が行ったキャリア史上屈指の人選に見て取れる。腕利きの化石ハンターであるバーナム・ブラウンをアメリカ西部に派遣し、恐竜の化石を探させたのだ。

ブラウンとは前章で出会った。もっと老齢のブラウンがワイオミング州のハウ発掘地でジュラ紀の恐竜を発掘していたことを覚えておいでだろうか。その出自はまったく英雄らしくない。生まれ育ったのはカンザス州の大草原にぽつんとたたずむ集落。人口わずか数百人の炭鉱町だった。「バーナム」という華やかな名前は、田舎でのつらい生活から逃避したかった両親がサーカス興行師のP・T・バーナムにあやかってつけたものなのかもしれない。話し相手はあまりいなかったが、周りは自然にあふれていて、ブラウン少年は岩と貝殻に夢中になった。やがて、自宅にミニ博物館まで構えた。ブラウンと同じく中西部の田舎町で育った私の恐竜好きの弟が、映画館で『ジュラシック・パーク』を観たあとに作ったようなやつだ。ブラウンは大学で地質学を修め、二〇代で小さな田舎町からニューヨーク市に出た。そこでオズボーンと出会い、発掘調査助手として雇われた。託された任務は、モンタナ州や南北ダコタ州の未踏の荒野に行き、巨大な恐竜の化石を発掘し、それらを大都会マンハッタンに届けること。一夜たりとも野宿をしたことのない社交界のお歴々を仰天させるような化石が望ましい。

かくして、一九〇二年、ブラウンはモンタナ州東部の人気《ひとけ》のない荒野にいた。丘陵地帯を調べていたところ、骨化石の集まりを見つけた。頭部とあごの一部、いくつかの椎骨と肋骨、肩と前肢の一部、そして骨盤の大部分。どの骨も巨大だった。骨盤の大きさから推して、体高は数メートルに達するものと思われた。明らかに、ヒトよりはるかに大きい。その化石は、筋骨隆々で、二本肢でそこそこ速く走れる恐竜のものとみ

図 20　バーナム・ブラウン（左）とヘンリー・フェアフィールド・オズボーン。1897 年にワイオミング州で恐竜の骨を発掘していた時の様子（AMNH Library）。

て間違いなかった。つまり、肉食恐竜ならではの体のつくりを示していたということだ。それまでにも肉食恐竜は発見されていたが（例えばジュラ紀の〝食肉解体屋〟ことアロサウルスなど）、どの種の体格もブラウンの新恐竜の巨大さには到底およばなかった。ブラウンは、三〇歳を目前にして、その後の人生を決定づける発見を成し遂げたのだった。

　ブラウンが発見した化石はニューヨークに送られ、貨物の到着を今か今かと待っていたオズボーンのもとに届けられた。巨大な骨をクリーニングして部分骨格として組み立て一般向けに展示するまでに、数年の歳月を要した。この作業におおむね片がついた一九〇五年の暮れ、オズボーンは新種恐竜を世界に向けて公表した。公式な論文も発表し、新種恐竜をティラノサウルス・レックス（「暴君トカゲの王」という意味のギリシャ語とラテン語の見事な組み合わせ）と名づけて、科学者のあいだで有名だったアメリカ自然史博物館に骨格を展示した。新種恐竜は大きな話題となり、全米各地で見出しを飾った。「ニューヨーク・タイムズ」紙などは、地球史上「もっとも恐ろしい戦闘型動物」と書き立てた。大勢の人々が博物館に詰めかけ、暴君トカゲを目の当たりにしてその巨大さに度肝を抜かれるとともに、約八〇〇〇万年前と推定された化石の古さに言葉を失った（現在では、それよりもっと古い六六〇〇万年前のものであることが分かっている）。T・レックスは有名恐竜になり、バーナム・ブラウンも有名人になった。

ブラウンは「ティラノサウルス・レックスの発見者」としてこの先永遠に記憶されることになるだろうが、実はこの発見は、彼の研究者人生における序章にすぎない。〝化石を見る眼〞を養ったブラウンは、一介の化石発掘員から順調に出世を遂げ、アメリカ自然史博物館の古脊椎動物担当の学芸員になった。つまり、世界最高の恐竜化石コレクションを管理する科学者になったわけだ。もしあなたがアメリカ自然史博物館の壮観な恐竜ホールを訪れることがあったら、そこで目にする化石の多くはブラウンのチームが発掘してきたものだ。私のニューヨーク時代の同僚であり、ブラウンの伝記の著者でもあるローウェル・ディンガスが、ブラウンのことを「史上最高の恐竜ハンター」と評したのも、もっともだと思う。この見解は、私の知る多くの古生物学者のあいだで共有されている。

ブラウンは、史上初の〝メディア御用達古生物学者〞でもあった。そのはつらつとした講演に定評があり、CBSラジオでの週一回の担当番組も好評を博していた。アメリカ西部を列車で巡れば、彼を一目見ようと人だかりができたし、後年には映画『ファンタジア』に登場する恐竜のデザインについてウォルト・ディズニーから相談も受けた。素敵なセレブのご多分に漏れず、ブラウンも変人だった。夏の盛りに毛皮のロングコートを着て化石を探し回ったり、政府や石油会社のスパイとして働いて副収入を得たりしていた。また、かなりの女たらしでもあった。あちこちに子種を残していったという噂が今でもアメリカ西部各地でささやかれている。ブラウンが現代に生きていたら、過激なリアリティ番組の名司会者にでもなっていたのではないだろうか。ついついそんなことを考えてしまう。あるいは政治家になっていたという線も十分に考えられる。

ニューヨークに〝T・レックス旋風〞が吹き荒れた数年後、ブラウンは本分に立ち返り、毛皮のコートを着てモンタナ州の荒野を這い回り、再び化石を探すようになった。そして、当然のように化石を発見した。

今度は、前回よりさらに良質なティラノサウルスの化石だった。より完全に近い骨格で、ヒトの身長ほどの見事な頭骨と、大釘のような鋭い歯を五〇本余り備えていた。一体目のT・レックスは断片的すぎて全長を精度よく推定できなかったのだが、この二体目の化石はT・レックスがやはり王者であったことを示していた。全長は一〇メートルを優に超え、体重も数トンに達していたに違いない。T・レックスが、これまでに発見された陸生肉食動物の中で最大・最恐であることは、もはや疑いようがなかった。

それからの数十年、T・レックスは我が世の春を謳歌し、映画の花形として起用されたり、世界各地の博物館の目玉になったりした。映画『キング・コング』では巨大なゴリラと激闘を繰り広げ、アーサー・コナン・ドイルの名作を映画化した『失われた世界』では観客を恐怖に陥れた。ただ、こうした人気の陰で一つの謎が放置されてきた。恐竜の進化を俯瞰《ふかん》した時、T・レックスはどこに位置づけられるのだろうか。二〇世紀の大半を通じて、研究者らはその答えを見いだせずにいた。T・レックスは変わり種《だね》だった。それまでに知られていたどの肉食恐竜よりもはるかに大きかったし、どの種とも驚くほど異なっていた。だから、恐竜の系統樹のどこに位置づけるべきか、見当がつかなかったのだ。

ブラウンの発見から数十年のあいだに、T・レックスの近縁種が北アメリカとアジアから何種類か見つかった。もう驚かないと思うが、特に重要な発見のいくつかはブラウン自身が成し遂げたもので、一九一〇年にアルバータ州で見つかった大型ティラノサウルス類の集団墓地などはその白眉と言えるだろう。これらのT・レックスに近縁な種類（アルバートサウルス〈*Albertosaurus*〉、ゴルゴサウルス〈*Gorgosaurus*〉、タルボサウルス〈*Tarbosaurus*〉）は、T・レックスに匹敵する体格を持ち、骨格も見分けがつかないほどに似ていた。

二〇世紀後半に岩石の年代測定技術が向上すると、これらの種類がT・レックスとほぼ同時期に生きていたことも判明した。つまり、白亜紀末期の八四〇〇万〜六六〇〇万年前にかけてだ。ここで研究者らは大きな謎にぶつかった。数多くの大型ティラノサウルス類が、恐竜が誕生して以来の全盛期に、食物連鎖の頂点に君臨していたわけだ。彼らは一体どういう経緯で誕生したのだろうか。

この謎に答えが出たのはつい最近のことだ。過去数十年間に新たに得られた恐竜にまつわる知識の数々と同じく、ティラノサウルス類の進化にまつわる新知見も豊富な新化石からもたらされた。新化石の多くは意外な場所から産出している。その最たる例と言えるのが、目下のところ最古のティラノサウルス類とみなされている小型恐竜のキレスクス（*Kileskus*）だ。二〇一〇年にシベリアで発見された。「恐竜」と聞いてシベリアを思い浮かべる人はまずいないだろう。ところが今や恐竜の化石は世界中から見つかっていて、それはロシアの北の果てといえども例外ではない。古生物学者は、冬は凍てつく寒さに耐えながら、夏は湿気と蚊の大群に悩まされながら、発掘を進めないといけない。

私の友人アレクサンダー・アベリヤノフも、そうした苦難に耐えてきた古生物学者の一人だ。サンクトペテルブルクのロシア科学アカデミー動物学研究所に勤めている。仲間内での愛称は「サーシャ」。恐竜のそばで（正確にいえば〝下で〟）生きていたちっぽけな哺乳類の世界的権威だ。その愛しの哺乳類を抑えつけていた恐竜についても研究している。ソ連の崩壊期に研究者になったサーシャは、数々の発見と骨化石の綿密な記載を通して名を上げ、今では新生ロシアを代表する古生物学者になった。

数年前、ある学会に出席した折、サーシャにウズベキスタン産の新種恐竜の化石を見せてもらったことがある。サーシャは、私を自室に案内すると、オレンジと緑の派手な段ボール箱をもったいぶって開き、中から肉食恐竜の頭骨の一部を取り出した。また箱に戻されたその化石を、私は受け取った。エジンバラに持ち帰りCTスキャンをかける手はずになっていた。サーシャは、箱を手放す時、私の目をのぞき込みながら、映画の悪役を彷彿とさせるロシアなまりでこう念を押してきた。「化石もそうだけど、箱のほうはもっと大事にしてくれ。それはソ連時代の箱なんだ。もうこのたぐいの箱は生産されていないんでね」。そう言って茶目っ気たっぷりに微笑むと、暗色の液体が入った小瓶を取り出してきた。「じゃあ、ダゲスタン産のコニャックで乾杯しよう」。そう言って二杯のグラスに酒を注いだ。一杯目、二杯目、三杯目。そうしてティラノサウルス類の化石に盃を捧げたのだった。

ブラウンが発見した最初のT・レックスの化石と同様に、サーシャのキレスクスも骨格のごく一部しかなかった。口先の一部、顔の側面、一本の歯、下あごの一部、それと前足と後足の骨が断片的にあるだけ。すべて、サーシャらが何年も発掘に取り組んでいる化石産地の二、三平方メートルほどの区画から産出したものだ。その化石産地はシベリア中央部のクラスノヤルスク地方にある。クラスノヤルスクは、ロシアに八〇余りある「連邦構成主体」の一つであり、この「連邦構成主体」は、ソ連崩壊後の憲法においてアメリカやカナダの「州」に相当すると規定されている。とはいえ、クラスノヤルスクは「州」と呼ぶにはあまりにも広大で、デラウェア州やテキサス州はおろか、なんとアラスカ州よりも広い。北は北極海沿岸から南はモンゴルとの国境付近まで、ロシア中央部のほぼ全域を占めている。二五〇万平方キロ近くあり、アラスカ州は言うにおよばず、グリーンランドさえもかろうじてしのぐ。ただ、広いわりに住民は少なく、総人口はシカゴと同程度しかいない。この広大な大自然が広がる地で、サーシャは世界最古のティラノサウルス類を見つけた。彼が名づけた「キレスクス」という属名は、話し手がこの最果ての地に数千人いるだけの土着言語で「トカゲ」を意味する言葉から取っている。

サーシャの発見がメディアで大々的に取り上げられることはなかった。古生物学者の愛読誌とは言いがたいロシアの無名雑誌に記載論文が投稿されたので、研究者らの目にもあまり留まらなかった。キレスクスには愉快な愛称もない。将来『ジュラシック・パーク』シリーズの続編が作られても、そこに登場することはまずないだろう。毎年五〇数種も報告されている新種恐竜は、学術論文で発表されてもすぐに忘れ去られてしまい、ひと握りの専門の古生物学者の記憶の中にだけとどまることになる。きっとキレスクスもそういう運命をたどるに違いない。でも私にとって、キレスクスは、この一〇年間でもっとも刺激的な発見の一つだった。なぜなら、ティラノサウルス類の進化が早い時期にはじまっていたことが、この発見のおかげではっきりしたからだ。キレスクスは、ジュラ紀中期の約一億七〇〇〇万年前に堆積した地層から見つかった。一億七〇〇〇万年前といえば、T・レックスとその巨大な近縁種が北アメリカとアジアで全盛期を迎える一億年以上も前のことだ。

キレスクスの化石は重要ではあるものの、特に見栄えのするものではない。私が初めてその化石を見たのは、壮麗な古い建物内にあるサーシャの薄暗い自室でのことで、建物の隣を流れるネヴァ川にまだ氷が残っていた四月初旬のことだった。サーシャの化石は骨が何個かあるだけだったが、これはさして驚くにはあたらない。恐竜の化石は何個かの骨片が入り乱れて発見されることがほとんどで、地中での何千万年もの時を耐え忍んで骨格のごく一部が残っただけでも、よほどの幸運だと言えるからだ。私が驚いたのは、キレスクスの小ささだった。靴の箱が二、三個あれば、すべての骨がすんなりと収まってしまう。棚から出す時もひょいっと持ち上げられた。これがニューヨークにあるT・レックスの頭骨なら、持ち上げるのにフォークリフトが要るところだ。

キレスクスのような控えめな恐竜がのちにT・レックスのような巨大な恐竜になったとは、にわかには信じがたい。断片的な骨しかないのでその大きさを厳密に知ることは難しいが、キレスクスの全長はおそらく二〜二・五メートルほどだったと思われる。しかもその大部分を占めていたのは細長い尾だ。体高もせいぜい一メートルほど。大型犬と同じくらいだから、ヒトの横に並んでも腰や胸の高さまでしか来ないだろう。体重も五〇キロを超えることはなかったはずだ。もしジュラ紀中期のロシアに全長一二メートル、体高三メートル、体重七トンのT・レックスが生息していたら、たとえその貧相な前肢でもキレスクスを難なく払いのけられたに違いない。キレスクスは狂暴な怪物ではなかった。最上位捕食者でもなかった。おそらく、今で言えばオオカミやジャッカルのような存在だったのだろう。長い肢と軽量な体を備えた捕食者で、足の速さを活かし小さな獲物を狩っていたと思われる。キレスクスが発見されたクラスノヤルスクの発掘地から、小型のトカゲやサンショウウオ、カメ、哺乳類の化石がふんだんに産出するのは、きっと偶然ではない。最初期のティラノサウルス類が食べていたのはこうした小動物で、首の長い竜脚類やジープほどの大きさがある剣竜類ではなかった。

体の大きさにしろ、狩りの仕方にしろ、T・レックスとはまるで違うのに、なぜそれでもキレスクスがティラノサウルス類の一員だと分かるのか。もしキレスクスがT・レックスと同時期に発見されていたら、研究者は両者のあいだにつながりを見いだせていなかっただろう。それどころか、発見時期が数十年前でも、キレスクスを原始的なティラノサウルス類、つまりT・レックスの曾曾曾……曾祖父母だとはみなせていなかったと思われる。ではなぜ今ならそうだと分かるのか。それは、またしても、新しい化石のおかげなのだ。

サーシャは本当に運が良かった。キレスクスの発見からさかのぼること四年前、私の研究者仲間である徐星《シュイシン》の率いるチームが、中国最西部のジュラ紀中期の地層からキレスクスとよく似た小型肉食恐竜の化石を見つけていたのだ。幸い、徐のチームが見つけたのは二、三の骨片だけではなかった。出てきたのは二体のほぼ完全な骨格。一体は成体で、もう一体は一〇代だった。この二匹の恐竜がそこにたどり着いたいきさつは、パニック映画の脚本にもなりうるものだったかもしれない。深さ一〜二メートルの穴の底に一〇代の個体がいて、それを成体が踏みつけにしていた。どちらも泥と火山灰に埋まっていた。何か悲惨なことが起きたに違いなかった。しかし、二匹がこうむった災難は、古生物学者にとっては僥倖《ぎょうこう》となった。

徐のチームは新種恐竜を「グアンロン（*Guanlong*）」と名づけた。中国語で「冠の竜」という意味だ。その名のとおり、グアンロンの頭頂部にはモヒカン刈りを思わせる派手な骨のトサカがついている。このトサカはディナープレートより薄く、しかも多数の穴が開いている。「一体何の役に立つのか」と悩まざるをえないこのトサカの役割は、おそらく一つしかない。ディスプレイ用の飾りとして、交尾相手を誘惑したり、競合するオスを威嚇したりするのに使っていたのだろう。見せびらかす以外に用途のないオスのクジャクの派手な尾羽と似たようなものだったと思われる。

私は北京でグアンロンの骨を何日もかけて調べたことがある。真っ先に目を奪われたのはトサカだったが、重要な手がかりをくれたのは骨に見られるほかの特徴だった。グアンロンを系統樹の中に位置づけられたのも、キレスクスやT・レックスとのつながりを見いだせたのも、それらの特徴のおかげだ。まず、グアンロンは明らかに、キレスクスにとてもよく似ていた。両者はほぼ同じ大きさで、鼻先に大きな窓のような鼻孔を持ち、長い上あごの骨に深いくぼみがあった。歯の上にあるこのくぼみは大きな空洞を形成していたものと思われる。その一方で、グアンロンは、あらゆる肉食恐竜の中でT・レックスなどの大型ティラノサウルス類にしか見られない特徴も多く備えていた。つまり、前章で学んだ、生き物の系統関係を理解する鍵となる「進化的に新しい特徴」だ。例えば、鼻先にある癒合の進んだ鼻骨、幅広で丸みを帯びた鼻先、目の前部にある小さなツノ、骨盤の前部にある二つの大きな筋肉付着痕などが見られた。似ている点はほかにもたくさんある。どれも骨格上の細かい特徴ばかりで一見瑣末に思えるのだが、それらの特徴のおかげで、私と研究者仲間は「グアンロンは原始的なティラノサウルス類である」と確信できた。それに、グアンロンの完全骨格とキレスクスの断片的な骨にも共通する特徴が多い。だからキレスクスも原始的なティラノサウルス類であるとみて間違いない。

グアンロンの完全骨格が教えてくれるのは、キレスクスがティラノサウルス類の一員であることだけではない。これらのもっとも原始的な最初期のティラノサウルス類がどんな姿をしていたのか、どんな行動をとっていたのか、生態系のどの位置に収まっていたのか、といったこともつまびらかにしてくれる。(現生動物において体重と密接に相関することが知られている)肢の寸法をもとに推測すると、グアンロンの体重は七〇キロほどだったと考えられる。しなやかで引き締まった体、すらりとした後肢、体の後ろにひょろりと伸びた姿勢を安定させるための尾。俊足の捕食者だったことは疑いようがない。捕食者にふさわしく、口にはずらりとステーキナイフのような歯が並ぶ。前肢はかなり長く、爪の生えた三本の指を備えていて、獲物をがっちりと捕まえられた。T・レックスの二本指のしなびた前肢とは大違いだ。

グアンロンは、俊足と鋭い歯と必殺の爪を兼ね備えたハンターだったが、最上位捕食者ではなかった。そのそばにはもっと大型の肉食恐竜がいた。全長五メートル余りのモノロフォサウルス(*Monolophosaurus*)や、アロサウルスの近縁にあたる全長九メートル、体重一トン超のシンラプトル(*Sinraptor*)などだ。グアンロンは、それらの陰に隠れて、おそらくは怯えながら暮らしていたのだろう。その立ち位置は、せいぜい二番手か三番手の捕食者といったところで、食物連鎖の中の地味なつなぎ役に甘んじ、支配者の地位はほかの恐竜に譲っていた。同じことはキレスクスにも言えるし、最近発見されたほかの小型で原始的なティラノサウルス類にも言える。その中でも最小のティーロン(*Dilong*)は、中国で発見されたグレイハウンド大の恐竜だ。プロケラトサウルス(*Proceratosaurus*)は、一〇〇年以上前にイギリスで発見された恐竜だが、グアン

図 21　（上）イヌほどの大きさの原始的なティラノサウルス類であるティーロンの骨格。（下）ヒトほどの大きさの原始的なティラノサウルス類であるグアンロンの頭骨。頭頂部に骨でできた派手なトサカがある。

ロンに似たモヒカン刈りを思わせるトサカを持っていたことから、最近になって原始的なティラノサウルス類とみなされるようになった。

これらの小柄なティラノサウルス類は、大して見栄えもしないし、誰かの悪夢に出てくるような怪物でもないが、明らかに賢明な生き方をしていた。化石が見つかれば見つかるほど、彼らがどれだけ繁栄していたかが分かってきた。数多くの原始的なティラノサウルス類が、ジュラ紀中期から白亜紀にかけての約五〇〇〇万年間（一億七〇〇〇万〜一億二〇〇〇万年前）、世界各地に生息していた。ジュラ紀‐白亜紀境界に起きた例の環境・気候変動を生き延びたことは間違いない。アロサウルスや竜脚類や剣竜類が倒れていく中、彼らは耐え抜いた。今や、原始的なティラノサウルス類の化石は、アジア全域、イギリスの数地域、アメリカ西部、そしておそらくオーストラリアからも見つかっている。なぜそれほどまでに生息域を広げられたかと言うと、当時はまだ超大陸パンゲアが分裂しているさなかだったからだ。まだそれほど散り散りになっていなかったから、各大陸をつなぐ陸橋を渡って難なく移動できた。初期のティラノサウルス類は、森林の茂みに生きる小型〜中型の捕食者としてのニッチを開拓し、その生き方に順応していた。

ところがある時点で、それまで端役だったティラノサウルス類が、皆に愛される大人気の最強肉食恐竜に変貌を遂げた。その最初の兆しは、およそ一億二五〇〇万年前の白亜紀初頭の化石に見られる。この時期に生息していたティラノサウルス類は、ほとんど小型の種ばかりだった。その最たる例である超小型のティーロンなどは体重が九キロほどしかなかった。ただ、もう少し大型の種類もいた。イギリス産のエオティラヌス（*Eotyrannus*）と、その古い親戚にあたるジュラタイラント（*Juratyrant*）やストークソサウルス

(*Stokesosaurus*) などだ。どの種類も、ティーロン、グアンロン、キレスクスと比べてがっしりしていて、全長三〜三・五メートル、体重五〇〇キロ近くに達していたと思われる。もしあなたが当時の世界にいて、これらの中型ティラノサウルス類を手なずけられたら、ウマのように背にまたがれたことだろう。ただしそれでも、彼らは食物連鎖の頂点に立つ動物ではなかった。

二〇〇九年、パズルのピースがまた一つ埋まった。中国の研究者のチームが同国北東部で極めて異質な化石を発見し、シノティラヌス (*Sinotyrannus*) と名づけたのだ。この新種恐竜の化石も例のごとく断片的で、鼻先と下あごの前部、背骨の一部、前足や骨盤の断片といった少数の骨しか保存されていなかった。シノティラヌスの骨はグアンロンのものと極めてよく似ていたし、この数か月後に記載されたキレスクスのものとも酷似していた。鼻先の断片の端に大きな骨のトサカの根元も残っていて、鼻孔も大きく、歯の上に空洞を成す深いくぼみもあった。しかし、大きな違いが一つあった。シノティラヌスは、グアンロンよりも格段に大きかったのだ。ほかの肉食恐竜の骨との比較から、全長は九メートルほどで、体重は一トンを超えていたのではないかと推測された。この体重はグアンロン一〇頭分以上に相当する。約一億二五〇〇万年前に生きていたシノティラヌスは、これまでに発見された中で最古の大型ティラノサウルス類だった。

私はシノティラヌスの記載論文を大学院生の時に読んだ。肉食恐竜の進化をテーマにした博士論文に取り組みはじめて一年ほど経った頃のことだった。この新種恐竜がティラノサウルス類であること、しかも大型であることは私の目にも明らかだったが、それ以上の踏み込んだ解釈はしづらかった。化石が断片的すぎて、体の大きさを正確に見積もることはできなかったし、具体的に系統樹のどこに位置づけたらいいかも分からなかった。シノティラヌスはT・レックスとごく近縁な関係にあるのだろうか。つまり、白亜紀終期の約八四〇〇万〜六六〇〇万年前にかけて繁栄した、巨大で、頭骨が高くて、前肢の小さい肉食恐竜のグループ

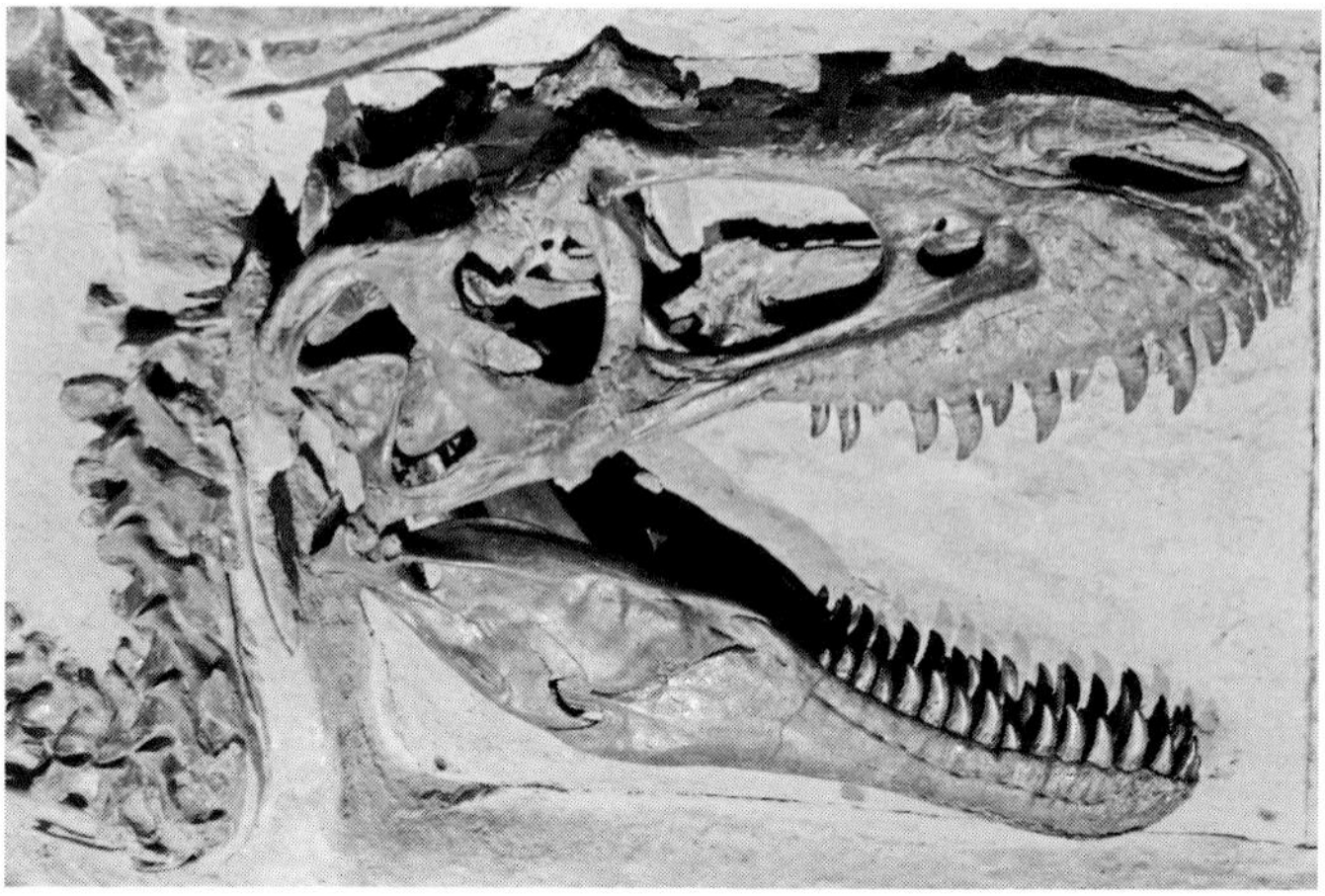

図 22　ゴルゴサウルスの頭骨。白亜紀末期の大型のティラノサウルス類で，T. レックスと近縁な関係にある。

(ティラノサウルス、タルボサウルス、アルバートサウルス、ゴルゴサウルスを構成員とするグループ)の、最初の一員なのだろうか。もしそうなら、これらの花形恐竜がなぜあれほどまでに巨大化し、繁栄したのかについて、何らかの示唆を与えてくれるかもしれない。それとも、T・レックスの近縁種ではないのだろうか。もしかしたら、ある原始的なティラノサウルス類が、同時代の仲間を差し置いて巨大化しただけなのかもしれない。何しろ、シノティラヌスが生きていたのはT・レックスより六〇〇〇万年ほども前のことで、その時代のほかのティラノサウルス類は、私たちの知るかぎり、小型トラックの荷台に収まる程度の大きさしかない種ばかりだったのだから。

果たして、シノティラヌスの発見によりティラノサウルス類の歴史が書き換えられることになるのか。当時の私は悲観的な見方をしていて、シノティラヌスの化石があっても謎は残り続けると思っていた。そういうことは恐竜学の分野では往々にしてある。ある化石が発見され、そこから壮大な進化の物語が浮かび上がってきたとしよう。例えば、ある一大グループの最古の一員が見つかったり、ある重要な行動や骨格上の特徴を示す最古の化石が見つかったりしたとする。ところがその化石は、粉々に砕けていたり、全体のごく一部しかなかったり、年代がしっかり特定できなかったりするかもしれない。次の化石は一向に見つからず、謎は宙ぶらりんのまま。やがて未解決事件となり、いつか解き明かされる日を延々と待ち続けることになる。

でも、そんな心配は杞憂に終わった。わずか三年後、中国の徐星（グアンロンとティーロンを記載した人物）が「ネイチャー」誌に衝撃的な論文を発表したのだ。徐のチームはまたしても新種恐竜を報告し、それをユーティラヌス（*Yutyrannus*）と名づけた。彼らの手元にあったのは数本の骨だけではない。全身骨格。それも三体だ。その新種恐竜は明らかにティラノサウルス類の一員であり、シノティラヌスによく似ていた。体の大きさも近かったし、骨格にも似たところがあった（ユーティラヌスは、シノティラヌスと同じように、頭部に派手なトサカを持ち大きな鼻孔も備えていた）。ユーティラヌスは大きく、一番大きい骨格は全長がおよそ九メートルもあった。これは推測値ではない。徐らは巻尺を使ってこの新種恐竜の寸法を実測した。シノティラヌスのように、唯一の手がかりである何個かの骨片をもとに、計算式を駆使して完全骨格の大きさを推測する必要はなかったわけだ。こうして、ユーティラヌスのおかげで、一つの謎に決着がついた。白亜紀初頭の、少なくとも中国には、大型のティラノサウルス類が生息していたのだ。

ユーティラヌスにはほかにも特筆すべき点があった。骨格の保存状態が極めて良く、軟組織の細部まで確認できたのだ。普通、皮膚や筋肉や内臓は、化石が地層に閉じ込められるよりもずっと前に腐ってしまう。あとに残るのは、骨や歯や殻などの硬い部分だけだ。ところがユーティラヌスに関しては運が良かった。火山噴火が起きて骨格がすぐに埋まったため、軟組織の一部が腐らずに残った。ユーティラヌスの化石を見ると、骨を取り巻くように細長い繊維がびっしりと並んでいる。個々の繊維の長さは一五センチほど。同様の構造は中国北東部の同じ地層から見つかった超小型恐竜のティーロンにも保存されていた。

それは羽毛だった。現生鳥類の翼に見られる「羽根」ではなくもっと単純なつくりのもので、見た目はどちらかというとヒトの髪の毛に近い。この羽毛は、鳥類の羽根の原型になった原始的な構造であり、多くの（ひょっとするとすべての）恐竜に生えていたことが現在では分かっている。ユーティラヌスとティーロンのおかげで、ティラノサウルス類もそうした羽毛恐竜の一員だったことに疑いの余地はなくなった。もっとも、ティラノサウルス類が鳥類のように空を飛んでいたはずはない。その羽毛はおそらく、ディスプレイか体温の維持のために使われていたのだろう。ユーティラヌスのような大型の種類もティーロンのような小型の種類も羽毛を持っていたことから、全ティラノサウルス類の共通祖先も羽毛を持っていたと考えられる。そうなると、ほかならぬT・レックスも羽毛を持っていた可能性が高い。

ユーティラヌスは、その羽毛に覆われた骨格のおかげで、各国メディアの〝寵児〟となった。ただ、羽毛についてはあとの章に譲ることにしよう。私にとってのユーティラヌスの重要性は別のところにある。「ティラノサウルス類はどうやって巨大化を遂げたのか」ということについて、理解を深める手助けをしてくれるかもしれない。ユーティラヌスとシノティラヌスは大きかった。T・レックスの仲間が幅を利かせていた白亜紀末期は別として、それ以前の時代に生きていたほかのティラノサウルス類と比べたら格段に大きい。とはいえ、この二種類の中国産のティラノサウルス類は真に巨大とまでは言えない。アロサウルスや、グアンロンを餌食にしていた大型肉食恐竜シンラプトルと同程度の大きさしかなく、全長一二メートル、体重七トンという怪物級の大きさを誇るT・レックスとその近縁種には到底およばなかった。それだけではない。ユーティラヌスの完全骨格とT・レックスの骨格の骨を一本ずつ比べていくと、両者のあいだに大きな違いがあることが分かる。ユーティラヌスは、いわば〝成長しすぎたグアンロン〟であり、頭部の装飾的なトサカと、大きな鼻孔と、三本指の長い前肢を備えている。T・レックスと違い、上下に高い筋肉隆々の頭骨と、分厚い大釘のような歯と、貧相な前肢は持っていない。

以上のことから何とも意外な結論が導かれる。ユーティラヌスとシノティラヌスは、大型ではあるものの、T・レックスとそこまで近縁なわけではない。したがって、白亜紀末期のティラノサウルス類の巨大化にもあまり関わっていない。つまり、原始的なティラノサウルス類が、のちの時代の親戚とは無関係に大型化を試みたにすぎなかったわけだ。別の言い方をすれば、この二種類は進化の袋小路だったわけで、私たちの知るかぎり、白亜紀初頭の中国の一地域以外には生息していなかった（もちろんこの認識は新しい化石が発見され次第くつがえる可能性もある）。ジュラ紀と白亜紀初頭には、二種類のそばで暮らしていた小型ティラノサウルス類のほうがはるかに主流な存在として栄えていた。

ユーティラヌスとシノティラヌスはT・レックスの直系の祖先ではないが、だからといって瑣末な存在というわけではない。この白亜紀初頭の二種類のおかげで、ティラノサウルス類が進化のわりと初期の段階ですでに大型化しうる素質を備えていたことが明らかになったのだから。ユーティラヌスとシノティラヌスは、私たちの知るかぎり、その地域の生態系における最大の捕食者だった。食物連鎖の頂点に君臨し、険しい火山の中腹に広がるうっそうとした森（夏は湿気が多く冬は雪に埋もれがちな森）を治めていた。その森では、原始的な鳥類や羽毛恐竜であるラプトルの仲間のさえずりが鳴り響いていたことだろう。獲物は何種類かいた。空腹に耐えかねる時は丸々と太った竜脚類を狙い、そうでない時は大量にいたヒツジ大のプシッタコサウルス（*Psittacosaurus*）を追いかけた。プシッタコサウルスはクチバシを持つ植物食恐竜で、あのトリケラトプスの原始的な親戚にあたる。そのトリケラトプスが北アメリカ西部の氾濫原でほかならぬT・レックスと激闘を繰り広げるのは、この六〇〇〇万年後のことだ。

白亜紀初頭の中国から時代と場所を移してみよう。すると、ティラノサウルス類が小型〜中型にとどまっていた地域には、はるかに大型の捕食者がいたことが分かる。ジュラ紀中期の中国ではシンラプトルがグアンロンを見下ろしていた。ジュラ紀後期の北アメリカでは、アロサウルスが、ラバほどの大きさのティラノサウルス類ストークソサウルスをねじ伏せていた。白亜紀初頭のイギリスでは、カルカロドントサウルス類のネオウェーナートル（*Neovenator*）がエオティラヌスを抑えつけていた。ほかにも例を挙げればきりがない。ティラノサウルス類はチャンスさえあれば大型化できたのだが、それは「周りに自分より大きな捕食者がいなければ」という条件付きだったようだ。

謎はまだ残っている。T・レックスとその近縁種は、どうやってあれほどの途方もない巨体を手に入れたのか。化石記録をたどり、T・レックスに典型的な体のつくりを備えた真の大型ティラノサウルス類が最初に出現した時期を調べてみよう。具体的には、全長一〇・五メートル以上、体重一・五トン超で、T・レックスの特徴である上下に高い大きな頭骨、筋肉隆々のあご、バナナ大の歯、貧相な前肢、極太の後肢を備えていることが条件となる。

このようなティラノサウルス類（真の怪物であり、記録的な大きさを誇る紛うことなき最上位捕食者）は、約八四〇〇万〜八〇〇〇万年前の北アメリカ西部に初めて登場した。ひとたび登場するや、北アメリカとアジアの各地に続々と姿を現すようになる。明らかに、爆発的な多様化が起きていた。

ティラノサウルス類の巨大化が起きたのは、白亜紀半ば（約一億一〇〇〇万〜八四〇〇万年前）のいつかだったことが分かっている。その転換期以前は、数多くの小型〜中型のティラノサウルス類が世界各地に生息していて、大型種はユーティラヌスなどの何種かが散発的に現れていただけだった。転換期以後は、巨大なティラノサウルス類が北アメリカとアジアの各地を支配した。しかも、生息していたのはその二大陸だけで、小型バスより小さい種は一種たりとも見当たらない。何という劇的な変化だろう。恐竜史を見渡しても屈指の変化だと言える。もどかしいことに、この時期に何が起きていたかを物語る化石はほとんどない。白亜紀の中頃は恐竜進化の空白期とでも言える時期だ。ただ運が悪いとしか言いようがないのだが、この二五〇〇万年間の化石記録はごっそり抜け落ちている。かくして、古生物学者は頭をかきむしることになる。事件の解決を任された刑事が、指紋もＤＮＡもいかなる物的証拠も残っていない犯行現場を訪れ、途方に暮れるようなものだ。

ただ、白亜紀中頃の地球環境については知見が深まりつつあり、それに基づけば「おそらく当時は恐竜にとってあまりいい時期ではなかっただろう」ということは言える。セノマニアンからチューロニアン（どちらも白亜紀を細分化した時代の一つ）への変わり目にあたる約九四〇〇万年前、突発的な環境変動が起きた。気温が急上昇し、海水準が激しく上下して、深海では酸素が欠乏した。なぜこんなことが起きたのか。確たることはまだ言えないが、有力な仮説の一つは「火山活動が活発化し、二酸化炭素などの有毒ガスが大量に大気中に放出され、とめどない温室効果が起きるとともに地球が汚染された」というものだ。原因が何であれ、これらの環境変動により大量絶滅が引き起こされた。この時の大量絶滅は、恐竜の台頭を招いたペルム紀末期や三畳紀末期のそれほど大規模なものではなく、どちらかというとジュラ紀‐白亜紀境界に起きたことに似ていた。それでも、恐竜時代に起きた大量絶滅の中では最大級のものだった。多くの海生無脊椎動物が永遠に姿を消し、さまざまな爬虫類も死に絶えた。

白亜紀中頃の化石記録が極めて乏しいため、恐竜がこの環境変動にどういう影響を受けていたかを知ることは難しい。ただ最近になって、この空白期から重要な新化石が出てきている。明らかに一つの傾向が浮かび上がりつつある。それは、この二五〇〇万年間に生きていた大型捕食者の中にティラノサウルス類はいなかったというものだ。出てくるのは、ほかの大型肉食恐竜のグループに属する化石ばかり。ケラトサウルス類、スピノサウルス類、そしてとりわけカルカロドントサウルス類が目立つ。カルカロドントサウルス類は（前章で見たように）白亜紀初頭の世界をすっかり支配していた。その支配が白亜紀中頃に入ってからも長いあいだ続いていたということだ。全長一〇・五メートルのカルカロドントサウルス類シアッツ（*Siats*）は、約九八五〇万年前の北アメリカ西部に最上位捕食者として君臨していた。中国ではT・レックスに迫る大きさを持つチーランタイサウルス（*Chilantaisaurus*）やそれより小さなシャオチロンが約九二〇〇万年前に栄えていて、南アメリカではアエロステオン（*Aerosteon*）などのカルカロドントサウルス類が八五〇〇万年前に幅を利かせていた。

カルカロドントサウルス類の傍らで暮らしていたティラノサウルス類はというと、少なくとも外見上は、まだ特筆すべき存在ではなかった。この時期の化石は決して多くないが、近年、徐々に産出しはじめている。その中の白眉はウズベキスタン産の諸化石だろう。サーシャ・アベリヤノフと研究者仲間のハンス＝ディーター・ズース（いつも笑みを絶やさず周りに笑いを伝染させる力を持っているドイツ生まれの古生物学者。今はスミソニアン博物館で上席研究員を務めている）が、荒涼としたキジルクーム砂漠の化石産地において、もう一〇年以上も発掘を続けている。

数年前、私がサーシャから恐る恐る受け取った例のソ連時代の箱にも、そうして発掘された骨化石が入っていた。なぜエジンバラに持ち帰りCTスキャンにかけたのかというと、標本のうちの二つが脳函《のうかん》（頭骨の後部にある、脳と耳を包む癒合した骨の集まり）だったからだ。脳函の内部、つまり、脳と感覚器官を収めていた空洞を見たければ、脳函をノコギリで切ってやればいい。実際、オズボーンは最初に見つけたT・レックスの頭骨を切っている。しかし、科学の名のもとに切断された頭骨は、もう永遠に元には戻らない。昨今では、CTスキャナーとその高線量のX線を用いることで、化石を傷つけることなく調べられる。ウズベキスタン産の化石の脳函をCTスキャンにかけたところ、それがティラノサウルス類のものであることが分かった。脊髄を取り囲む骨の構造と長い管状の脳の形が、T・レックスやアルバートサウルスなどのティラノサウルス類と共通していたからだ。その恐竜は、やはりティラノサウルス類ならではの特徴である長い蝸《か》牛《ぎゅう》管を備えた内耳まで持っていた。そのおかげで、低周波の音をよく聞き取れたに違いない。しかし、体格はまだミニチュアサイズであり、ウマほどの大きさしかなかった。

二〇一六年の春、サーシャとハンスと私は、このウズベキスタン産のティラノサウルス類に「ティムルレンギア・エウオティカ（*Timurlengia euotica*）」という正式な学名をつけた。この学名は、一四世紀にウズベキスタンとその周辺一帯を支配下に治めた中央アジアの有名な武将ティムール（別名タマーラン）にちなんでいる。まさにティラノサウルス類の恐竜にぴったりの名前と言えるだろう。たとえ、その名前の持ち主が食物連鎖の頂点から数段下にいた中型の捕食者だったとしても。ティムルレンギアは、巨大ではなかったものの、ほかの肉食恐竜より大きな脳と鋭敏な感覚（強化された嗅覚と視覚と聴覚）を発達させつつあった。そうした適応により、やがて便利な狩りの武器に進化し、のちの大型ティラノサウルス類に重宝されることになる。ティラノサウルス類の知能は体が巨大化する前から向上しはじめていたが、ティムルレンギアとその仲間がいかに賢かろうと、白亜紀中頃の真の支配者たるカルカロドントサウルス類の陰に怯えて暮らしていたことに変わりはなかった。

やがて八四〇〇万年前になると化石記録が再び充実してくる。もう北アメリカとアジアにカルカロドントサウルス類の姿はなく、その代わりに巨大なティラノサウルス類がいた。恐竜の進化史上屈指の交代劇が起きたのだ。これは、セノマニアン－チューロニアン境界における気温と海水準の変動の影響が長引いたせいなのだろうか。交代劇は急激に進んだのか、それとも徐々に起きたのか。ティラノサウルス類が積極的にカルカロドントサウルス類から地位を奪ったのだろうか。つまり、力ずくで絶滅に追いやるなり、大きな脳と鋭敏な感覚を駆使して相手を出し抜くなりしたのだろうか。それとも、環境変動のせいでカルカロドントサウルス類が絶滅に追いやられる中、ティラノサウルス類は難を逃れ、ちょうど空いた大型捕食者の地位に収まったのだろうか。証拠が少なすぎて確かなことは何も言えないが、その答えが何であれ、白亜紀末期のカンパニアンがはじまる約八四〇〇万年前までにティラノサウルス類が食物連鎖の頂点に上り詰めていたことは、紛れもない事実だ。

白亜紀の最後の二〇〇〇万年間、ティラノサウルス類は北アメリカとアジアで繁栄し、峡谷のほとり、湖畔、氾濫原、森林、砂漠を支配した。大きな頭、たくましい体、貧相な前肢、ムキムキの後肢、長い尾。その特徴的な風貌は見間違えようがない。獲物を骨ごと嚙み砕けるほどに嚙む力が強く、一〇代に一日二キロ余りのペースで体重を増やすほどに成長が速かった。そして、三〇歳を超える個体の化石がいまだに見つからないほどに、生活は過酷だった。さらに目を見張るべきはその多様さだ。白亜紀末期の大型ティラノサウルス類はこれまでに二〇種近く発見されている。きっとまだ多くの化石が地層に眠っていて、発見される日を待っていることだろう。つい最近もピノキオのような鼻先をしたチエンチョウサウルスが、中国の建設現場で、いまだ匿名の油圧ショベルの運転手により偶然に発見されたばかりだ。ティラノサウルス類に最初に目をつけたブラウンとオズボーンが一〇〇年以上前に悟っていたように、T・レックスの仲間は本当に恐竜の王者だった。

T・レックスの仲間が支配した世界は、ティラノサウルス類が台頭してきた頃の世界とはかなり違っていた。キレスクス、グアンロン、ユーティラヌスが獲物を追っていた頃にさかのぼると、超大陸パンゲアはまだ分裂しはじめたばかりで、ティラノサウルス類は世界中を難なく移動できた。ところがこれが白亜紀末期になると、各大陸はもうずいぶん離れ離れになっていて、現代の大陸配置と似通った位置にあった。この頃の世界地図を描けば、現代の世界地図とかなり似たものになるだろう。ただ、そこには大きな違いも存在した。白亜紀後期に海水準が上がったせいで、北極からメキシコ湾まで伸びる海で北アメリカが二分されていて、ヨーロッパも低地の大部分が浸水して小島の集まりにすぎなくなっていた。T・レックスがいた頃の地球は細かく分断されていて、さまざまな恐竜のグループが海で隔てられた各地域に棲んでいた。そうなると、ある地域の覇者がほかの地域を征服できなかった理由は、いたって単純なものだったのかもしれない。ただ、そこにたどり着けなかったのだ。巨大なティラノサウルス類は、ヨーロッパや南半球の諸大陸に足がかりを得られなかったとみえ、各地でほかの大型捕食者のグループが繁栄することを許した。ただ、北アメリカとアジアでは無敵だった。ティラノサウルス類は、私たちの想像力をかき立てる圧倒的な恐怖の権化になっていた。

（1）南北戦争後の一八六五年から一八九〇年代半ばまでを指す。アメリカで成金趣味がはびこった時代。

6

恐竜の王者

ティラノサウルス・レックス（*Tyrannosaurus rex*）

トリケラトプスは安全圏にいた。不穏な空気が醸成されつつあるのは、渡河不能な急流の向こう側。これから何が起きるかは想像がつくが、かといってどうすることもできない。

わずか一五メートル先、急流に突き出した砂泥地に三頭のエドモントサウルス（*Edmontosaurus*）がいる。岸に生える被子植物の低木の葉をカモ似の鋭いクチバシではんでいた。（栄養が足りて肉づきのいい）頰が咀嚼に伴い左右に揺れている。夕暮れの西日が川面を輝かせ、林冠からは鳥のさえずりが響き渡り、辺りは平穏に包まれていた。

でも、「万事めでたし」というわけではない。エドモントサウルスの群れは気づいていないが、急流の対岸にいるトリケラトプスには見えていた。もう一頭、動物がいる。砂泥地の間際まで迫る密林。その端に生える高木の陰だ。緑色の鱗のせいで周囲とほとんど見分けがつかない。ただ、その目が正体を告げていた。一対のぎょろりとした目に期待の色が浮かんでいる。その両目がきょろきょろと動いた。のんきに葉をはんでいる三頭の様子をうかがっているのだろう。飛び出すタイミングを計っているようだ。

そして、その時は訪れた。唐突に、荒々しく。

赤い目と緑色の皮膚の怪物が密林から飛び出し、三頭の行く手に立ちはだかった。おぞましい光景だった。木陰から姿を見せた捕食者は、路線バスよりも大きかったのだから。全長一三メートル、体重も五トンはあるだろう。首と背中の鱗から毛が生えている。汚らしくてモジャモジャした毛だ。尾は長くたくましく、後肢もがっしりしているのに、前肢は笑ってしまうほど小さい。その前肢をぶらぶらさせながら、捕食者はエドモントサウルスの群れに突進していった。口を大きく開けて、頭から突っ込んでいく。

大きく開かれた口には、大釘のような鋭い歯が五〇本ほど並んでいた。やがてその口が閉じられ、歯がエドモントサウルスの尾に深く食い込んだ。骨の砕ける耳障りな音が聞こえ、甲高い苦悶の叫び声が森にこだました。

嚙まれたエドモントサウルスは必死に相手を振り払い、何とか密林に逃げ込んでいった。ちぎれかかった尾がぶらぶらと揺れている。死闘の証しである捕食者の歯はまだ食い込んだままだ。あのエドモントサウルスは生き延びるだろうか。それとも、深手の傷に屈し、森の奥でひっそりと死んでゆくのだろうか。トリケラトプスには知りようがなかった。

怪物は、獲物を仕留めそこなったことを悔しがりながら、三頭の中で最小の個体に狙いを移した。ところが、その個体はもう密林に逃げ込んでいて、木の幹や低木のあいだを縫って猛スピードで走り去っていくところだった。図体の大きい捕食者は、もう追いつく見込みがないことを悟り、憤懣《ふんまん》やるかたない様子でのどの奥から咆哮を絞り出した。

残り一頭のエドモントサウルスは、砂泥地に取り残されていた。後ろは急流、前は血に飢えた怪物。川のほうを振り返った怪物と目が合った。もう逃げられない。そして、不可避の事態が起きた。

頭が猛然と迫ってきた。歯が肉に食い込む。骨が砕け、エドモントサウルスの首がちぎれ、血が川に流れ込んで白波の立つ流れと混じり合った。獲物に食いついた捕食者の口元から、折れた歯が宙に舞った。

やがて、密林の奥からガサゴソと物音がした。木の枝が折れ、葉っぱが舞い散る。トリケラトプスが慄然と見つめる中、大きな頭と鋭い歯を備えた緑色の怪物があと四頭も川岸に姿を現した。体格も風貌も一頭目とほぼ変わらない。捕食者は群れだったのだ。獲物を襲ったのが頭領で、今分け前をもらいに来たのがその手下ということだろう。腹を空かせた五頭の怪物が、鼻を鳴らしたりうなったりしながら、一番上等な肉にありつこうと互いをつつき合ったり顔を噛み合ったりしている。

急流の対岸という安全圏にいたトリケラトプスは、目の前で起きていることを嫌というほど理解していた。なぜなら、かつて彼もあそこにいたからだ。あの大食いの捕食者のあごから逃げ延びたことがあった。相手をツノで突いてあごの力が緩んだ隙に何とか抜け出したのだ。あの恐ろしい捕食者を知らないトリケラトプスはいない。最大の天敵であり、木陰から幽霊のように現れては群れの仲間を手当たり次第に狩っていく恐怖の存在だ。その名はティラノサウルス・レックス。恐竜の王者であり、四六億年におよぶ地球史上で最大の陸生肉食動物である。

T・レックスはお茶の間の人気者

T・レックスはお茶の間の人気者（そして悪夢に登場する怪物）だが、もちろん過去に実在した動物でもある。古生物学者はT・レックスのことを熟知していて、どんな姿をしていたか、どう行動し、呼吸し、世界を知覚していたか、何を食べていたか、どのように成長していたか、なぜあれほど大きくなれたのか、といったことについて詳しく知っている。それはなぜかと言うと、一つには化石が豊富にあるからだ。これまでに、完全体に近いものを含めて、五〇体を超える骨格が見つかっている。これほど化石が充実している恐竜はそうそうない。ただ、T・レックスの研究が進んだ一番の理由は、とにもかくにも、王者が醸し出す威厳に多くの研究者が否応なく惹きつけられてきたことにある。映画スターやスポーツ選手に大勢の人々が熱中するのと似たようなものと言えるだろう。研究対象に惚れ込んだ研究者は、計測でも、実験でも、その他の分析でも、できることは何でも試してみる。T・レックスにもあらゆる分析が試みられてきた。CTスキャンで脳と感覚器官を調べたり、コンピューターアニメーションで姿勢や動きを理解したり、工学ソフトウエアでモデルを構築して食事の仕方を調べたり、顕微鏡で骨を観察して成長の仕方を見たりと、例を挙げればきりがない。その結果、私たちは、この白亜紀の恐竜について、多くの現生動物よりも詳しくなってしまった。

当然ながらT・レックスも、生きて、呼吸して、食べて、動いて、成長していたはずだ。一体どんな動物だったのだろう。これから読者の皆さんには、恐竜の王者非公認の〝プロフィール〟を読んでいただこう。

まずは体の大きさについてだ。

言うまでもなく、T・レックスは大きい。成体の全長はおよそ一三メートルに達する。体重は、第3章で学んだ大腿骨の太さから体重をはじき出す例の方程式を使うと、七〜八トンほどになる。どちらも肉食恐竜としては規格外の数値だ。ジュラ紀の支配者（〝食肉解体屋〟ことアロサウルスやトルヴォサウルスとその仲間）は、全長一〇メートル、体重数トンといったところだった。これでも十分、怪物と言えるが、T・レックスには遠くおよばない。気温と海水準の変動が起きて白亜紀が幕を開けると、アフリカと南アメリカに生息するカルカロドントサウルス類の中から、ジュラ紀の祖先を上回る体格を持つ恐竜たちが出てきた。ギガノトサウルスなどはT・レックスにほぼ匹敵する全長を持ち、体重も六トンほどに達していたかもしれない。それでも、T・レックスと比べるとまだ一トンか二トンは軽い。つまりT・レックスは、恐竜時代最大の、いや、もっと言えば地球史上最大の純肉食性の陸生動物として、孤高の地位を占めている。

T・レックスの絵を幼稚園児に見せてみよう。きっとすぐにT・レックスだと分かる。T・レックスは、特徴的な体型というか、独特の体つきというか、専門用語で言えば「特有のボディプラン」を持っている。

図23 ニューヨークのアメリカ自然史博物館にあるティラノサウルス・レックスの骨格

頭は巨大で、首はボディビルダーのように太く短い。巨大な頭と釣り合いを取っている尾は、長くて、先細りで、シーソーのように水平に伸びている。後肢だけで立ち、たくましい太ももとふくらはぎで体を前進させる。バレリーナのようにつま先立ちなので足の裏が接地することはめったになく、全体重を三本の大きな指だけで支えている。前肢は一見何の役にも立ちそうにない。短い二本の指を備えたこの小さな肢は、滑稽なほど体のほかの部位と釣り合いが取れていない。そして体型。竜脚類のように丸々としているわけではないが、俊足のヴェロキラプトルのように細身なわけでもない。まさに独特の体型をしている。

T・レックスの力の源は頭だ。殺戮マシンと、獲物にとっての拷問部屋と、凶悪な顔貌が一つにまとまっている。鼻先から耳までで一・五メートルほどと、頭骨の長さは平均的なヒトの身長に近い。五〇本以上ある鋭利な歯が露わになると、不敵な〝笑み〟を浮かべたようになる。口先には小さな前歯が、上下のあごの側面には縁がギザギザで形と大きさがバナナそっくり

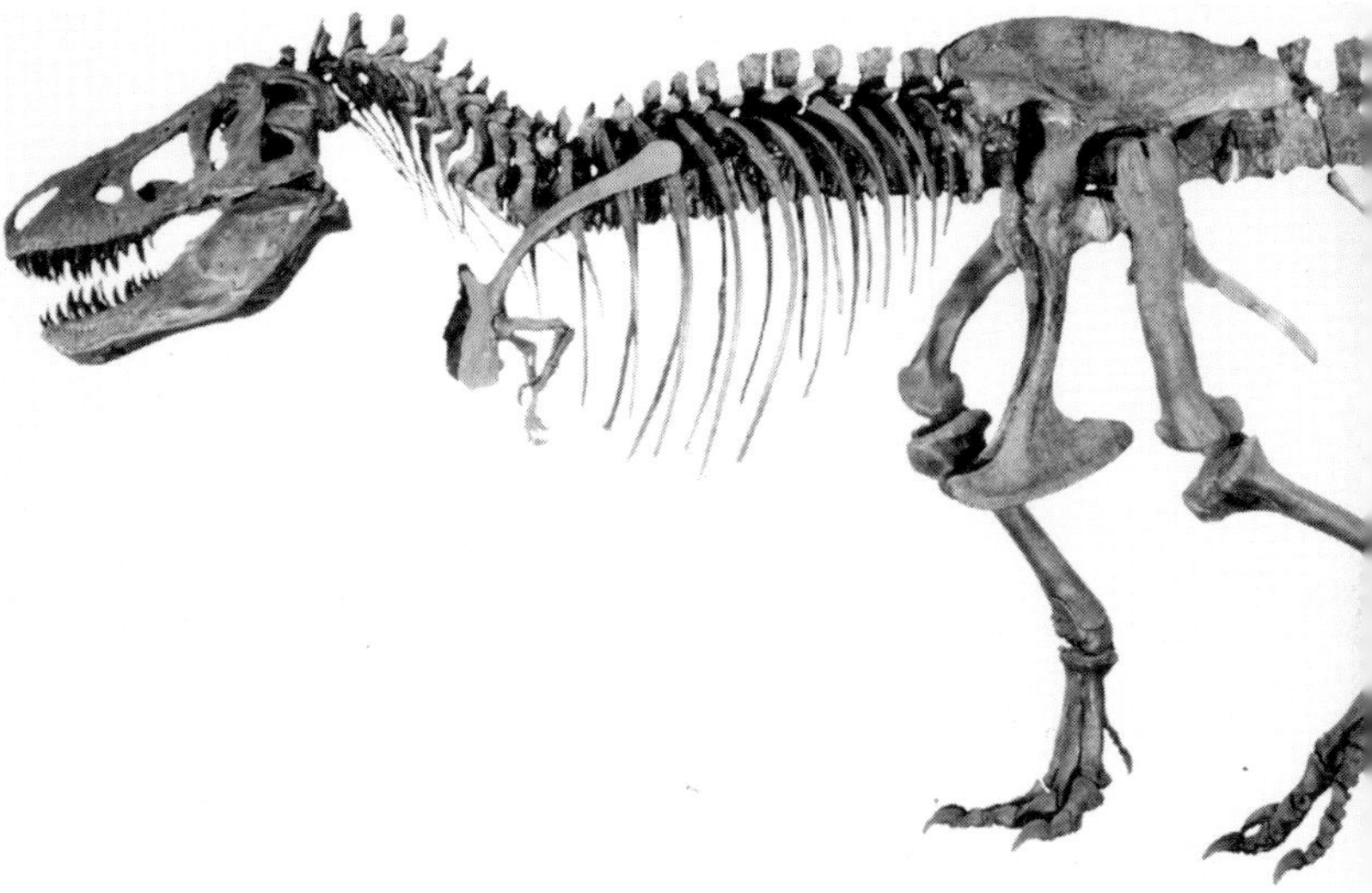

の歯が並んでいる。側頭部後方にはあごの開閉を担う筋肉が盛り上がり、その近くに瓶のフタほどの大きさの耳の穴がある。眼球の大きさはグレープフルーツくらい。その前方には（外からは見えないが）大規模な空洞の連なりがあり、頭部の軽量化に寄与している。鼻先には大きな肉質のツノが複数生えている。小さなツノも、両目の前後、それと両頬からも下方に向けて生えている（ゴツゴツとした骨のこぶのようなもので、ヒトの爪の材質でもあるケラチンに覆われている）。いまわの際にその恐ろしい顔貌が迫ってくる様子を想像してみるといい。その記憶を最後に、歯で噛みちぎられ、骨を砕かれる様子を。多くの恐竜がそうして命を落としたことだろう。

T・レックスの体は、頭から尾の先まで、短い前肢や太い後肢も含めて、鱗状の分厚い皮膚に覆われている。そのため、見た目の印象は〝育ちすぎたワニかイグアナ〟に近い。要するに、トカゲっぽいということだ。ただし、一つ大きな違いがある。T・レックスの場合、鱗のあいだから羽毛が生えている。前章で説明したように、羽毛といっても鳥類の翼に見られるような大ぶりな羽根ではない。もっと単純な繊維状のもので、見た目も質感もどちらかというとヒトの髪の毛に近く、大きいものはヤマアラシのトゲのように硬い。T・レックスが空を飛べたはずはないし、恐竜時代の初期にこうした「原羽毛」を最初に進化させた祖先もそれは同じだっただろう。のちの章で見ていくように、羽毛は外皮が長く伸びた単純な構造に端を発していて、T・レックスなどの恐竜はその構造を、体温の維持だったり求愛や威嚇のディスプレイだったりに使っていた。T・レックスの骨格に羽毛の化石が見つかった例はまだないものの、羽毛が生えていたのは確実だと古生物学者はみている。なぜなら、原始的なティラノサウルス類（前章で登場したティーロンやユーティラヌスなど）の化石に羽毛が見つかっているし、軟組織まで化石化するまれな条件で保存されたほかの多くの獣脚類からも同様に羽毛が見つかっているからだ。T・レックスの祖先が羽毛を持っていたわけだから、T・レックスも羽毛を持っていた可能性が極めて高い。

T・レックスは、六八〇〇万～六六〇〇万年前にかけて生息し、北アメリカ西部の緑豊かな海岸平野や峡谷を支配していた。そこで多様な生態系の頂点に立ち、さまざまな恐竜を獲物にしていた。ツノを生やしたトリケラトプス、カモ似のクチバシを持つエドモントサウルス、戦車に似たアンキロサウルス、ドーム頭のパキケファロサウルス（*Pachycephalosaurus*）などだ。獲物をめぐる競合相手といえば、ずっと小さいドロマエオサウルス類（ヴェロキラプトルなどのラプトルの仲間）がいるだけで、実質、独り勝ち状態だった。

それ以前の一〇〇〇万～一五〇〇万年間、その地域には何種かの他のティラノサウルス類が繁栄していた。しかし、それらの種がT・レックスの祖先というわけではない。もっとも類縁が近いのは、タルボサウルスやチューチョンティラヌス（*Zhuchengtyrannus*）などのアジア産の種類だ。実を言うと、T・レックスは〝移民〟だった。中国かモンゴルで誕生したあと、当時地続きだったベーリング海峡を渡り、アラスカとカナダを通って現在のアメリカ中央部に進出した。〝若かりし〟T・レックスが新天地にたどり着いた時、すでに略奪の機は熟していた。北アメリカ西部を席巻し、カナダからニューメキシコ、テキサスまでを侵略し、ほかの中・大型の肉食恐竜を残らず追い出して、大陸全土を我がものにした。

やがて、すべてが唐突に終わりを告げた。六六〇〇万年前、空から小惑星が降ってきて、白亜紀が混乱のうちに幕を閉じ、T・レックスを含むすべての非鳥類型恐竜[1]が絶滅した。この絶滅の話はまたあとですることにしよう。さしあたっては次の重要な事実だけを頭に入れておいてほしい。恐竜の王者は頂点に上り詰め、そしてその絶頂期に滅んだ。

王者にふさわしいごちそうとは何だろう？　T・レックスは最上位捕食者であり、純粋な肉食動物だったと考えられている。恐竜にまつわる推測の中でこれほど単純明快なものもなかなかないだろう。高価な実験器具や機械を使うまでもない。T・レックスの口にずらりと並ぶ歯は、厚くて、縁がギザギザで、鋭い。前足と後足の爪は大きくて先がとがっている。動物がこうした器官を備える理由はただ一つしかない。それらは武器であり、獲物を捕まえ肉を切り裂くための道具なのだ。歯がナイフのようで、前足と後足に鉤爪も備えているのに、キャベツを食べるわけがない。この推測を疑う向きのために、さらなる証拠を提示しよう。ティラノサウルス類の骨格の胃があった領域やティラノサウルス類が残した糞化石から骨が見つかっているし、北アメリカ西部各地から産出した植物食恐竜の骨格（特にトリケラトプスとエドモントサウルスの骨格）に、形も大きさもT・レックスの歯にぴったりな歯形が見つかっている。

人間の王様と同じように、T・レックスも大食いだった。肉をむさぼり食っていた。成体のT・レックスが生きていくのに必要だった食物の量を、研究者らが見積もっている。現生の肉食動物の食物摂取量をもとに、T・レックスほどの体格の動物に必要な量を推し測ったものだ。その推測値は聞いただけで吐き気を催すものだった。もしT・レックスの代謝が爬虫類並みなら、毎日五・五キロのトリケラトプスの肉片が必要になるという。でもこれは、実際よりかなり低く見積もった数値だと考えざるをえない。あとで見るように、恐竜は行動や生理の面で爬虫類よりずっと鳥類に近く、しかも（全種とは言わないまでも多くの恐竜が）私たちと同様に内温［恒温］動物だった可能性もあるからだ。もしそれが正しいとすれば、T・レックスは毎日一一一キロもの食物を平らげる必要があったことになる。数万カロリー、いや、王者が脂身の多いステーキを好んでいたのなら、数十万カロリーに達していたかもしれない。これは、大型のオスライオン三、四頭分の食事量にほぼ等しい。現生肉食動物の中でも特に血気盛んで食欲旺盛なオスライオンにして、三、四頭分だ。

「T・レックスは腐った屍肉を好んでいた」とか「腐肉食者であり、体重七トンの屍肉あさりであり、のろまで愚かでやたらと大きかったから、とても生きた獲物は狩れなかった」といった言説を耳にしたことはないだろうか。こうした言いがかりが数年に一度の頻度で広まっている気がする。科学記者がこの手の話に飽きることはないらしい。どうか信じないでほしい。俊敏ではつらつとした動物が、小型車サイズの頭に鋭い歯を備えていながら、その恵まれた身体的特徴を活かして獲物を狩ることなく、ただ屍肉を探し回っていたなどということは、常識的に考えてありえない。それに、私たちの知る現生肉食動物の実態にも反している。今生きている肉食動物の中に純粋な腐肉食者はほとんどおらず、例外的に（ハゲワシなどの）空を飛ぶ動物だけがうまくやっている。上空から広い範囲を見渡し、死骸を見つけたら（または嗅ぎつけたら）急降下できるからこそ、腐肉食者としてやっていけるのだろう。大半の肉食動物は、積極的に狩りをしながら、屍肉が手に入りそうな時はそれにもありついている。それはそうだろう。タダメシを断るわけがない。これは、ライオンにもヒョウにもオオカミにも当てはまることだし、〝生粋の腐肉食者〟だと思われているあのハイエナも、実はかなりの食物を狩りで得ている。T・レックスも同様に、普段は狩りをしつつ、好機があれば屍肉にもありついていたのだろう。

T・レックスが狩りに出て自分で獲物を捕らえていたことを、まだ疑っているだろうか。ならば化石の証拠を提示しよう。T・レックスが少なくとも生涯の一時期に狩りをしていたことを示すものだ。実は、先述のT・レックスの歯形付きのトリケラトプスやエドモントサウルスの骨の多くに、傷が癒えて組織が再生した跡が残っている。つまり、それらの骨の持ち主は、生きているあいだに襲撃を受け、その襲撃を生き延びたということになる。エドモントサウルスの癒着した二個の尾椎にT・レックスの歯がはさまっている化石は、とりわけ生々しい。治癒の過程で生じた瘢痕《はんこん》組織が、二個の尾椎をくっつけるとともにその周りをゴテゴテと覆っている。この不運なカモノハシ竜は、T・レックスの猛攻に遭って重傷を負い、そこから九死に一生を得て、その証しとして捕食者の歯を体内に残したまま生きる羽目になったのだろう。

T・レックスの歯形は特殊であることが多い。獣脚類が獲物の骨に残す食事の跡は普通単純で、長く浅い引っかき傷が何本か平行につくだけだ。これは、歯が骨をかすめていただけだったことの証しである。まあ、それはそうだろう。恐竜の歯が（私たちの歯と違って）生涯のうちに何度も生え変わるとはいえ、食事をするたびに折れてしまったのではたまったものではない。ところが、T・レックスは違う。その歯形はもっと複雑で、銃痕に似た深くて丸い穴からはじまり、徐々に細長い溝に変わっていく。これは、T・レックスが（往々にして骨をも貫くほどに）獲物に深く嚙みつき、そこから後ろに引きちぎっていた証しだ。嚙みつき、引きちぎる。これがT・レックスの食事の仕方なのである。最初の嚙みつく段階で、がっちりと口を閉じ、獲物の骨を文字どおり嚙み砕く。T・レックスの糞化石に骨片がぎっしりと詰まっているのはそのためだ。骨を嚙み砕くのは並大抵のことではなく、ハイエナなどの一部の哺乳類はできるが、現生の爬虫類はほぼできない。恐竜では、私たちの知るかぎり、T・レックスなどの大型ティラノサウルス類にしかできない。これこそ、恐竜の王者を究極の殺戮マシンたらしめている力の一つなのだ。

なぜT・レックスは骨を嚙み砕けるのだろう。まず、歯が完璧に適応している。その杭のように太い歯は極めて強度が高く、骨にぶち当たってもそう簡単には折れない。次に、歯の奥に秘められた力について考えてみよう。T・レックスのあごの筋肉は大きく、隆々と盛り上がっている。だから、トリケラトプスやエドモントサウルスなどの肢や背中や首をへし折れるだけの力を生み出せる。T・レックスのあごの筋肉が恐竜の中でもとりわけ大きく、したがって力強かったことは、筋肉が付着する頭骨の溝が広くて深いことから分かる。

あごの筋肉の動きは模擬実験で確かめられる。私の研究者仲間の一人であるフロリダ州立大学のグレッグ・エリクソンは、一九九〇年代の半ば、まだ大学院を卒業したての頃に、何とも巧妙な実験を考案した。グレッグは一緒に過ごしていて楽しい友人の一人だ。まるで高校生のようにハキハキとしゃべり、使い古しの野球帽をかぶると本当に高校生のように見える。ただし、その手に握られているのはたいがい冷たいビールなのだが。数年前には動物のハプニング映像を紹介するケーブルテレビ番組の司会を務めていた。下水管を通ってきたワニがトレーラーパークに出没するとか、そういうたぐいの映像だ。何とも愉快な男だが、研究者としても心から尊敬できる。グレッグは古生物学に今までとは違ったアプローチを持ち込んだ。実験と、数字と、現生動物との厳密な比較に重きを置く手法だ。

グレッグはエンジニアの面々と長い時間を過ごし、ある日、彼らとともに型破りな試みを思いついた。

〝研究室版のT・レックス〟を制作し、その噛む力を確かめようというものだ。まず、T・レックスに深さ一センチ余りの穴を開けられたトリケラトプスの骨盤を用意し、一つの簡潔な問いを立てた。「この深さの穴を開けるにはどれほどの力が必要なのか」。まさか、本物のT・レックスを連れてきて本物のトリケラトプスに噛みつかせるわけにもいかない。そこで考えついたのが次のような模擬実験だ。青銅とアルミニウムの鋳型でT・レックスの歯を再現して油圧式の試験機に搭載し、形と構造がトリケラトプスの骨にそっくりなウシの骨盤に押し当てた。歯を押し当て続けて深さ一センチ余りの穴が開いたところで、どの程度の力がかかっていたかを計器で読み取った。結果は一万三四〇〇ニュートン。これは約一四〇〇キログラム重に相当する。

驚愕の数値と言えるだろう。何しろ、小型トラックの重量に匹敵する数値なのだから。ちなみに、ヒトが奥歯で物を噛む時の力が最大約八〇キログラム重、アフリカのライオンの噛む力が四三〇キログラム重ほどとされている。現生の陸生動物でT・レックスに太刀打ちできそうなのはワニくらいのものだろう。その噛む力はやはり約一四〇〇キログラム重に達する。ただし、忘れてはいけないのは、T・レックスの約一四〇〇キログラム重という数値は歯一本だけで叩き出したものだということだ。口にずらりと並ぶ大釘のような歯の力を全部足し合わせたらどうなるか、想像してみるといい！　しかも、約一四〇〇キログラム重という数値は化石に残る一つの歯形を参考にして計測したにすぎないので、噛む力の最大値を低く見積もっている可能性が高い。おそらく、T・レックスの噛む力は陸生動物の中で史上最強だろう。骨を難なく噛み砕けたはずで、自動車でも噛み通せるほど強かったに違いない。

その力強さの源はあごの筋肉にある。骨を噛み砕くほどの力を歯に伝える動力源だ。でも、ちょっと待ってほしい。あごの筋肉に獲物の骨を噛み砕くほどの力があるなら、その力で当のT・レックスの頭骨が破壊

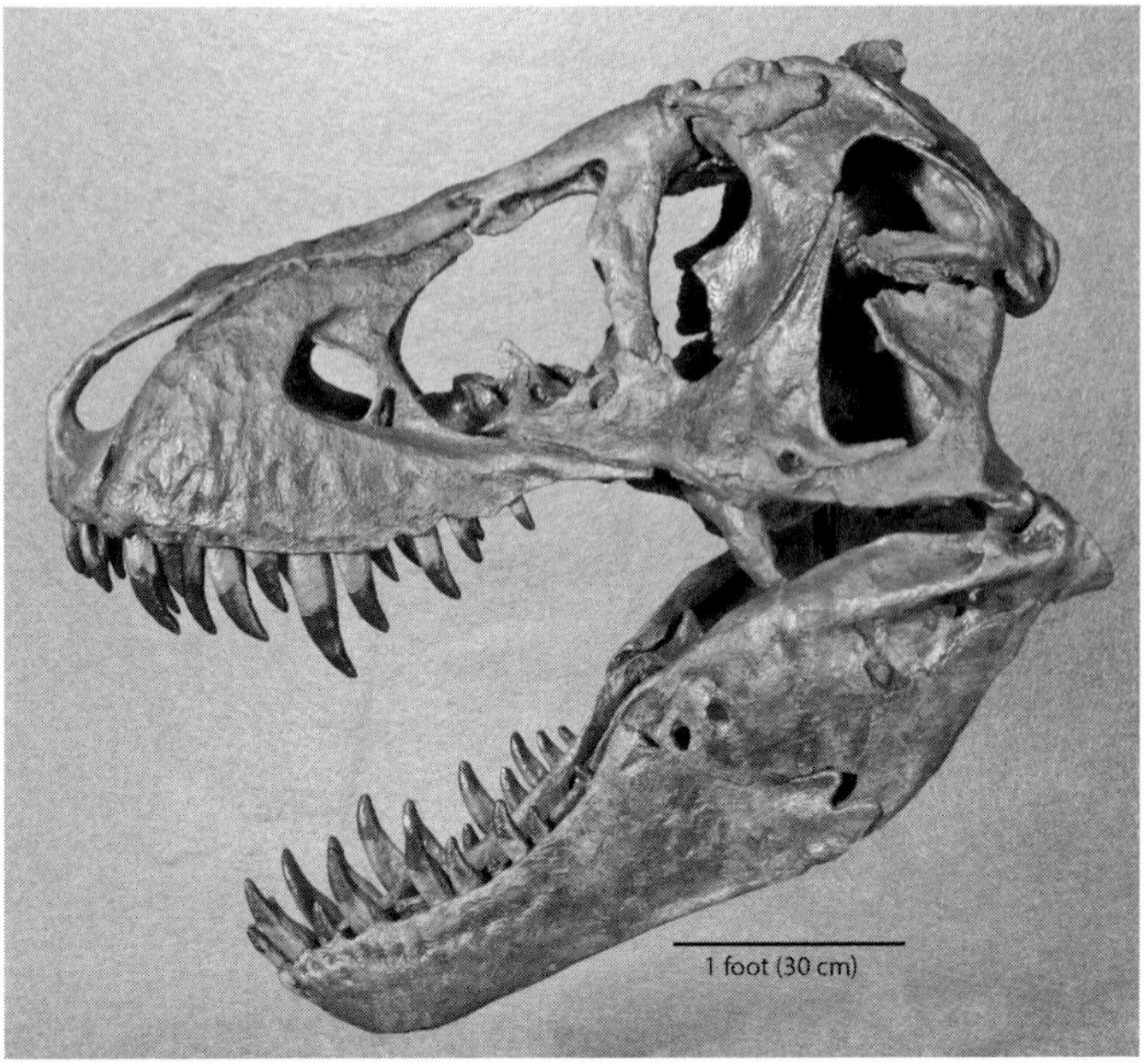

図 24　ティラノサウルス・レックスの頭骨（写真提供：ラリー・ウィットマー）

されてもおかしくないではないか。物理学の基礎を思い出そう。すべての作用には、それと同じ大きさで向きが反対の反作用がある。つまり、T・レックスに必要なのは大きな歯と隆々としたあごの筋肉だけではない。あごを閉じるたびに発生する膨大な負荷に耐えうる頭骨も必要なのだ。

　では、頭骨の強度はどう確かめたらいいのだろう。ここで、エンジニアの方々に再登場願うとともに、本格的な定量科学の分野に足を踏み入れたもう一人の古生物学者を紹介しよう。その名はエミリー・レイフィールド。イギリス・ブリストル大学にある彼女の研究室は、明るく広々としていて、コンピューターがずらりと並んでいる。窓が大きく、風通しのいいオープンスペースで、まるでシリコンバレーのオフィスのような感じがする。

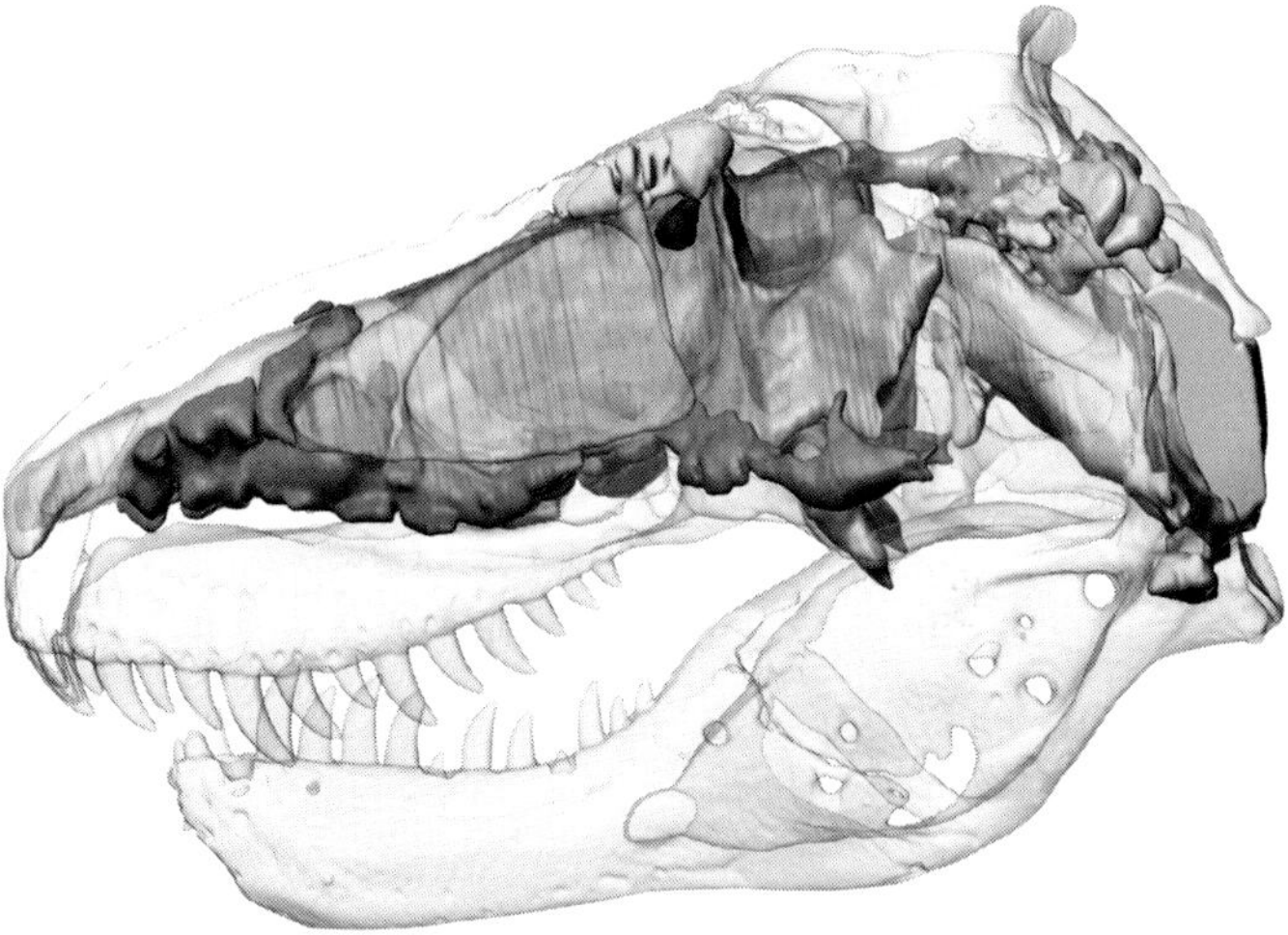

図 25 CT スキャンで明らかになったティラノサウルス・レックスの頭骨内部の様子。頭蓋腔《とうがいくう》（右上部）と各部の空洞が確認できる（写真提供：ラリー・ウィットマー）。

棚に並ぶのはソフトウェアのマニュアルばかりで、化石は一つも見当たらない。エミリーが化石の採集に出かけることはそうそうない。彼女はそういう古生物学者ではない。では何をしているのかというと、化石のコンピューターモデル（例えばT・レックスの頭骨のモデル）を構築したうえで、「有限要素解析」という手法を使い、化石となったその部位が機械的にどう動いていたかを研究している。

有限要素解析はエンジニアによって開発された手法であり、ある構造物のデジタルモデルにさまざまな仮想の負荷をかけ、その時、応力や歪みがモデル内にどういう分布で生じるかを計算によって求めるものだ。簡単に言ってしまえば、ある物体に何らかの力が加わった時、その物体に何が起きるかを予測する手法と言える。これはエンジニアにとって極めて有用な手法だ。例えば橋を造ることを考えよう。この時エンジニアは、建設作業員が工事に取りかかる前に、重い車が上を通っても橋が崩れないことをしっかりと確かめないといけない。この検証のために、橋のデジタルモデルを作成し、コンピューター上で本物の車に代わる仮想の負荷をかけ、橋がどう反応するかを見てやるわけだ。橋は車の重量と圧力を難なく吸収するだろうか。それとも圧力に耐えきれず崩れてきてしまうだろうか。もし橋にひびが入るようなら、コンピューターが指摘する脆弱な箇所を確認し、実際の橋の設計図に立ち返って必要な修正を施せばいい。

エミリーはこの手法を恐竜に応用した。T・レックスは彼女のお気に入りの研究対象の一つだ。保存状態のいい化石のCTスキャンデータをもとにT・レックスの頭骨のデジタルモデルを構築し、有限要素解析プログラムでT・レックスが骨を噛み砕く時の力を再現して、それに対し頭骨がどう反応するかを分析した。そして〝判決〟が出た。「T・レックスの頭骨は驚くほど強靭で、歯一本あたりに一四〇〇キログラム重の押す力や引く力がかかっても、それに耐えうるように最適化されていた」。T・レックスの頭骨は航空機の胴体のようにできている。個々の骨どうしがしっかりと結合していて、負荷がかかっても分解することがない。鼻先の上部にある一対の鼻骨も結合し、半円筒形の長い管となっていて、負荷吸収装置として機能している。目の周りの太い棒状の骨は強度と剛性をもたらし、頑丈な下あごの骨は断面で見るとほぼ円形になっていて、あらゆる方向からの力に耐えられるようになっている。ほかの獣脚類にこれらの特徴は見られない。頭骨はもっと華奢だし、骨と骨とのあいだの結合ももっと弱い。

これでパズルの最後のピースもはまった。T・レックスの噛む力を獲物の骨を貫いて引き裂けるほどに強くするための〝道具一式〟がそろった。分厚い杭のような歯、隆々としたあごの筋肉、そして頑丈なつくりの頭骨。これぞ最強の組み合わせと言えるだろう。もし、これらのどれか一つでも欠けていたら、T・レックスは普通の獣脚類だったはずで、獲物の肉をこわごわと切り刻むことになっていたに違いない。まさに、ほかの大型獣脚類がそうだった。アロサウルス、トルヴォサウルス、カルカロドントサウルス類は、獲物の骨を噛み砕くのに必要な道具立てを持っていなかった。ここでもやはり、T・レックスは孤高の存在だったのだ。

T・レックスはほとんどどんな獲物でも好きなようにバリバリと噛み砕けた。全長一二メートルのエドモントサウルスに豪快にかぶりつく時も、ロバ大の小型鳥脚類テスケロサウルス（*Thescelosaurus*）で小腹を満たす時も、骨などお構いなしだった。では、T・レックスはそもそもどうやって獲物を捕らえていたのだろうか。

実を言うと、俊足を駆使していたわけではない。T・レックスは多くの点で特別な恐竜だったが、唯一、速く走ることだけはできなかった。映画『ジュラシック・パーク』に有名なシーンがある。血に飢えたT・レックスが、人間の肉食べたさに身もだえしながら、高速で走り去るジープを追いかける場面だ。映画の演出を真に受けてはいけない。本物のT・レックスなら、ジープがギアを三速に入れたあたりで後塵を拝することになるはずだ。T・レックスが森をのろのろとうろつく鈍重な動物だったと言っているわけではない。全然そんなことはなく、敏捷で活動的で、ちゃんと意志を持って動いていた。頭と尾でバランスを取りながら、つま先立ちで木々のあいだを縫うように走り、獲物を追いかけていた。ただし、最高速度は時速一五～四〇キロといったところだっただろう。ヒトよりは速いが、競走馬には勝てないし、一本道を走る車にも当然かなわない。

「T・レックスがどんなふうに動いていたか」ということも、最先端のコンピューター・モデリングのおかげで研究できるようになった。二〇〇〇年代初頭にこの分野に先鞭をつけたのは、ジョン・ハッチンソンというアメリカ系イギリス人だ。現在はロンドン近郊の王立獣医大学で教授を務めている。ジョンの日々は動物とともにある。大学のリサーチキャンパスで家畜の管理をしたり、ゾウに目盛りの上を歩かせて姿勢や歩き方を調べたり、ダチョウやキリンなどの異国の動物を解剖したりしている。また、日常の刺激的な体験を人気のブログにつづったりもしている。そのタイトルは『ジョンの冷凍庫には何がある？』という、センス抜群ながらも何となく胸のざわつくものだ。テレビのドキュメンタリー番組の司会を務めることも多く、テレビカメラが壊れないのが不思議なくらいのどぎつい紫色のシャツをよく着ている。私は、グレッグ・エリクソンと同様に、独自の視点から恐竜を研究してきたジョンのこともずっと尊敬してきた。ジョンにとって、現在とは過去をひも解くための大切な手かがりと言える。現生動物の骨格と行動をできるだけ調べることで、その結果得られた知見が恐竜を理解する助けになるというわけだ。

ジョンの研究室を訪ねると本当に冷凍庫がしつらえられていて、その中に姿かたちも大きさもさまざまな世界各地の動物の死骸が冷凍保存されている。たいてい、そのうちの一体か二体は、解剖台に載せる準備として解凍中の状態にある。ただ、ジョンの研究室にはもっと清浄なエリアもあり、そこにはコンピューターが並んでいて、恐竜のデジタルモデル（第3章で紹介した、竜脚類の体重と姿勢を推測するためのモデルと同種のもの）を作る際に利用されている。ジョンはまず、CTスキャン、レーザースキャン、あるいは先述の写真測量法を用いてデータを取得し、骨格の三次元モデルを作る。次に、持ち前の現生動物に関する知見を活かし、骨格に肉づけをしていく。筋肉を加え（筋肉の大きさと位置は骨化石に見える筋肉付着痕に基づいている）、そのほかの軟組織を加え、その上に皮膚をかぶせたら、骨格にもっともらしい姿勢を取らせる。ここからがコンピューターの真骨頂で、骨格のデジタルモデルにひととおりの決まった運動をさせ、実際の恐竜がどれほど速く動けたか、その推測値をはじき出す。T・レックスの最高速度として先ほど引用した時速一五〜四〇キロという数値は、ジョンのモデル研究から導き出されたものだ。

このモデル研究から分かったことはほかにもある。仮にT・レックスの走行速度がウマ並みだったとすると、肢の筋肉が尋常でない大きさだったことになる、というものだ。なんと、太ももの筋肉だけで全体重の八五パーセント以上を占めることになるという。もちろん、そんなことはありえない。T・レックスは、単純に体が大きすぎるがゆえに、あまり速くは走れなかったということだ。その巨体は別の制約も生んでいた。T・レックスは体の向きを急に変えられなかった。無理に変えようとすると、トラックがカーブで急ハンドルを切った時のように横倒しになってしまう。そういうわけで、実を言うとスピルバーグは間違っていた。T・レックスは俊足ではなかったのだ。チーターのように獲物を追いかけ回すのではなく、待ち伏せして急襲していた。

待ち伏せ攻撃は体力を大量に消耗することがある。しかも一瞬のうちに。幸い、T・レックスはまだ手の内を全部さらしていない。いや、正確に言うと〝胸の内〟に秘策を隠し持っている。竜脚類の巨大化を後押ししたという、例の超高効率な肺のことを覚えているだろうか。実はT・レックスも同じ肺を持っていた。つまり、現生鳥類が備えている肺だ。非膨張性の肺が背骨に固定されていて、動物が息を吸い込む際だけでなく吐き出す際にも酸素を取り込めるようになっている。私たちの肺はそうはなっておらず、酸素を取り込めるのは息を吸い込む時だけで、息を吐き出す時は二酸化炭素を排出するしかない。鳥類式の肺は生命進化が作り上げた驚異の仕組みと言えるだろう。現生鳥類（またはT・レックス）が息を吸うと、当然のことながら、酸素に富む空気が肺を通っていく。ただ、吸い込んだ空気の全部が肺に直行するわけではなく、一部は肺とつながる気嚢系に向かう。気嚢に達した空気はそこに留め置かれ、動物が息を吐き出す際に放出されて肺を通る。こうして、二酸化炭素が排出されているあいだにも、酸素に富む空気が肺に送られる。鳥類は「息を吸って吐く」という一回の動作で二倍の効果を得ているわけで、そのおかげで体力の維持に欠かせない酸素を絶え間なく取り込むことができる。「鳥が上空数千メートルを飛べるのはなぜか」と疑問に思ったことはないだろうか。「空気が薄すぎて人間だったら息をするのも大変なのに」と（機上で酸素マスクをつけたことがある人に聞いてみるといい）。実は、鳥類には超高効率な肺という秘密兵器があったわけだ。

これまでにT・レックスの肺の化石が発見されたことはない。今後も見つかることはまずないだろう。肺の組織は薄くてもろいので化石には残らない。ではなぜ、T・レックスが鳥類式の超高効率な肺を持っていたと分かるのかと言うと、このたぐいの呼吸器系が骨に痕跡を残し、その骨が化石として残るからだ。このことと大いに関わってくるのが、空気を貯め込む袋であり鳥類式の肺に欠かせない器官である気囊だ。気囊は風船に似ている。軟らかくて壁が薄くて、呼吸のサイクルに応じて膨らんだり縮んだりする。気囊の多くは肺とつながっていて、さらに、気管・食道・心臓・胃・腸といった胸部の多くの器官の隙間に入り込んでいる。それでも空間が足りなくなると、ほかに入り込めそうな唯一の場所、骨の内部に侵入しようとする。骨に入り込み、大きくて壁の滑らかな空洞を進み、やがてその中で膨らんで袋になる。こうした気囊の痕跡は化石にはっきりと残っている。T・レックスの背骨にも、ほかの多くの恐竜にも、もちろん先述の巨大な竜脚類にも見て取れる。その一方で、哺乳類にもトカゲにもカエルにも魚にも、ほかのいかなる動物にも、こうした痕跡は認められない。現生の鳥類と絶滅した恐竜とその近縁な仲間だけに、その独特な肺が存在したことを示す動かぬ証拠が見つかる。

T・レックスが待ち伏せ攻撃をする場面を想像してみよう。肺によりエネルギーがもたらされ、それが後肢の筋肉に伝わると、T・レックスが猛然と飛び出し、茫然自失の獲物に攻めかかる。すると、何が起きるか。T・レックスは〝陸生の巨大なサメ〟だと思ってほしい。ホオジロザメと同様に、あらゆる動作は頭によってなされる。頭を突き出し、強力なあごで獲物を捕らえ、屈服させ、息の根を止め、肉と内臓を骨ごと嚙み砕いて、飲み込む。そうやって頭から突っ込んでいかざるをえなかったのは、ひとえに前肢が哀れなほど小さかったからだ。グアンロンやティーロンなどの祖先筋の小型ティラノサウルス類は、T・レックスよりずっと前肢が長く、獲物を捕まえることに役立てていた。ところが、ティラノサウルス類の進化の過程で、頭が大きくなり前肢が小さくなると、前肢が担っていた狩りの役割を、徐々にではあるが、頭がすっかり引き継いだ。

ではなぜ、T・レックスはそれでも前肢を残していたのだろうか。水辺に生息する陸生哺乳類から進化したクジラが要らなくなった後肢を捨て去ったように、前肢をすっかり失わなかったのはどうしてなのだろう。この謎は長年多くの研究者を悩ませてきた。またその短い前肢は、風刺画家やコメディアンが下手なダジャレを考える時の定番のネタにもなってきた。実を言うと、T・レックスの小さい前肢は（いかに貧弱に見えようと）、役立たずではない。短いのは確かだが、太くてたくましく、ある役割を担っていた。

その役割を解明したのがサラ・バーチだ。サラと私はシカゴ大学のポール・セレノの研究室でともに学んだ仲であり、そこで友人にもなったのだが、のちに別々の道を進んだ。私が系統と進化を研究しようとしたのに対し、サラは骨と筋肉の虜になった。解剖学科で博士号を取得し、そこでさまざまな動物を解剖して、やがて古生物学者の常道とも言えるキャリアを切り拓いた。医学生相手に人体の解剖学を教えるようになったのだ。恐竜の解剖学的構造に関しては、今この地球上にいる誰よりも詳しいのではないだろうか。「骨と骨がどう連結しているか」「そこにどんな筋肉がついているか」といったことを知り尽くしている。サラは、T・レックスをはじめとする多くの獣脚類の前肢の筋肉を復元してきた。どういう筋肉がついていて、それぞれがどのくらいの大きさかということを、骨化石に見られる筋肉付着痕をもとに、現生爬虫類や鳥類との比較結果も参考にしながら、推定していった。すると、一見貧弱に見えるT・レックスの前肢は、実のところ強力な肩の伸筋とひじの屈筋を備えていたことが分かった。まさに、逃げ出そうとする獲物をがっちりとつかみ、胸元近くにとどめておくための筋肉だ。どうもT・レックスは、その短くも強力な前肢で暴れる獲物を押さえつけ、そのあいだに自慢のあごで骨を嚙み砕いていたようだ。前肢は、殺しの〝共犯者〟だったわけだ。

さて、T・レックスの狩りの話には最後にひとひねりがある。T・レックスは単独ではなく群れで狩りに出ていたのではないか。恐竜学者はだんだんそう思うようになってきている。証拠の出どころは、カナダの化石産地、エドモントンとカルガリーのあいだにある、現在「ドライ・アイランド・バッファロー・ジャンプ州立公園」として知られている場所だ。ほかならぬバーナム・ブラウンが、モンタナ州でT・レックスの最初の骨格を発見してから数年後の一九一〇年に発見した。カナダの大平原の中央部を旅していたブラウンは、レッドディアー川を船で下りながら、土手に恐竜の骨が突き出ているのを見つけては錨《いかり》を降ろしていた。そして、ドライ・アイランドで大量の骨を見つけた。T・レックスより少し前に生きていた親戚であり、T・レックスがアジアから移住してくるまで北アメリカで最上位捕食者の一角を占めていたアルバートサウルスの骨だった。その時、ブラウンにはあまり時間がなく、骨化石を少し採集しただけでニューヨークに舞い戻った。

アメリカ自然史博物館の地下倉庫の奥で何十年も眠っていたその骨は、一九九〇年代になってカナダきっての恐竜ハンター（そして絵に描いたようなお人好し）であるフィリップ・カリーの目に留まることになる。フィリップはブラウンの足取りをたどって骨化石の産地を再発見し、そこで発掘をはじめた。その後の一〇年で一〇〇〇本以上の骨が採集された。少なくとも一〇個体分以上はあり、幼体もいれば成体もいたが、全個体ともアルバートサウルスだった。同じ種に属する多くの個体がともに化石として保存されうる状況は、ただ一つしかない。すなわち、一緒に生活していて、一緒に死んだということだ。数年後、フィリップのチームは似たような集団墓地をモンゴルで発見した。墓地に眠っていたのは、T・レックスと極めて類縁が近いアジアの親戚、タルボサウルスの数個体分の化石だった。アルバートサウルスとタルボサウルスが群れで暮らす動物だったことは間違いない。だから、ほかならぬT・レックスもそうだっただろうと古生物学者は考えている。「獲物を待ち伏せ攻撃して骨ごと噛み砕く体重七トンの肉食恐竜」と聞いても別に怖くないという人は、そんな恐竜が群れで協力して狩りをしている場面を想像してみるといい。いい夢を！

次はT・レックスの頭の中をのぞいてみよう。何を考え、世界をどう知覚し、どうやって獲物を見つけていたのだろうか。もちろん、これらの問いに答えることはとても難しい。現生動物にしたところで、それがウマだろうとネコだろうとクジラだろうと、「動物の立場に立ったら世界はどう見えるか」などということは、ほとんど知りようがないのだから。しかし、動物の脳や感覚器官を研究すれば徐々にその動物の見ている景色が見えてくる。もっとも、恐竜の場合、たいてい条件に恵まれない。脳・目・神経・耳や鼻の組織は軟らかくて腐りやすいので、過酷な条件を乗り越えて化石になることがめったにない。では、どうすればいいのか。

またしてもテクノロジーが不可能を可能にしてくれる。恐竜の脳も耳も鼻も目も、とうの昔に失われてはいるものの、生前は頭骨の内部に一定の空間を占めていたわけだ。頭蓋腔《とうがいくう》や眼窩などがその例である。そう

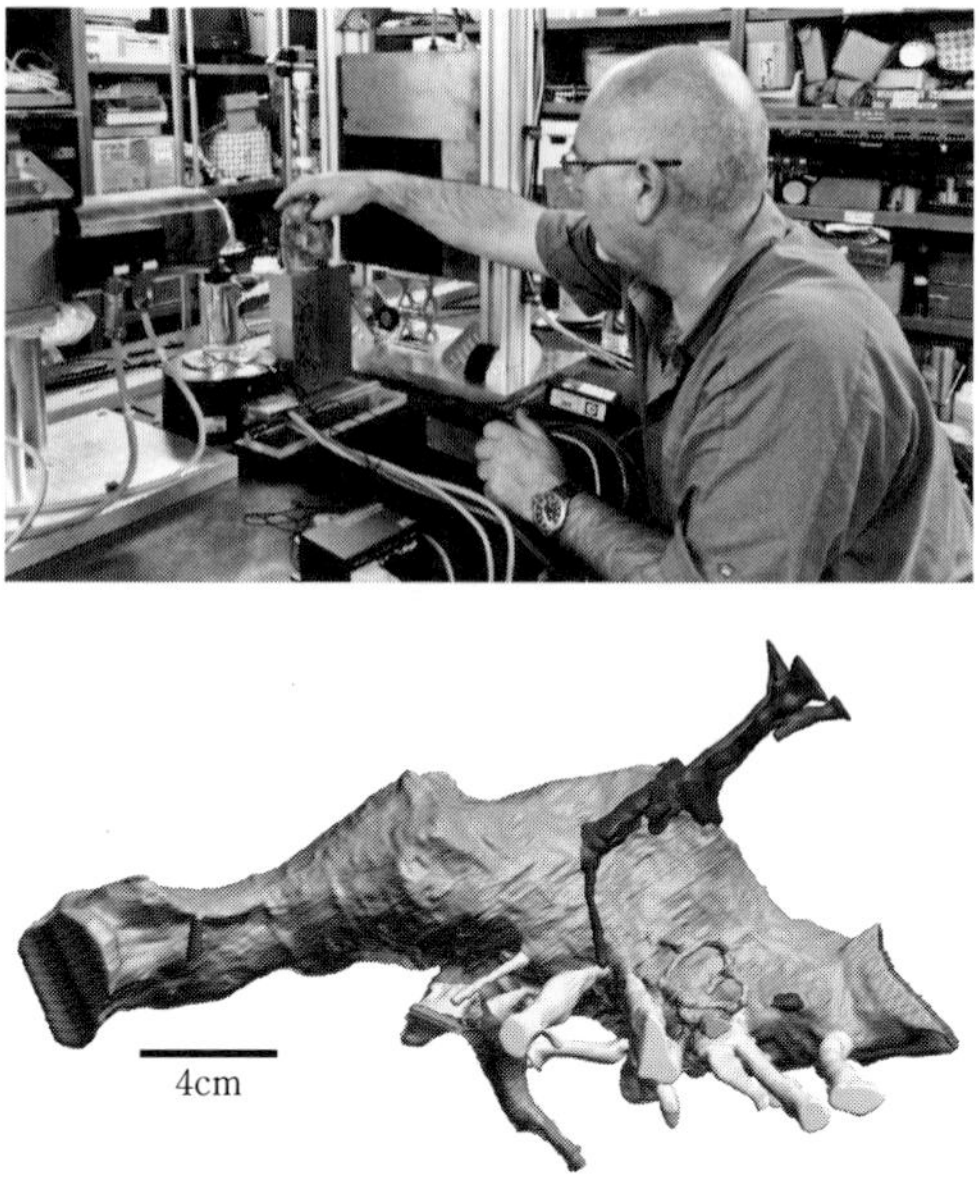

図 26　（上）イアン・バトラーが原始的なティラノサウルス類であるティムルレンギアの頭骨をCTスキャナーにかける様子。エジンバラ大学にて。（下）CTスキャンによるティラノサウルス・レックスの脳と内耳の復元画像。関連する神経や血管も描かれている（写真提供：ラリー・ウィットマー）。

した空間を調べてやれば、もともとそこに収まっていた器官のことを多少なりとも理解できる。しかし、ここでまた別の問題が生じる。空間の多くは頭骨の内部にあって、外からは観察できないのだ。そういう時こそテクノロジーの恩恵にあずかればいい。ＣＴスキャンを用いれば、頭骨の内部を可視化できる。ＣＴスキャンとは、詰まるところ、レントゲン検査の高性能版だ。だからこそ医療現場で多用されている。あなたが「胃が痛い」だの「骨がきしむ」だのと訴えたら、医者はあなたをＣＴスキャンにかけるだろう。そうすれば、あなたの体を切り開かなくても、体内の様子を探れるからだ。恐竜についても同じことが言える。ＣＴスキャナーで化石内部の画像を次々と撮影し、各種のソフトウェアを用いてそれらの画像をつなぎ合わせ、三次元モデルを作成する。この手法は古生物学においてほぼ定石と化していて、多くの研究室に（エジンバラにある私の研究室も含めて）自前の

ＣＴスキャナーがある。ウチのＣＴスキャナーは私の同僚であるイアン・バトラーのお手製だ。イアンはもともと地球化学畑の出身なのだが、今では化石のＣＴスキャン画像を撮りまくっていて、画像を撮るたびにますます古生物学の虜になりつつある。

イアンと私は〝化石スキャニング競争〟の新参者にすぎない。私たち以前にこの分野に先鞭をつけた数人の巨匠がいる。オハイオ大学のラリー・ウィットマー、アイオワ大学のクリス・ブロシュー、そして、夫婦で研究をしているエイミー・バラノフとゲイブ・ビーバーだ。最後の二人はテキサス大学で研究者になり、ニューヨークのアメリカ自然史博物館（私は博士課程在籍時にここで二人に出会った）での勤務を経て、現在はボルティモアにあるジョンズ・ホプキンズ大学に在籍している。バラノフとビーバーはこの道の大家であり、言語学者が古文書を解読するかのようにＣＴスキャン画像を読み解くことができる。Ｘ線画像に写る白黒のシミに大昔に絶滅した恐竜の内部構造を見いだし、その優れた知能と感覚を調べることができる。二人は、Ｔ・レックスをはじめとするティラノサウルス類をお気に入りの研究対象、いや、お気に入りの〝患者〟としていて、その行動と認知能力にまつわる謎を〝診断〟している。

ＣＴスキャン画像からは、私たちの〝患者〟について実に多くのことが分かる。まず言えるのは、Ｔ・レックスが独特の脳を持っていたということだ。ヒトの脳とはまるで似ておらず、後ろが少しねじれた細長い管のような形をしていて、周りにいくつもの空洞が連なっている。少なくとも恐竜としてはわりと大きめなので、Ｔ・レックスの知能はかなり高かったと考えられる。さて、「知能を測る」という行為には不確かさがつきもので、それはヒトとて例外ではない。ＩＱ検査とか学校の試験とか大学入試の共通試験の点数とか、人間の知能を測るためのさまざまな試みのことを考えてみるといい。ただ、研究者はある簡素な指標を持ち合わせていて、それを使えばさまざまな動物の知能をおおまかに比べることができる。「脳化指数（ＥＱ）」

と呼ばれる指標だ。これは「脳の大きさを体の大きさと照らし合わせて測ったもの」と思ってもらえればいい（この指標がなぜ必要かというと、そもそも体の大きい動物ほど必然的に脳も大きくなるものだからだ。ゾウはヒトより大きな脳を持っているが、ヒトより賢いわけではない）。T・レックスなどの最大級のティラノサウルス類のEQは二・〇〜二・四の範囲に収まる。ほかの動物と比べてみると、ヒトのEQがおよそ七・五、イルカが四・〇〜四・五程度、チンパンジーが二・二〜二・五ほどで、そのあとイヌやネコが一・〇〜一・二、ネズミがおよそ〇・五と続く。これらの数値をもとに考えると、T・レックスの知能はだいたいチンパンジーと同程度で、イヌやネコよりは高かったことになる。従来の〝恐竜像〟と比べると、はるかに賢いと言えるのではないだろうか。

T・レックスの脳を見ると、ある部位がとりわけ大きくなっている。「嗅球《きゅうきゅう》」という、脳の前方にある嗅覚を司る器官だ。左右に一つずつある嗅球は、ゴルフボールよりやや大ぶりで、絶対的なサイズでいうとほかのどの獣脚類よりも格段に大きい。もちろん、T・レックスは最大級の獣脚類だから、嗅球が巨大なのは「ただ単に体が大きいから」ということも考えられる。そこで、嗅球を体の大きさと照らし合わせて測る必要が出てくる。私の友人であるカルガリー大学のダーラ・ゼレニツキーが、まさにこの作業を行った。さまざまな獣脚類のCTスキャンデータを集め、それぞれの嗅球の大きさを割り出し、それらの数値を体の大きさで割って補正した。これだけの作業をしたあとでも、大型ティラノサウルス類の嗅球はほかの獣脚類より群を抜いて大きかった。大型ティラノサウルス類は、ラプトルの仲間とともに、体の大きさに比して巨大な嗅球を持っていて、したがって、ほかの肉食動物より鋭い嗅覚を備えていたことが分かったのだ。

嗅覚だけではない。ほかの感覚も優れていた。CTスキャンでT・レックスの内耳をのぞいてみよう。内耳とは、ハート形の管［三半規管］などがある領域のことで、聴覚と平衡感覚を司っている。T・レックスの内耳を見ると、上部にある半円形の管（ハート形の部分）が長くて大きな輪になっている。これはつまり、現生動物の実態と照らし合わせて考えると、「T・レックスは敏捷で、頭と目の動きの連動も優れていた」ということになる。ハート形の管から下に突き出ているのは、聴覚を司る部位である蝸牛《かぎゅう》だ。T・レックスの蝸牛は、ほとんどの恐竜のものよりも長い。蝸牛に関しては現生動物に強い相関が見られていて、「蝸牛が長いほど低周波の音をよく聞き取れる」という傾向が確認されている。つまり、T・レックスは聴覚も優れていたということだ。さらには視覚も優れていた。T・レックスの大きな眼球は、半ば横を向き半ば前を向いていて、両眼視ができた。だから、世界を立体的に見ることが、つまり、私たちのように奥行きを感じ取ることができたはずだ。『ジュラシック・パーク』にはこんなシーンもある。恐怖に震える登場人物が「じっとしていろ」と命じられる。「身動きしなければ、T・レックスの目に映ることはない」と言うのだ。バカげている。奥行きを感じ取れる本物のT・レックスなら、こうした誤った情報を与えられた哀れな人間を、やすやすと餌食にしていたことだろう。

強さの秘訣は怪力だけではなかった。T・レックスは、もちろん肉体も屈強だったが、優れた脳みそも備えていた。高い知能、超一級品の嗅覚、研ぎ澄まされた聴覚と視覚。これらも立派な狩りの武器だったわけだ。T・レックスは、これらの感覚を駆使して、獲物を見つけ、どの哀れな恐竜に死の宣告を下すかを選んでいた。

T・レックスを実在の動物として思い描く時、もっとも驚きを覚えるのは、T・レックスも小さな赤ちゃんから生涯をはじめるという事実だ。私たちの知るかぎり、すべての恐竜は卵から生まれる。T・レックスの卵はまだ発見されていないが、卵や巣が見つかっている近縁な獣脚類は多い。そのほとんどが巣を守っていたようだし、少なくとも何らかの子育てをしていたようだ。親の愛情をまったく受けずに、恐竜の赤ちゃんが育つ見込みはなかった。それくらい小さかったのだ。今のところバスケットボールより大きい恐竜の卵は見つかっていないし、T・レックスのような強大な種でさえ、孵化したての頃はせいぜいハトほどの大きさだった。

私の両親が学校で恐竜のことを学んでいた頃は、T・レックスの仲間はイグアナのように成長していたと考えられていた。生涯を通して成長し続け、徐々に徐々に大きくなっていったのだと。T・レックスがあれほど巨大になれたのは長生きだったからで、生後一〇〇年ほどで全長一三メートル、体重七トンに達し、その後死んでいったと思われていた。こうした考えは、私が子供時代に読んだ恐竜本にもまだ書かれていたが、かつてもてはやされた恐竜にまつわる諸説と同様に、のちに間違いであると分かった。T・レックスなどの恐竜の成長率は非常に高く、トカゲよりもずっと鳥類に近かったのだ。

その証拠は恐竜の骨の奥に眠っていて、グレッグ・エリクソンなどの古生物学者により引き出す方法が編み出された。骨は、体内に不変に存在し続ける静的な棒や塊ではなく、もっと動的で成長もする生きた組織であり、絶えず自らを修復したり作り直したりしている。だからこそ、骨が折れてもくっつくわけだ。骨は中心から外に向かって同心円状に太くなるものだが、急速に成長する時期は普通決まっていて、食物が豊富な夏や雨期に限られる。冬や乾期になると成長は鈍る。骨を輪切りにしてみると、成長が高速から低速に移り変わる様子が毎回記録されている。つまり、年輪だ。そう、樹木と同じように骨にも年輪がある。季節が夏から冬に移り変わるのは一年に一回だから、年輪も一年に一本ずつ増えていく。この年輪の数を数えてやれば、その恐竜が死んだ時に何歳だったかが分かる。

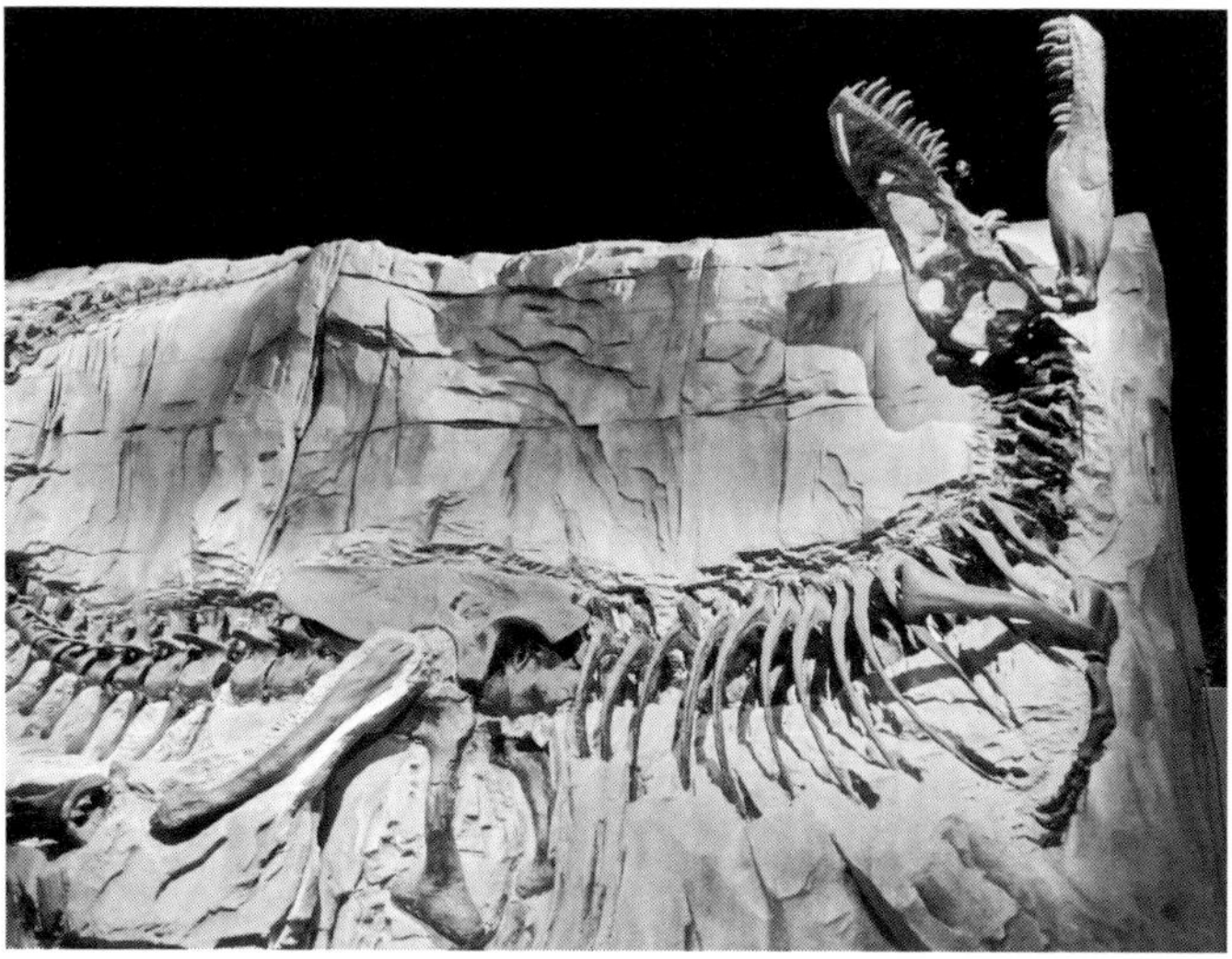

図 27　カナダ・アルバータ州のロイヤル・ティレル博物館に展示されているティラノサウルス・レックスの骨格

グレッグは、許可を得たうえで、T・レックスの数個体の骨格の骨と、他の多くの近縁種（アルバートサウルスやゴルゴサウルスなど）の骨を輪切りにしてみた。すると信じられないことに、三〇本を超える年輪を持つ骨が一本たりともなかった。つまり、ティラノサウルス類は、成熟し、成体の大きさに達し、そして死んでゆくまでに、最長でも三〇年しかかけていなかったことになる。T・レックスなどの大型恐竜は、何十年（または何百年）もかけてゆっくりと成長していたのではなく、それよりはるかに短い期間で成長し、巨大になっていたということだ。では、具体的な成長率は？それを知るために、グレッグは成長曲線を描いてみた。横軸に「年齢」、縦軸に「体重」をとり、各骨格を示す点を打っていった。年齢は骨の年輪から決めたもの、体重は肢の寸法から推測する例の方程式（以前の章で学んだ式）を使って求めたものだ。こうして描いた成長曲線のおかげで、T・レックスの一年ごとの成長速度を割り出せた。

その数値は、ちょっと理解が追いつかないほどにケタ外れだった。一〇代の頃、つまり一〇歳から二〇歳にかけて、T・レックスは一年間に七六〇キロも体重を増やしていた。なんと一日におよそ二キロ増える計算だ！　T・レックスが大食いだったのも当然だろう。エドモントサウルスやトリケラトプスの肉を糧にして一〇代の異常な成長期を過ごし、子ネコ大の赤ちゃんから恐竜の王者に変貌を遂げていたわけだ。

T・レックスは〝恐竜界のジェームズ・ディーン〟と言えるだろう。駆け抜けるように生き、若くして死んでいった。その太く短い生き方のせいで、体には途轍もない負担がかかった。成長期になると毎日二キロずつ増える体重に、骨格は耐えないといけなかった。赤ちゃんの体をどうにかして怪物の体に変貌させないといけないわけだから、成熟するにつれて骨格が劇的に変わっていっても、何ら驚くにはあたらない。子供の頃は流線形のチーター体型、一〇代の頃はひょろっとしたスプリンター体型、そして成体になると、バスより長くて重い生粋の怪物になった。幼体は成体よりずっと速く走れたはずで、獲物を追いかけることもできたかもしれない。成体のほうはその巨体ゆえに待ち伏せをするしかなく、足の速さよりもっぱら力に頼った狩りをしていた。何ともゾッとするのは、群れで一緒に暮らしていたと思われる幼体と成体が、徒党を組んで狩りをしていた可能性があることだ。もしかすると、互いの足りない点を補い合って、獲物に地獄を見せていたのかもしれない。

私の親友は、T・レックスの成長に伴う変化を研究し、古生物学者としての名を上げた。トーマス・カーというカナダ人で、現在はウィスコンシン州のカーセッジ大学で教授を務めている。トーマスは一キロ先からでも見つけられる。一九七〇年代の牧師風ファッションと、ドラマ『ビッグバン・セオリー』のシェルドン・クーパーを思わせる仕草のせいだ。いつもブラックのベルベットスーツを着ていて、たいていブラックかダークレッドのシャツを合わせている。もみあげが長く、明るい茶色の髪もモジャモジャ。手には髑髏《どくろ》のシルバーリングをはめている。何かとのめり込みやすい性格で、長年、リキュールの一種であるアブサンとロックバンドのドアーズを愛好している。それともちろん、ティラノサウルスも。何よりも大好きなT・レックスのこととなると、話が止まらない。若い頃からT・レックスの研究をしたいと思っていたそうで、ついには「T・レックスの頭骨が成熟の過程でどう変化するか」というテーマで博士論文を書き上げた。一二七〇ページ余りにおよぶ大作で、トーマスらしく内容も精緻なのだが、それでも彼の著作としては短い部類に属する。

トーマスは骨を一つ一つ観察し、T・レックスの変貌の過程を克明に記録していった。頭骨の形は、幼体が成体になるあいだに、ほぼ丸ごと変わっていた。幼体の頭骨は前後に長くて上下に低い。鼻先が長く、歯が薄く、あごの筋肉が付着するくぼみが浅い。そんな頭骨が一〇代を通して大きく、高く、強靭になっていく。骨と骨のつなぎ目である縫合線の結合が強くなり、あごの筋肉が付着するくぼみが格段に深くなって、歯が骨を嚙み砕くための〝杭〟に変わる。「獲物に嚙みついて引きちぎる」という例の食事の仕方は、幼体にはできない。それが可能になるのは成体になってから、ちょうどT・レックスが俊足の捕食者から待ち伏せ型の捕食者に変わる頃のことだ。変化する箇所はほかにもある。頭骨内の空洞が大きくなるのは、重くなるばかりの頭を少しでも軽くするためだろう。目の周りと頰にある小さなツノも、もっと大きく目立つようになる。性ホルモンが分泌され、小高い突起にすぎなかったものがディスプレイ用の派手な装飾に変わり、異性を惹きつけるのに使われるようになるのだ。

何という変貌ぶりだろうか。獲物の肉をもりもり食べて、一〇年間の急激な成長期を経て、頭骨の形をすっかり変えて、俊足でなくなる代わりに「嚙みついて引きちぎる」食べ方を習得して、そうしてはじめてT・レックスは一人前の成体になり、いざ王座に就かんとするのだ。

そういうわけで、ここまで、史上もっとも有名な恐竜の生涯を垣間見てきた。T・レックスは嚙む力が強く、獲物の骨まで嚙み砕けた。あまりにも体が大きく、成体になると速く走れなかった。一〇代は成長が速く、一〇年間にわたり毎日二キロのペースで体重を増やしていた。大きな脳と鋭敏な感覚を持ち、群れを成して行動し、なんと羽毛にも覆われていた。読者の皆さんが想像していた〝プロフィール〟とは違っていたのではないだろうか。そこが問題なのだ。T・レックスに関してこれまでに分かっていることを総合すると、T・レックス（もっと言えば恐竜全般）は生命進化が生み出した傑作であり、生息環境に見事なまでに適応し、その時代の支配者になっていた、ということになる。決して失敗作などではなく、進化の成功例だったわけだ。また、T・レックスは驚くほど現生動物と似ていた。とりわけ鳥類との類似点が多く、羽毛を生やし、急速に成長し、呼吸の方法まで似ていた。恐竜は異世界の生き物ではない。過去に実在した動物であり、成長し、食べ、動き、繁殖するという、どの動物もすることをしていた。そうした営みをどの恐竜よりもうまくこなしていたのが、真の王者たるT・レックスだったのだ。

（1）鳥類は恐竜の一部なので、厳密に言うと白亜紀末期に絶滅したのは「鳥類以外の恐竜」ということになる。

7
恐竜, 栄華を極める

トリケラトプス（*Triceratops*）

どれだけ恐ろしかろうと、T・レックスは世界的な悪党ではなかった。その支配域は北アメリカに、もっと正確に言えば北アメリカ西部に限られていた。アジア・ヨーロッパ・南アメリカの恐竜がT・レックスに怯えて暮らすことはなかった。というより、そもそも出会うことすらなかった。

白亜紀末期（恐竜進化の〝断末魔〟の時とも言える約八三六〇万〜約六六〇〇万年前。T・レックスとティラノサウルス類の巨大な仲間が食物連鎖の頂点に君臨していた頃）、諸大陸がパンゲアとして一つにまとまっていた時代は遠い過去のものになっていた。超大陸は分裂して久しく、ジュラ紀〜白亜紀中頃にかけて各陸塊がゆっくりと離れていき、そうしてできた新大陸どうしの隙間に海洋が入り込んでいた。恐竜時代がドカンと終わるわずか二〇〇万年前にT・レックスが王座に就いた時、世界地図は現在とおおむね同じになっていた。

赤道の北にあった大きな陸塊は二つ。今と基本的に同じ形をしていた北アメリカとアジアだ。北極の近くでかろうじてつながっていたが、あとは広大な太平洋で隔てられていた。北アメリカの反対側には大西洋もあり、そこに現在のヨーロッパにあたる島々が浮かんでいた。白亜紀末期の海水準は高く（温室地球のせいで、水を閉じ込めてくれる両極の氷河がほとんど発達していなかった）、ヨーロッパの低地はおおかた海の下に沈んでいて、狭い陸地（つまり高地の部分）がちらほらと波間に顔をのぞかせていただけだった。海水準が高かったせいで海進も進み、温暖な亜熱帯の海が北アメリカとアジアの内陸部にまで入り込んでいた。メキシコ湾から北極海まで北アメリカを縦に貫く海があり、大陸がほぼ二分されていた。その東側をアパラチアという。そして西側の微小大陸ラミディアこそが、T・レックスの狩り場だった。

状況は南半球でも似ていた。太極図のように合わさっていた南アメリカとアフリカが離れはじめて、その狭い隙間に南大西洋ができつつあった。南極大陸は、世界の底、つまり南極点上にあり、その北に目を向けると、今より三日月形に近かったオーストラリアがあった。南極大陸は、オーストラリアや南アメリカと細長い陸地によってそれぞれつながっていたが、そのつながりは心もとないもので、少しでも海水準が上がると沈んでしまいがちだった。そうした高海水準期になると、北半球と同様に内陸部にまで海が入り込み、アフリカ北部と南アメリカ南部がかなり海没した。現在のサハラ砂漠にあたる地域も海になっていたことだろう。しかし、少し海水準が下がると、アフリカとヨーロッパのあいだに島々が現れ、動物たちの移住ルートになった。束の間に現れる障害だらけの道だったが、南北を結ぶ〝幹線道路〟だった。

アフリカの東海岸の数百キロ沖合には、三角形の島大陸が浮かんでいた。このインドだけが、白亜紀末期の主な陸塊の中で、現在とはまるで違う位置にあった。インドはもともと、旧ゴンドワナ（パンゲア分裂時に北の諸大陸から分かれた南の諸大陸）の一部だったもので、その時は現在のアフリカ大陸と南極大陸のあいだにはさまれていた。白亜紀初頭のある時点で、その両隣の陸塊とのつながりを断ち、年に一五センチを超える速さで猛然と北に向かいはじめた。大陸が移動する速さは普通もっと遅く、ヒトの爪が伸びる速さと同程度だから、それと比べると段違いと言える。おかげでインドは、白亜紀末期の時点で、太古のインド洋の中央部（アフリカの角から少し南の辺り）まで来ていた。このあと一〇〇〇万年ほどで旅を終え、アジアに衝突してヒマラヤ山脈を造ることになる。ただ、その頃にはもう、恐竜はとっくに姿を消していた。

こうした諸大陸のあいだには海洋が広がっていた。恐竜がついに征服しえなかった領域だ。白亜紀の温暖な海は、その前のジュラ紀や三畳紀と同じように、さまざまな大型爬虫類の狩り場だった。首が麺のように細長いプレシオサウルス類、巨大な頭と櫂《かい》のような鰭脚《ききゃく》を備えたプリオサウルス類、[1] 流線形の胴体と鰭《ひれ》を備えた〝爬虫類版のイルカ〟とも言える魚竜類、などなど。大型爬虫類は、互いに食い合ったり、魚や（概して現生種より小ぶりだった）サメを餌食にしたりしていて、その魚やサメはというと海流を埋め尽くす微小な有殻プランクトンを食べていた。これらの海生爬虫類はいずれも恐竜ではない（一般向けの書籍や映画で恐竜と間違われていることも多いが、あくまで恐竜の遠い親戚にすぎない）。理由はまだ分かっていないが、恐竜は、クジラとは同じ道を歩めなかった。つまり、陸生動物として誕生したあとに、体を遊泳マシンに変え、水中で暮らすことはできなかった。

恐竜は陸地に釘づけにされていた。ついぞ乗り越えられなかった数少ない限界の一つだ。だから、白亜紀末期の恐竜たちは分断された世界に生きるしかなかった。大地は幾多の王国に分かれていて、数々の乾燥地が爬虫類のうごめく海により隔てられ、恐竜たちは互いに孤立していた。それは、T・レックスとて例外ではない。もしT・レックスが世界各地に移住できていたら、ヨーロッパやインドや南アメリカの恐竜をたやすく屈服させられただろう。でも、そんな機会は訪れなかった。T・レックスは北アメリカ西部に縛りつけられていた。

これは、ほかの恐竜にとっては吉報だった。植物食恐竜にとってはもちろんのこと、肉食恐竜にとっても自らの王国を築く好機となり、実際、肉食恐竜の諸グループが各大陸で少しずつ様相の異なる王国を築いた。大陸ごとに独自の恐竜群集（大型肉食恐竜・二番手の肉食恐竜・腐肉食の恐竜・大小の植物食恐竜・雑食の恐竜の組み合わせ）が栄えた。地域色が見られたのは恐竜だけではない。各地域にその地ならではのワニ・カメ・トカゲ・カエル・魚が生息し、もちろん植物の種類もそれぞれに異なっていた。このように、各地域が孤立していたことで、多様性が育まれていた。

地勢も生態系も複雑で、各大陸にそれぞれの生物群集が孤立していた白亜紀末期こそが、恐竜類の最盛期だった。多様性が頂点に達した時期であり、恐竜が栄華を極めた時期だ。かつてないほどに種数が増え、小型種から超大型種までそろっていて、あらゆる種類の食物を糧にして、目を見張るほど多彩なトサカ・ツノ・トゲ・羽毛・爪・歯を備えていた。恐竜は最高潮の状態で、それまでと同等かそれ以上に順調で、最初の恐竜がパンゲアに誕生してから一億六〇〇〇万年余りが経っていたというのに、なお世界を掌握していた。

白亜紀末期の最良の恐竜化石

（ほかならぬT・レックスの骨も含めて）を見つけたいなら、〝地獄《ヘル》〟におもむかねばならない。地獄とは、ヘルクリーク周辺の荒野のこと。モンタナ州北東部に、ミズーリ川の細い支流を堰き止めた貯水池があり、その近くに荒野が広がっている。そこは息苦しいほど湿度が高く、蚊の大群がいて、風はめったに吹かず、日陰もほとんどない。三六〇度見渡すかぎりに岩壁が続いていて、地面からまるでサウナのように熱が立ち昇っている。

ヘルクリーク地域に初めて恐竜を探しにきた探検家の一人は、バーナム・ブラウンだ。彼が一九〇二年にT・レックスの骨格を初めて見つけたのは、ヘルクリークの一五〇キロほど南東に広がる岩だらけの丘陵地帯でのことだった。ニューヨークの上司はこれに大喜びして「もっと化石を送ってこい」と命じた。その後の数年間、毛皮のコートに身を包み肩にツルハシをかついだブラウンは、ミズーリ川沿いの岩壁・小峡谷・枯れた川床を調べ、そこからさらに南東に足を延ばした。化石が次々と産出し、やがてその地域の地質構造も分かってきた。どの骨化石も、荒野の風景を成す分厚い地層から産出していた。赤色・橙色・茶色・薄茶色・黒色の層がケーキのように積み重なった、太古の河川系に堆積した砂泥層だ。ブラウンはこの地層を

「ヘルクリーク層」と名づけた。

ヘルクリーク層は、約六七〇〇万〜六六〇〇万年前にかけて、ある河川系に堆積した。その河川系は、西にそびえる当時形成されたばかりのロッキー山脈に源を発し、広大な氾濫原を流れ、時折土手を決壊させて周りに湖や沼を作りながら、北アメリカを二分する海に注いでいた。流域の環境は肥沃で緑豊かで、多様な恐竜がともに栄えていくのにもってこいだった。川の流域だけに堆積作用も活発で、大量の堆積物が動物の骨を道連れにしながら岩石に変わっていった。恐竜の大群と膨大な堆積物。この二つがそろえば化石の宝庫ができあがるに決まっている。

私がヘルクリーク層分布域を初めて訪れたのは二〇〇五年のこと。ちょうど、ブラウンのT・レックスがニューヨークで初披露されてから一〇〇年後のことだった。私はまだ学部生で、このちょうど一か月前、ワイオミング州に人生初の恐竜発掘旅行に行き、ポール・セレノとともにジュラ紀の竜脚類を掘り出していた。もっと発掘調査の経験を積みたいと考えた私は、私にとって一番身近な博物館の面々とモンタナ州に出かけた。その博物館とは、第5章にも登場したイリノイ州ロックフォードのバーピー自然史博物館だ。

ロックフォードは、「いかにも恐竜博物館が建ちそうな土地柄」とはとても言えない。一つには、イリノイ州からこれまでに一つも恐竜の化石が見つかっていないという事情がある（私の故郷であるイリノイ州はとにかく平坦で、地質という観点から見ると退屈でしかなく、恐竜時代の地層もほとんど露出していない）。それに、ここ数十年、製造業中心の地域経済に元気がないという事情もある。それにもかかわらず、ロックフォードは中西部屈指の自然史博物館を擁している。「小さな博物館にもできることがある」というのが、バーピー自然史博物館の職員の口ぐせだ。その口からは、博物館がたどってきた数奇な運命が語られることもある。一九世紀の古びた大邸宅の隅っこや屋根裏に、鳥の剝製や岩石、先住民族の矢じりなどのかび臭い収集品が飾られている――。博物館の実態はずっとそんなところだった。それが一九九〇年代になって個人の寄贈者から驚くような額の寄付があり、それを元手に新棟が増設された。すると、その増設部分を埋める展示物が必要になり、博物館の職員らが一計を案じ、ヘルクリークに行って恐竜の化石を持ち帰ってくることになった。

当時、バーピー自然史博物館には古生物担当の学芸員が一人しかいなかった。物腰柔らかで胸板の厚いイリノイ州北部の青年で、恐竜よりも数億年前に生きていた虫の化石に熱中していた、マイク・ヘンダーソンだ。マイクは一人では荷が重いと感じ、子供時代の友人の、陽気でおしゃべりで社交的なスコット・ウィリアムズと手を組むことにした。スコットは、子供の頃から漫画やヒーロー映画と同じくらい恐竜が大好きだったが、古生物学者としての道を歩む機会には恵まれず、結局、警察に入った。実際、私が高校生の頃にバーピー自然史博物館で初めて会った時は、まだ警察官だった（あごひげ、がっしりした体格、強いシカゴなまりと、まさに警察官といった雰囲気をただよわせていた）。ところが、やはり科学に関係した仕事に就きたいということで、その数年後に警察を辞め、バーピー自然史博物館のコレクションマネージャーになった。現在は、モンタナ州のロッキー博物館で世界最大級の恐竜化石コレクションを管理する一員として働いている。

二〇〇一年の夏、スコットとマイクは、博物館の職員・地質学専攻の学生・アマチュアの有志から成る混成の調査隊を組織して、ヘルクリーク層分布域の中心部に向かった。そして、モンタナ州のエカラカという人口三〇〇人ほどの小さな町の近くに野営地を設営した（エカラカは、モンタナ州・ノースダコタ州・サウスダコタ州の交点からそう遠くない場所にある）。その一帯はブラウンも調査済みだったが、スコットとマイクは、その巨匠の目さえもすり抜けたものを発見した。それまででもっとも良質で、もっとも完全体に近い、一〇代のT・レックスの骨格だ。この化石のおかげで、若年期の王者が長い鼻先と薄い歯を備えた細身のスプリンターだったこと、獲物の骨を嚙み砕くトラックサイズの暴君に変貌するのは成体になってからだったことがはっきりした。

マイクとスコットの調査隊が見つけた化石のおかげで、バーピー自然史博物館は一躍、恐竜研究の一流拠点に成り上がった。数年後に（博物館への寄付者の名を取って「ジェーン」と命名された）骨格が展示されると、さしたる特徴もないイリノイ州ロックフォードに、世界中から古生物学者が押し寄せた。もちろん何万人もの子供や家族や観光客もやって来た。バーピー自然史博物館は、新設の展示ホールの目玉となりうるスーパースターを手に入れたのだ。

それからの数年間、マイクとスコットは夏になるたびに〝地獄〟に舞い戻り、数か月かけて調査を行った。私が同行を許されたのは、私が彼らの信頼を勝ち取ったあとのことだ。二人とは、高校二年生の頃からバーピー自然史博物館に足しげく通っているうちに親しくなった。もっとも当初は、ちょっとうっとうしい恐竜マニアの少年だと思われていたに違いない。博物館で年に一回開催される古生物フェスティバルに、毎回必ず、テープレコーダーとサイン用のペンを携えて参加していたのだから。そのフェスティバルには、名の知れた研究者が恐竜研究にまつわる刺激的な体験を話しに来ていた（ちなみに私が、有名な古生物学者でありのちに私の指導教官にもなるポール・セレノとマーク・ノレルの二人と出会ったのも、このフェスティバルでのことだ）。私は大学に入ってからもロックフォードに通い詰めた。そして、ポールの研究室で古生物学者になるための勉強を本格的にはじめたところでついにお許しが出て、二人の毎年恒例の〝地獄巡り〟に同行できることになった。

エカラカはロックフォードから一五〇〇キロ近く離れている。現地に着いた私たちは「キャンプ・ニードモア」という施設を拠点に定めた。荒野の丘陵に涼やかな松林が茂っていて、その奥に木造の小屋がぽつぽつと建っていた。初日の夜は、隣の小屋からシンセサイザーの音色が響いてきてよく眠れなかった。その小屋には、ロックフォードから私たちとは別にやって来た三人組の有志が泊まっていた。三人とも社会人で、オフィスワークからの息抜きのために来ていたらしい。リーダー格は小柄でクセのある男だった。「ヘルムート・レドシュラグ」という、プロイセンの横柄な将軍を彷彿とさせる名前だったが、実は中西部の出身で、建築家という職業にきな臭さはまったくなかった。毎晩、友人とともに朝方まで飲み明かしていた。フィレミニヨンとイタリア産の輸入チーズに舌鼓を打ち、ディスコミュージックのビートに合わせてフルーティーなベルギービールをすする、という調子だった。それでも毎朝六時には起きていて、灼熱地獄に戻って恐竜を探す準備はとっくにできている、とでも言いたげだった。

「あそこに行くと〝生きてる〟って感じがする。あの暑さがいい。照りつける陽光に焼かれて、首や背中の皮が剝《む》けて、日陰や水が恋しくなってさ」。ある穏やかな朝、灼熱地獄に向かう前にヘルムートはそんなことを言っていた。「ふん、ふん」と私はうなずいていたが、内心、「この人は何を言っているんだろう？」と思っていた。

数日後、スコットや有志の学生と化石を探していると、ヘルムートが興奮した様子で電話をかけてきた。日光が肌に刺さる感じを満喫しつつ数キロ先の道を歩いていたら、小峡谷に気になるものを見つけたのだと言う。いわく、くすんだ薄茶色の泥岩から焦げ茶色の何かが出っ張っている。ヘルムートの観察眼は鋭かった（何しろ彼は建築家、いや一流の建築家なのだから）。形や質感の細部にまで注意が行き届く彼は、一流の化石ハンターだった。「これはすごい化石に違いない」と思ったヘルムートは、早速、丘の斜面を掘りはじめた。私たちが現場に着いた頃にはもう、恐竜の大腿骨と、いくつかの肋骨と椎骨と、頭骨の一部が露わになっていた。頭部の骨片群を見て正体が分かった。平板な骨が多く、さまざまな形をしていて、まるで割れたガラスの破片のように見える。鋭くとがった円錐形のものもあった。そう、ツノだ。こうした特徴に合致する恐竜はヘルクリークの生態系に一種類しかいない。その化石の正体は、顔に三本のツノを生やし、目の後ろに広くて分厚い広告看板のようなフリル（えりかざり）を備えている、トリケラトプスだった。

トリケラトプスは、最大の天敵であるT・レックスとともに、恐竜を象徴する存在だ。映画やドキュメンタリー番組では優しくて穏やかな植物食恐竜として描かれることが多く、暴君たるT・レックスの見事な引き立て役にされている。シャーロック・ホームズときたらモリアーティ教授、バットマンときたらジョーカー、T・レックスときたらトリケラトプスだ。ただしこれは、ただの映画の演出というわけではない。まったくそんなことはなく、六六〇〇万年前、T・レックスとトリケラトプスは本当に宿敵どうしだった。当時のヘルクリーク層分布域で湖や川のほとりに隣り合って暮らし、その地でもっとも生息数の多い恐竜の上位二種類を占めていた（ヘルクリーク層の恐竜化石の四〇パーセントほどをトリケラトプスが占め、次いで二五パーセントほどをT・レックスが占めている）。体内の代謝をまかなうのに膨大な量の肉を必要としていたT・レックスにとって、トリケラトプスは体重一四トンの歩く高級ステーキだった。両者が出会えば次に何が起きるかは容易に想像がつく。実際、トリケラトプスの骨に残るT・レックスのものとおぼしき歯形が、大昔の激闘を今に伝えている。でも、両者の戦いが一方的なもので、常に捕食者のほうに軍配が上がっていたなどとは間違っても思わないでほしい。トリケラトプスはひとそろいの武器を備えていた。そう、三本のツノだ。鼻先にあるツノは太くて短く、両目の上にあるツノは細くて長い。頭の後ろにあるフリルと同じように、三本のツノももともとはディスプレイのために進化してきたのだろう。気になる異性にアピールしたり、競合するオスを威嚇したりするのに使われていたはずだ。ただ、この三本のツノが必要に応じて自己防衛のためにも使われていたことは疑いようがない。

図 28　恐竜の象徴とも言える角竜類トリケラトプスの頭骨

トリケラトプスはこの本の物語においては新顔だ。植物食である鳥盤類の「角竜類」というグループに属している。角竜類の系譜をさかのぼると、小型・俊足で葉形の歯を備えていたジュラ紀初期の恐竜（ヘテロドントサウルスやレソトサウルスなど）に行き着く。やがて、ジュラ紀のある時点から、角竜類は独自の進化の道を歩みはじめた。後肢だけでなく四肢で歩くようになり、頭部のツノとフリルが多彩になっていった（幼体の成長とともに大きく派手になり、ホルモンに駆られた成体が異性に求愛する際に使われた）。最初期の角竜類はイヌほどの大きさだった。その中の一種類レプトケラトプス（*Leptoceratops*）は、白亜紀後期まで命脈を保ち、ずっと大型の親戚トリケラトプスと隣り合って暮らすことになる。角竜類が時代とともに大型化するにつれて（恐竜界の〝ウシ〟になり、白亜紀末期の北アメリカで隆盛を極めていく中で）、そのあごに変化が起きて、大量の植物を平らげられるようになった。あごに並ぶ歯が密集していって一枚の〝刃《やいば》〟になったのだ。

上あごの左右に一枚ずつ、下あごの左右に一枚ずつで、計四枚。あごは単純な上下の動きでガシャンと閉じるようになっていて、上下の刃がギロチンのように嚙み合った。口先には鋭利なクチバシがあり、植物の茎や葉をつまみ取って、奥の刃に送る役割を果たしていた。間違いなく、T・レックスの肉食への適応に負けないくらい、トリケラトプスも植物食に適応していた。

トリケラトプスの発見は、バーピー自然史博物館にとって二度目の大当たりだった。新設の展示ホールに飾る一〇代のT・レックスの相手役として、これほどふさわしい標本はない。ヘルムートに地中の骨を見せられてからというもの、マイクとスコットも私とまったく同じことを考えていたはずだ。それはヘルムートも同じだっただろう。しかも彼は、新標本の発見者として愛称をつけることにもなった。私と同じくアニメ『シンプソンズ』の大ファンだったヘルムートは、発見したトリケラトプスを「ホーマー」と名づけた。いつかバーピー自然史博物館の展示ホールでホーマーとジェーンがあいまみえる時がやってくる。私たちはそんな想像を膨らませた。

でも、まずはホーマーを地中から掘り出さないといけない。調査員らは、骨を掘り出すと、ロックフォードまで運ぶ際に崩れたりしないように石膏に浸した布で包みはじめた。一方で化石の捜索も続けられた。トーマス・カー（アブサンの愛飲家でゴシック風ファッションの愛好家でT・レックスの研究者でもある私の友人）もこの遠征に同行していて、この時も化石捜索チームにいた。カーキ色の服を身にまとい（普段の黒ずくめの格好ではさすがに暑すぎた）、ゲータレードを浴びるように飲み（アブサンは屋内でたしなむものらしい）、ロックハンマー（〝戦士《ウォーリア》〟と呼んでいた）とツルハシ（こちらは〝将軍《ウォーロード》〟）で泥岩を打ちすえて、トリケラトプスの骨を何本も見つけていた。トーマスらが丘の斜面を掘削していくと、さらに多くの骨が転がり落ちてきた。最終的に、発掘区域は約六四平方メートルにまで広がり、その範囲から一三〇点を超える骨が

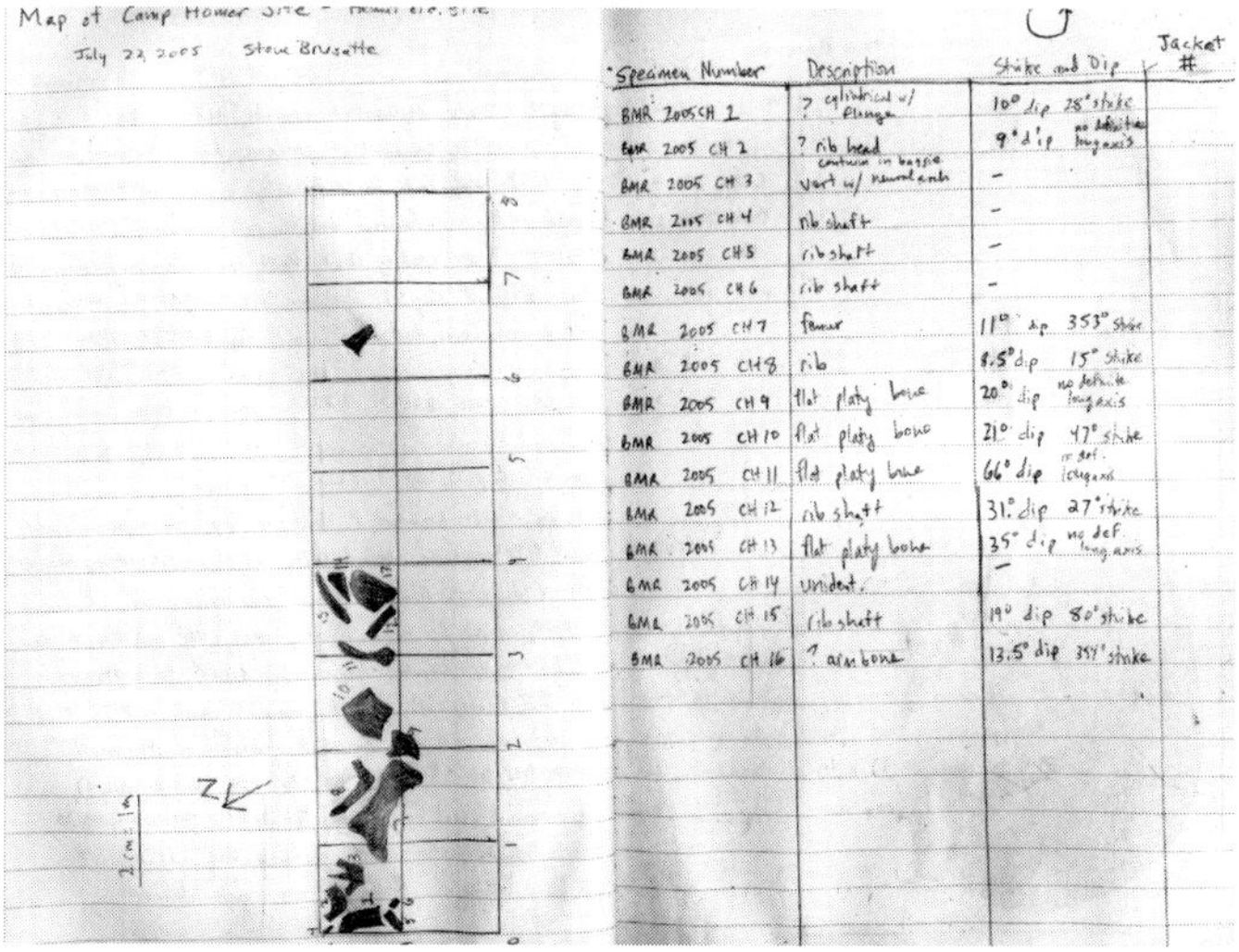

図 29　（上）ホーマー産出地で見つかったトリケラトプスの骨の集まり。幼体の群れのもの。（下）バーピー自然史博物館による 2005 年の発掘旅行でヘルクリーク層分布域におもむいた際に私が使っていたフィールドノート。左の図はトリケラトプスの“ホーマー”が産出した地点の見取り図。

出てきた。

事が急に複雑になってきたため、スコットから見取り図の作成を命じられた（ちょうど前の月にポール・セレノから学んだ技法だった）。発掘区域にロープを張って杭で固定し、一メートル四方のマスを碁盤の目のように作った。次に、この碁盤の目を基準にして各骨の位置をフィールドノートに描いていく。隣のページには、各骨を識別できるように、それぞれに番号を振り、大きさや向きなどをメモした。すると、混沌とした産状に秩序が見えてきた。

見取り図と骨の目録を見ておかしなことに気づいた。同じ部位の骨が三つもあったのだ。左の鼻骨（鼻先の前部と側面を成す骨）が三枚もあった。トリケラトプス一個体につき、左の鼻骨は一枚しかない。頭や脳が一個体につき一つしかないのと同じように。そこで私たちはハッと気づいた。トリケラトプスは三個体いたのだ。言うなれば、ホーマーだけでなく、その子供の「バート」と「リサ」もいたということになる。ヘルムートは、トリケラトプスの集団墓地を発見していたわけだ。

トリケラトプスの複数の個体が一か所から見つかるのは、それが初めてのことだった。例の小峡谷にヘルムートが足を踏み入れるまで、トリケラトプスは単独で生きる恐竜だと思われていた（しかも古生物学者の確信度はかなり高かった。トリケラトプスは極めて産出数が多く、過去一〇〇年間に数百個体の化石が見つかっていて、そのどれもが単独で発見されていたからだ）。でも、一つの発見がすべてを変えることもある。ヘルムートの発見を受けて、「トリケラトプスは群れで生きる動物だった」と今では考えられている。

ただ実を言うと、これはそれほど意外なことではない。トリケラトプスの近縁種が大群を成す社会性の動物だったことが、豊富な証拠から分かっているからだ（白亜紀の最後の二〇〇〇万年間に北アメリカの別の地域に生息していた大型角竜類の中にそういう種がいた）。その中の一種類セントロサウルス（*Centrosaurus* トリケラトプスのおよそ一〇〇〇万年前に現在のアルバータ州にあたる地域に生息していた角竜類。鼻先に大きなツノを生やしていた）も、ボーンベッドから見つかっている。それも、ホーマー産出地のような小規模なボーンベッドではない。アメフト場三〇〇面分近くの面積に、一〇〇〇体以上の化石が埋まっていた。ほかにも数種の角竜類に集団墓地が確認されているので、間接証拠はふんだんにあると言える。つまり、これらの大型で鈍重でツノを生やした植物食恐竜は群れを成す動物だった、ということだ。ここで、何とも壮観な光景が頭に浮かんでくる。白亜紀後期の北アメリカ西部で、角竜類は何千、何万という大群を成して移動していた。ドドドドッと大地を揺らし、土煙をもうもうと立てながら、大平原を突き進んでいたことだろう。その様子は、数千万年後に同じ平原を征服するアメリカバイソンにどことなく似ていたかもしれない。

私たちは、ホーマー産出地での発掘作業を終えたあとも、引き続きエカラカ周辺の単調な荒野を捜索していった（一番暑い時間帯を避けるため、なるべく早朝に出発していた）。すると、ほかの恐竜の化石がたくさん見つかった。ホーマーほど重要ではないものの、白亜紀末期の氾濫原でトリケラトプスやT・レックスと共存していた恐竜のものだ。例えば、中・小型の肉食恐竜の歯が大量に見つかった。ヴェロキラプトルに似たドロマエオサウルス類の歯や、トロオドン（*Troodon*）というポニーほどの大きさの恐竜の歯などだ（トロオドンはラプトルの仲間に近縁だったものの、もっと雑食寄りの食性を発達させていた）。オビラプトロサウルス類というヒト大の雑食性獣脚類の足の骨も出てきた。歯を持たないへんてこな恐竜で、派手な骨のトサカを頭骨に備え、その鋭いクチバシは、木の実・貝・植物・小型哺乳類・トカゲなどの実に多彩な食物を食べるのに適していた。好対照な二種類の植物食恐竜の化石も産出した。一つは、テスケロサウルスという凡庸なウマほどの大きさの鳥脚類のもの、もう一つは、もう少し大型ではるかに個性的なパキケファロサウルスという恐竜のもの。パキケファロサウルスは〝ドーム頭〟をした恐竜の一種類で、そのボウリング球のような

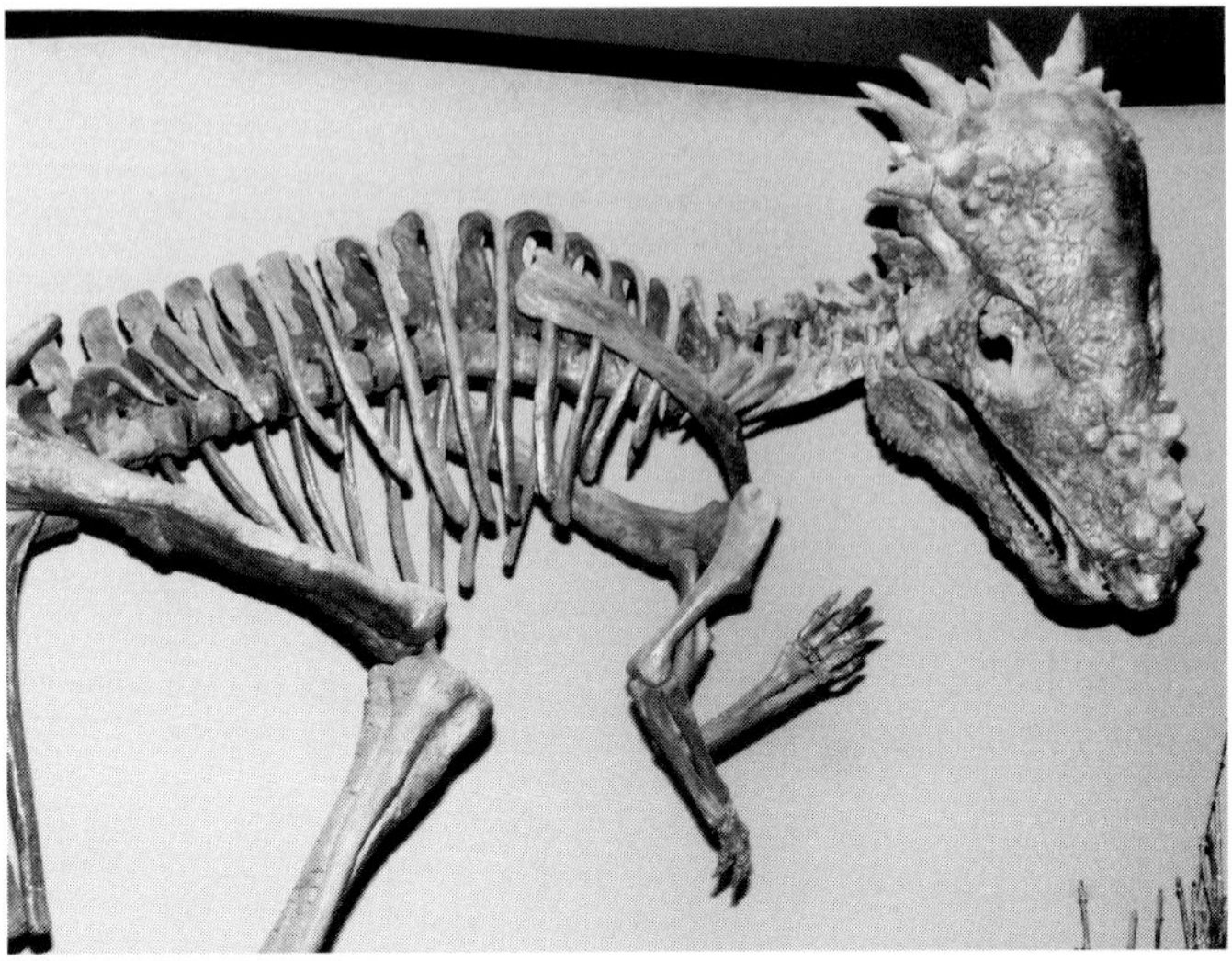

図 30　ヘルクリーク層のパキケファロサウルス。ドーム形の頭で頭突きをしていた。

頭骨を使い、交尾相手やなわばりをめぐってライバルと戦っていた。

別の地域でも二、三日かけて発掘を行った。ホーマー産出地のように掘り出し物が出てくるのではないかと期待してのことだった。残念ながらその期待はかなわなかったが、それでもヘルクリーク層で三番目に産出数の多いエドモントサウルスという植物食恐竜の骨が出てきた。体重およそ七トン、全長一二メートルのエドモントサウルスは、大型の植物食恐竜である点はトリケラトプスと共通しているが、系統はかなり異なっている。エドモントサウルスが属するハドロサウルス類は、別名カモノハシ竜類とも呼ばれ、鳥盤類の系統樹において角竜類とは別個の枝から進化してきた。やはり白亜紀後期に（特に北アメリカにおいて）優勢だったグループで、多くの種が群れで暮らし、移動速度に応じて二足歩行と四足歩行の切り替えができた。精巧なトサカの内部に入り組んだ鼻腔を備えた種もいて、そのトサカで重低音を出して仲間との意思疎通を図っていた。「カモノハシ竜類」という愛称の由来となった口先のクチバシは、幅広で歯がなくてカモのものに似ていて、植物の茎や葉をつまみ取るのに使われていた。ハドロサウルス類のあごも、角竜類と同じように、食物を剪断《せんだん》するための〝ハサミ〟に変貌していた（ただし、歯の密集度は角竜類よりはるかに高かった）。あごの動きは単純な上下動に限られず、左右に回転したり、上あごが少し側方に開いたりするようになっていて、複雑な咀嚼運動を可能にしていた。これほど精巧な摂食の仕組みは、生命進化の歴史を見渡してもそうそう見当たらない。

ハドロサウルス類も、おそらくは角竜類も、ある理由からこうした精巧なあごを備えていた。両者のあごが進化を通じて洗練されていったのは、白亜紀のもっと早い時期に登場していた新手の植物を食べるためだった。被子植物、もっと分かりやすく言えば「花を咲かせる植物」だ。被子植物は今でこそすこぶる繁栄しているが（人類の主な食料源であり、庭を彩る飾りでもある）、三畳紀のパンゲアに最初の恐竜が登場した頃にはまだ存在していなかった。ジュラ紀の巨大な竜脚類にとってもなじみはなかったはずで、彼らはシダやソテツ、イチョウや常緑樹といった別の植物を食べていた。その後、白亜紀の初頭にあたる一億二五〇〇万年前になって、小型の被子植物がアジアに現れた。こうした原初の被子植物が、その後の六〇〇〇万年間の進化を通じて多様化を遂げ、（例えばヤシやモクレンなどの）さまざまな低木や樹木に姿を変えた。白亜紀後期の風景に溶け込んでいたそうした植物を、それらを食べることに適応した新参の植物食恐竜がおいしくいただいていたわけだ。地面にはちらほらと草（かなり特殊な種類の被子植物）も生えていたかもしれない。ただ、草原らしい草原が現れるのはもっと後のことで、恐竜の絶滅から数千万年後まで待たないといけなかった。

ハドロサウルス類と角竜類は被子植物を食べていた。もっと小型の鳥盤類は低木の葉をつまんでいて、パキケファロサウルス類は頭突きをして互いの優位性を競っていた。プードルほどの大きさのラプトルの仲間は、サンショウウオ・トカゲ・哺乳類の初期の仲間といった、いずれもヘルクリーク層から化石が産出している小動物を探し回っていた。さまざまな雑食性恐竜（トロオドンや珍妙なオビラプトロサウルス類など）は、もっと純粋な肉食恐竜や植物食恐竜が見向きもしないクズを何でも食べていた。まだ紹介していなかったほかの恐竜たち、例えばスピード狂のオルニトミモサウルス類や重武装したアンキロサウルスも、自分たちのニッチをめぐってそれぞれ争っていた。翼竜や原始的な鳥類が頭上を飛び、川や湖の沖合にはワニが潜んでいた。竜脚類は一頭たりとも見当たらない。恐竜の王者（ほかならぬT・レックス）はそんな世界を支配していた。

これこそが白亜紀後期の北アメリカであり、災厄が訪れる前に恐竜が極めていた最後の栄華だ。バーナム・ブラウンからバーピー自然史博物館の調査員まで、あらゆる人の努力によって幾多の化石が発見されてきたおかげで、白亜紀後期の北アメリカが、恐竜時代の各時期・各地域を通してもっとも多様な恐竜群集を擁していたことが分かってきた。さまざまな恐竜がどう共存し、一つの食物連鎖に収まっていたのか。そのことを知るうえでの最良の窓と言えるだろう。

状況はアジアでもおおむね同じだった。私が記載したピノキオ・レックスのような大型のティラノサウルス類が、ハドロサウルス類・パキケファロサウルス類・ラプトルの仲間・雑食性獣脚類などから成る生態系を支配していた。状況が似ていたのは、アジアと北アメリカが近い距離にあり、両大陸のあいだで恒常的に恐竜の往来があったからだろう。

ところが、赤道の南側ではだいぶ様子が違っていた。

ブラジルのほぼど真ん中に広がるなだらかな高原。そこはかつて疎開林やサバンナだったが、今は国内きっての穀倉地帯になっている。私の地元の町からバーピー自然史博物館にかけて広がる農地で見かける作物（主にトウモロコシと大豆）も栽培されているし、サトウキビとかユーカリとか、おいしいけど名前は分からない種々の果物とか、もっと異国情緒ただよう作物も作られている。「ゴイアス」と呼ばれるその地域は、海に面していない内陸州で、人口は六〇〇万人ほど。州内を縦横に走る高速道路に車通りは少ない。首都ブラジリアは車で数時間の距離にあり、アマゾン川は北に一五〇〇キロ離れた所を流れている。外国人観光客はめったに来ない。

でも、ゴイアスは多くの謎を秘めている。その平凡な景観とは裏腹に、農地の地下にある風景が隠れている。それは、八六〇〇万～六六〇〇万年前の地上に広がっていた風景だ。当時のゴイアスは、広大な峡谷の辺縁部に広がる吹きさらしの砂漠だった。それが今では厚さ三〇〇メートルほどの地層に変わり、トウモロコシ畑や大豆畑の土台になっている。この地層は、白亜紀後期の砂丘性、河川性、湖性の堆積物でできている。南アメリカとアフリカを引き離した力のなごりによって広大な盆地が形成され、そこに砂丘や川や湖ができて堆積していったものだ。この広大な盆地は恐竜たちの楽園だった。

ゴイアスの白亜紀の地層は大部分が地下にあるが、ちらほらと地表にも顔を出していて、道路脇や川の土手に露出していたりする。でも、この地層を見るのにもっとも適しているのは採石場だろう。重機で掘られた穴に砂岩と泥岩の層がむき出しになっている。二〇一六年の七月初旬、南半球の初冬にあたる時期に、私はその穴の中にいた。初冬といってもまだ蒸し暑かった。落石から頭皮を守るためにヘルメットをかぶり、さらに、ひざまであるすね当ても着けていた。落石よりもっと危険なもの、すなわちヘビから身を守るためだ。私をブラジルに招いてくれたのはホベルト・カンデイロという人物だった。州の主要大学であるゴイアス連邦大学で教授を務めていて、南アメリカの恐竜に造詣が深い。私は白亜紀後期の恐竜の発掘と研究を何度も手がけていたが、それらはいずれも北アメリカ産かアジア産のものだった。そんな私に、ホベルトは「南半球の視点を持つといい」と助言をくれた。ただ、招待を受けた時、ヘビの話は一切出なかった。

その数年前、ホベルトは学部生向けの新たな地質学講座を立ち上げていた。その講座の舞台であるヤシの木立に囲まれたキャンパスは、州都ゴイアニアの発展著しい郊外にある。キャンパスに建つ白亜の講堂は廊下が吹き抜けになっていて、亜熱帯の風が心地いい。ただ、そこから数キロも離れると対照的な光景が広がっていて、未舗装の道にアルミ屋根の掘っ立て小屋が建ち並んでいる。原付が爆音を上げながら車のあいだを縫って走っていたり、路肩でナタを持った老人がココナッツを割っていたりした。遠くの木立にはサルも見えた。私が次に訪れる時には、こうした古きブラジルのなごりはもう姿を消しているだろう。

講座の新設に伴う盛り上がりと、地域一の大都市にある素敵なキャンパスのおかげで、熱心な学生が大勢集まってきた。ホベルトと私は、そのうちの一部の学生を連れて採石場への旅に出た。アンドレは太鼓腹の陽気な男で、職を転々としたのちに大学に戻ってきていた。パパイヤ農家やタクシーの運転手をしていたらしい。数年前に平地の大規模な牧場で働いていた時は、オスブタから精子を搾り取ってメスに人工授精を施していたそうだ。もっと若い学生もいた。一八歳のカミラは短身痩軀《そうく》の女性で、その小柄さとは裏腹に底なしの元気と獰猛さを備えていた(暇な時にキックボクシングで憂さ晴らしをしているのだそうだ)。ラモンは長身で褐色の肌の二枚目だ。スキニージーンズをはき、髪をサイドに撫でつけたその風貌は、どのレストランのテレビでも流れていそうなブラジル人ボーイバンドのミュージックビデオから飛び出してきたかのようだった。

私たちが出向いた採石場はある青年が所有していて、その青年の家族はブラジル中央部で代々農業を営んでいた。採石場から岩石を切り出していたのはそれを肥料にするためだ。その岩石は変わった種類のもので、見た目はコンクリートに似ていて、白色の素地に形も大きさもさまざまな小石が埋まっている。白色の素地は石灰岩、小石は、白亜紀末期の急流を流れていた多様な岩石だ。こうした小石にまれに骨が混ざっている。そう、恐竜の化石だ。骨が含まれている割合は、小石一万個か二万個につき一つといったところだろう。でも、見つかった骨はどれもお宝だ。なぜならそれらの骨は、南アメリカに生息していた最後の恐竜の化石であり、北半球のT・レックスやトリケラトプスやヘルクリーク層産の恐竜と同時期に生きていた恐竜の化石でもあるのだから。

私が採石場を訪れた時は、悲しいことに、数時間探しても誰一人骨を見つけられなかった。ただ、誰一人ヘビに嚙まれることもなかったので、手ぶらなのに幸せな気持ちで帰れたという珍しい一日になった。後日、別の場所で骨を見つけたものの、どれも破片ばかりだった。今回は新種の発見はなしとあきらめざるをえなかった。そんなことは手つかずの地域で化石探しをするうえではつきものだ。まったく新しい恐竜を見つけるのはそれだけ難しいことで、運と条件に恵まれないととても成し遂げられない。でも、ホベルトはそうした発掘旅行にここ一〇年で何度も行っていて、往々にして学生をかき集めて現地におもむき、これまでにたくさんの骨を発見してきた。そのうちの一部がゴイアニアにあるホベルトの研究室に保管されていた。そこで

図 31　化石を捜索するホベルト・カンデイロ。ブラジル・ゴイアス州にて。

私は、ブラジルでの残りの滞在期間をそれらの骨の観察に充てることにした。ホベルトと、彼の仲間であるフェリペ・シンブラスも一緒だった。石油会社付きの地質学者であるフェリペは趣味で恐竜を研究している。

ホベルトの研究室の棚に並ぶ化石を見ると、驚くことにT・レックスが見当たらない。それどころか、いかなるティラノサウルス類もブラジルの白亜紀末期の地層からは発見されていない。モンタナ州のヘルクリーク周辺の荒野を一日歩き回れば、T・レックスの歯が数本は見つかるだろう。T・レックスの歯はそれほどありふれている。ところがブラジルでは皆無。もっと言えば南半球のどこに行っても見つからない。その代わり、ホベルトの研究室の引き出しには別の種類の肉食恐竜の歯が収められている。その中には私たちがすでに出会ったグループのものもある。カルカロドントサウルス類だ。アロサウルス類から進化し、白亜紀初頭～中頃にかけて世界の大半を恐怖に陥れた、あの強大な肉食恐竜である。そのうちの数種は、私がポール・セレノとともに研究したアフリカ産のカルカロドントサウルスのように、ついにT・レックスに匹敵する体格を手に入れた。北半球ではカルカロドントサウルス類の天下は長く続かず、数千万年ほど一帯を支配したあと、白亜紀中頃にティラノサウルス類に王座を明け渡した。ところが南半球では白亜紀の最後までその支配が続いた。重量級のベルトを保持し続けられたのは、それを奪いにくるティラノサウルス類がいなかったからだ。

ブラジルでは別の種類の歯もよく見つかる。やはり鋭くて縁がギザギザしているので肉食恐竜の口に生えていたことは間違いないが、カルカロドントサウルス類のものと比べるとやや小ぶりでもっと弱々しい。その歯を備えていたのはまた別の獣脚類のグループで、名前を「アベリサウルス類」という。ジュラ紀のかなり原始的な系統の流れをくむ一派で、白亜紀になって征服の機が熟すと、南半球の諸大陸に広まっていった。ピュクノネモサウルス（*Pycnonemosaurus*）という種のまずまずの状態の骨格が、ゴイアス州と隣り合うマットグロッソ州から見つかっている。骨は砕けてしまっているが、全長九メートル、体重二、三トンの恐竜だったと推定されている。

南のアルゼンチンからはアベリサウルス類のもっと良質な骨格が発見されていて、マダガスカル、アフリカ、インドからも同様に骨格が見つかっている。そうしたより完全体に近い化石（カルノタウルス〈*Carnotaurus*〉、マジュンガサウルス〈*Majungasaurus*〉、スコルピオウェーナートル〈*Skorpiovenator*〉などの化石）のおかげで、アベリサウルス類が獰猛だったこと、ティラノサウルス類やカルカロドントサウルス類よりやや小柄だったこと、それでも食物連鎖の頂点の近辺にいたこと、が明らかになった。アベリサウルス類は前後に短く上下に高い頭骨を持ち、一部の種は目の周りに短いツノを生やしていた。顔と鼻先の骨は表面がザラザラしていて、おそらくそれがケラチン層の下地になっていたと思われる。筋骨隆々の後肢で歩いていたのはT・レックスと同じだが、前肢のほうはひときわ貧相だった。全長九メートル、体重一・六トンのカルノタウルスの前肢は、料理ベラに毛が生えた程度で、いつも所在なげにぶらぶらしていた。もしカルノタウルスの普段の生活を観察できたとしても、前肢はほとんど見えないだろう。アベリサウルス類が前肢を必要としていなかったことは明らかで、汚れ仕事はもっぱらあごと歯でこなしていたに違いない。

アベリサウルス類やカルカロドントサウルス類にとっての汚れ仕事とは、もちろんほかの恐竜を捕まえて食べることだ。標的は同じ地域に生息する恐竜、特に植物食恐竜だった。その中には、北半球の種と似ている植物食恐竜もいた（例えばアルゼンチンからはカモノハシ竜が見つかっている）。でも、おしなべて言うと、南半球の植物食恐竜の顔ぶれは北半球とは異なっていた。トリケラトプスなどの角竜類が大地を揺らしてはいなかったし、ドーム頭のパキケファロサウルス類もいなかった。一方、竜脚類は生息していた。しかも大勢だ。それに対し、T・レックスが太古のモンタナ州で巨大な竜脚類を追いかけることはなかった。どうも竜脚類は白亜紀中頃のある時点で北アメリカの大部分から姿を消していたらしい（ただし大陸の南側ではまだよく姿を見かける存在だった）。ブラジルなどの南半球の諸地域では状況が違っていた。竜脚類は、恐竜時代が終わりを迎える時まで、主要な大型植物食動物であり続けた。

南半球の諸大陸に生息域を広げたのは、竜脚類のある特定のグループだった。ジュラ紀の幸せな日々はとうの昔に過ぎ去っていた。つまり、ブラキオサウルス、ブロントサウルス、ディプロドクスなどの竜脚類が同じ生態系にひしめき、それぞれ独自の歯・首・食事法を進化させてニッチを細分化していた時代は終わっていたということだ。白亜紀末期の時点ではもっと限られた種類の竜脚類しか残っていなかった。それは、ティタノサウルス類というグループだ。一部は途方もない大きさになっていた。その例としては、アルゼンチン産のドレッドノータスや、石油会社勤めのフェリぺらが記載したアウストロポセイドンなどが挙げられる。アウストロポセイドンは、（各個の大きさがバスタブほどもある）ひと連なりの椎骨をもとに記載された種類で、ゴイアス州の真南にあるサンパウロ州から化石が見つかっている。ブラジル産の恐竜としては過去最大の種類であり、全長は約二五メートルに達していたと思われる。頭を振り絞って想像するに、体重はおそらく二〇～三〇トンほどだっただろう。いや、もしかするともっと重かったかもしれない。

南半球（のブラジルかどこかで）最後まで生き残っていたティタノサウルス類の中には、もっとずっと小柄な種類もいた。いわゆる「アエオロサウルス類」は少なくとも竜脚類としては小柄なほうで、リンコンサウルス（*Rinconsaurus*）などのわりと知られた種類の体重はわずか四トンしかなく、体長も一一メートルほどだった。もう一つ、サルタサウルス類というグループもいて、こちらもおしなべて同程度の大きさだった。サルタサウルス類は皮膚の随所に装甲板を埋め込んでいて、その装甲板で腹を空かせたアベリサウルス類やカルカロドントサウルス類から身を守っていた。

南半球には中・小型の獣脚類がいたことも分かっているが，北アメリカに生息していた中・小型の肉食恐竜・雑食性恐竜の多彩な顔ぶれに比べると，その種類ははるかに少なかった。「小柄な獣脚類の小さくてもろい骨を発見できていないだけでは？」と疑う向きもあるだろうが，それでは満足のいく説明とは言えない。なぜなら，同程度の大きさの動物の化石がブラジルから多数見つかっているからだ。獣脚類の化石ではなく，ワニの化石である。標準的な水中生活を営むワニがいて，それらの種が恐竜と競合することはあまりなかっただろうが，中には珍妙な種類もいて，現生のワニとは違い陸上生活に適応していた。長い肢を備えたバウルスクス（*Baurusuchus*）はイヌのような追跡型の捕食者だった。マリリアスクス（*Mariliasuchus*）は哺乳類の切歯・犬歯・臼歯に似た歯を備えていて，おそらくブタのように何でもかんでも食べる雑食性のワニだった。アルマジロスクス（*Armadillosuchus*）は穴を掘るワニで，体に柔軟性のある装甲を備えていた。だから，その名のとおり，アルマジロのように体を丸めることができたかもしれない。今紹介したどのワニも，私たちの知るかぎり，北アメリカには生息していなかった。どうもブラジルをはじめとする南半球の各地では，世界のほかの地域で恐竜が占めていた生態系のニッチを，こうしたワニたちが占めていたらしい。

ティラノサウルス類の代わりにカルカロドントサウルス類とアベリサウルス類がいて，角竜類の代わりに竜脚類がいて，ラプトルの仲間やオビラプトロサウルス類などの小型獣脚類の代わりにワニの大群がいた。白亜紀末期の北半球と南半球の恐竜の顔ぶれに違いがあったことは間違いない。でも，こうした大陸域の恐竜群集などまったくもって平凡で，退屈であるとさえ言ってもいい。同じ時期に大西洋の真ん中で起きていたことに比べれば。そこでは，恐竜の進化史を通じても指折りの珍妙な恐竜たちが，海没後のヨーロッパの島々を飛び跳ねていた。

これまでに恐竜を研究したことのある人、恐竜の骨を発掘したことのある人、何なら恐竜のことを少しでも真剣に考えたことのある人を含めてもいい。その中に、フランツ・ノプシャ・フォン・フェルシェーシルヴァーシュのような人は決していない。

いや、フランツ・ノプシャ・フォン・フェルシェーシルヴァーシュ男爵とお呼びするべきか。なぜなら彼は、恐竜の骨を発掘していた正真正銘の貴族だったのだから。ノプシャは、頭のおかしな小説家が考案した作中人物のように思える。あまりにも風変わりで、あまりにも突飛で、架空の人物としか思えない。でも、れっきとした実在の人物だ。派手な洒落者。悲劇の天才。トランシルバニア地方での恐竜の発掘など、その狂気に満ちた人生におけるほんの息抜きに成し遂げた偉業でしかない。ドラキュラなど、冗談でもなんでもなく、〝恐竜男爵〟の足元にもおよばない。

ノプシャは、一八七七年、トランシルバニア地方のなだらかな丘陵にある貴族の家に生まれた。現在のルーマニアにあたる地域、当時でいえば衰退著しいオーストリア＝ハンガリー帝国の辺縁部でのことだ。数か国語を操れたノプシャは、心の内に「世界を放浪したい」という欲求を抱えていた。また、それとは別の欲求も抱えていて、二〇代の頃、あるトランシルバニア伯の愛人になった。年上の伯爵からは、南の山岳地帯にあるという謎の王国の話を聞かされた。そこでは部族の男たちが簡素な衣服に身を包み、長剣を振り回しながら、得体の知れない言葉を話しているという。その地元の山岳部族は自分たちが住んでいる土地のことを「シュキペリ」と呼んでいた。今で言うアルバニアのことだが、当時はヨーロッパの南端に位置する辺境にすぎず、何世紀ものあいだもう一つの大帝国であるオスマン帝国に支配されていた。

男爵は話の真偽を自分で確かめに行くことにした。一路南に向かい、両帝国を隔てる国境地帯を越えてアルバニアに入った。その時ノプシャを出迎えたのは、一発の銃弾だった。帽子を切り裂き、頭をかすめていった。そんなことにもめげず、ノプシャは国土の大半を徒歩で縦断した。言葉を覚え、髪を伸ばし、現地の住民と同じ格好をするようになって、山岳地帯に住む内向きな部族の面々から一目置かれるようになった。しかし、もし部族の人々が本当のことを知っていたら、それほど友好的ではいられなかったかもしれない。実は、ノプシャはスパイだった。オーストリア＝ハンガリー帝国の政府に雇われて、隣国のオスマン帝国にまつわる機密情報を収集しようとしていた。その任務は、両帝国が崩壊に向かい、ヨーロッパの勢力図が第一次世界大戦の戦火の中で書き換えられようとする中で、いっそう重要に、そして危険になっていった。

雇われスパイだったからといって、男爵の目当てがカネだけだったと言っているわけではない。ノプシャはアルバニアに魅了されていた。「取り憑かれていた」と言ってもいい。ヨーロッパ随一のアルバニア文化通になり、アルバニアの人々を心底愛するようになった。とりわけ、そのうちの一人を——。山間部にある羊飼いの村出身の青年に恋をしたのだ。その男、バヤジット・エルマズ・ドーダはノプシャの秘書になったが、それは表向きのことで、本当はもっとずっと大切な存在だった。ただ、当時は今より不寛容な時代だったから、そのことを公然と話すこともなかった。二人はその後三〇年近くを一緒に過ごすことになる。周囲の好奇の目に耐え、それぞれの母国の崩壊を生き延び、バイクで（ノプシャが本体に、ドーダがサイドカーに乗って）ヨーロッパを放浪した。ノプシャのそばにはいつもドーダがいた。第一次世界大戦前の混乱期に山岳部族の面々とオスマン帝国に反旗を翻した（戦力の充実を図って火器の密輸までした）時も、のちに自分自身をアルバニアの王にしようとした時も。どちらの企ても失敗に終わると、ノプシャはほかのことに目を向けた。

要するに、それが恐竜だったわけだ。

実を言うと、ノプシャが恐竜に興味を抱いたのはアルバニアを知るよりも前のこと、あるいはドーダと出会うよりも前のことだった。ノプシャが一八歳の時、妹が一家の領地内で粉々の頭骨を見つけた。その頭骨は石になっていたし、若き男爵が領地内で見かけたことのあるどんな動物のものとも違っていた。同年、ウィーンの大学に入ったノプシャは、その頭骨を携えて行った。そして、地質学の指導教官の一人に見せたところ、「もっと探したほうがいい」という助言をもらった。ノプシャはその助言どおりにした。ゆくゆくは自分が相続する土地を、ある時は自分の足で、ある時は馬に乗って駆け回り、野原・丘・川床を執念深く探した。四年後、貴族であるとはいえ一介の学生にすぎないノプシャが、オーストリア科学アカデミーの学者のお歴々を前にして、自分が何をしていたのか、その結果何を見つけたのかについて話していた。ノプシャが明らかにしたもの、それは珍妙な恐竜たちが織り成す生態系の全体像だった。

ノプシャは、残りの人生の大半をかけて、トランシルバニア産の恐竜を採集し続けた。アルバニアから助けを求められて時折中断することはあったが、それ以外の時は続けていた。研究も行った。骨を見てただ分類するだけではなく、恐竜が実際にどんな動物だったのかを解明しようとした点で、ノプシャは先駆者の一人だった。化石を解釈することにかけては天才的で、領地内で見つかる骨に奇妙な点があると気づくまでに、そう時間はかからなかった。領地内で見つかる骨は、世界の他の地域でも産出数の多いグループに属していた。ノプシャが「テルマトサウルス（*Telmatosaurus*）」と名づけた新種はカモノハシ竜類だったし、マジャーロサウルス（*Magyarosaurus*）という首の長い恐竜は竜脚類だった。鎧竜類の骨も産出していた。ただ、それらの恐竜は大陸の親類より小柄で、時には驚くほどの体格差があった。例えば、ブラジルの親類が体重三〇トンの体で大地を揺らしていたのに、マジャーロサウルスの体格はウシほどしかなかった。ノプシャは初め、それらの骨が幼体のものではないかと疑ったが、顕微鏡で観察してみて、表面の組織が成体に特徴的なものであることに気づいた。もはや考えうる説明は一つしかない。トランシルバニア産の恐竜たちは超小型の恐竜だったのだ。

真っ先に一つの疑問が浮かんできた。なぜこれほど小柄なのだろう？　思い当たる節はあった。諜報活動・言語学・文化人類学・古生物学・バイク・計画の立案法と、さまざまな分野に精通していたノプシャは、優秀な地質学者でもあった。恐竜化石の各産出地点を地図に落とし込んでいくと、化石の産出層が河川で堆積したものであることが分かった（砂岩と泥岩が繰り返す分厚い地層で、川床に溜まった堆積物と両脇の氾濫原に溜まった堆積物から成っていた）。さらにその下には、海で堆積した地層があった（微小なプランクトン化石が濃集した細粒の粘土岩と頁岩から成っていた）。河川成層の空間的な分布を描き出したうえで、河川成層と海成層との境界をじっくり調べたところ、ノプシャは、自分の領地がかつて島の一部だったこと、そしてその島が白亜紀末期のある時点に出現したことに気づいた。超小型の恐竜たちは島に棲んでいたわけだ。島の面積はおそらく八万平方キロほど、カリブ海に浮かぶイスパニョーラ島ほどの広さだと思われた。

「もしかすると、恐竜が小柄だったのは島に棲んでいたからではないか」と、ノプシャは考えた。その発想の起点となったのは、当時の生物学者が受け入れつつあった一つの仮説だ。現生の島嶼《とうしょ》種についての研究と、地中海中央部産の奇妙な小型哺乳類の化石をもとに編み出されたものだった。その仮説によると、島とは進化の実験場のようなもので、大陸で働く通常の法則の一部が崩れているのだという。島は大陸から遠く隔たっているので、ある生き物は風で運ばれてきたり、またある生き物は流木に乗ってきたりと、どの生物種がたどり着くかは運次第というところがある。大陸と比べて空間が限られていて、したがって資源も少ないので、なかなか大型化できない種も出てくるだろう。しかも、島は大陸から隔絶されているので、動植物は見事に隔離された状況で進化する。ＤＮＡが大陸の親類と混ざることはない。島内の個体どうしだけで交配を重ね、世代ごとに変化し、時代とともに特殊化していく。こうした仕組みがあるからこそ、島に棲んでいた恐竜たちはあんなに小さく、そして珍妙な風貌をしているのではないか。ノプシャはそう考えた。

のちの研究でノプシャのこの考えが正しかったことが証明された。現在、ノプシャの〝小人〟恐竜は、「島嶼効果」が働いた格好の事例とみなされている。しかし、実生活の面で男爵に運が向くことはなかった。第一次世界大戦でオーストリア゠ハンガリー帝国が敗れ、トランシルバニア地方が戦勝国ルーマニアに移譲された。ノプシャは自分の領地と城を失い、無謀にもそれらを取り返そうとしたところ、小作農の集団に袋叩きに遭い、半死半生の状態で路上に置き去りにされた。もはや贅沢な生活を維持できるだけの金もなく、ハンガリー地質学研究所の所長をしぶしぶ引き受けたものの、お役所仕事に嫌気が差して辞めてしまう。持っていた化石を売り払ってドーダとともにウィーンに移住したが、その生活は貧しく、憂鬱な気分にも悩まされた。現在であれば鬱病と診断される状態だったに違いない。そして、ついに限界が訪れた。一九三三年四月、かつての男爵は愛人のお茶にこっそりと睡眠薬を入れた。そして、ドーダが眠りに落ちたところで銃の引き金を引き、続いてその銃口を自分にも向けた。

ノプシャが悲劇的な最期を遂げたあとに残ったのは、一つの謎だった。島の恐竜の謎を解き明かし、恐竜が小柄だったわけも突き止めた男爵だったが、彼が発見した骨はなぜかほぼすべて（竜脚類であれ、カモノハシ竜類であれ、鎧竜類であれ）、植物食恐竜のものだった。どんな肉食恐竜が種々の超小型恐竜を襲っていたのかということについて、ノプシャはほとんど手がかりをつかめなかった。大陸由来のティラノサウルス類やカルカロドントサウルス類が奇抜な進化を遂げ、島を支配していたのだろうか。それとも、ほかの肉食恐竜がいて、それらも超小型化していたのだろうか。いや、そもそも肉食恐竜などいなかったのかもしれない（植物食恐竜が小型化できたのは「捕食者に襲われる心配がなかったから」というわけだ）。

この謎を解くには、一〇〇年もの歳月と、もう一人の型破りな人物、ノプシャとの共通点の多いトランシルバニア人の力を必要とした。その男、マティアス・ブレミールは、ノプシャと同じく博学で、数か国語を操るマルチリンガルで、リュック一つで異国に向かう旅人でもある。（私の知るかぎり）スパイではないが、アフリカ各地を何年も転々とし、石油掘削施設に勤めて新規の採掘地点を探したりしていた。今ではクルージュナポカという地元の市で自分の会社を経営していて、建設事業にまつわる環境調査や地質調査を手がけている。趣味も幅広い。スキーをしたり、カルパティア山脈に洞窟探検に行ったり、ドナウ・デルタでカヌーを漕いだり、ロッククライミングをしたりする。そうした趣味に妻と二人の幼い子供を連れていくことも多い（この点はノプシャと違っている）。長身痩軀で、ロック歌手ばりの長髪で、オオカミのように鋭い眼光を備えるマティアスは、かなり強烈な行動規範の持ち主で、愚かな人間に対しては（本当にまったく）容赦しない。でも、もし相手を気に入って一目置くようになったら、その人と一緒に戦争にでも行くだろう。私はマティアスのことが大好きだ。もし私が人里離れた世界の片隅で命の危険にさらされることになったら、マティアスにこそ隣にいてほしいと思う。彼になら自分の命も預けられる。

多彩な才能の持ち主であるマティアスだが、もっとも得意としているのは恐竜探しだ。マティアスほど化石に対する嗅覚が鋭い人には、私の友人であるポーランドのグジェゴシ（最初期の恐竜形類の足跡を次々と発見した彼だ）を除いて、今までに出会ったことがない。しかも、マティアスはそれを事もなげにやっているように見える。ルーマニアで一緒に化石を探した時、私が高額な登山用の装備に身を包んでいたのに対し、マティアスは海水パンツ姿で口にタバコをくわえながら歩いていた。それでも、立派な化石を見つけるのはいつも彼なのだ。でも、本当にお気楽にやっているわけではない。というより、マティアスは一切妥協しない。化石のにおいを嗅ぎつけたら、ルーマニアの冬の川にもざぶざぶ入っていくし、高さ三〇メートルの崖から懸垂下降もするし、洞窟最深部の一番狭い隙間にも体をねじ込んでいく。私は一度目撃したことがある。川の対岸の土手に骨が突き出ているのを見つけたマティアスが、骨折した足を引きずりながら急流をかき分けていくところを。

二〇〇九年の秋、まさにその川において、マティアスは人生最大の発見を成し遂げた。二人の子供と化石を探していたところ、土手の赤錆びた岩に真っ白な塊が突き出ていた。川面の数十センチほど上に見えている。骨だった。道具を取り出し柔らかな泥岩を削っていくと、もっと骨が出てきた。プードルほどの大きさの動物の肢と胴体ではないか。興奮はたちまち恐怖に変わった。近くの発電所からもうすぐ放流がはじまることになっていたのだ。川の水位が上がったら骨は流されてしまうに違いない。なるべく速く、それでいて外科医並みの正確さで、六九〇〇万年前の墓からその骨格を掘り出した。クルージュナポカに持ち帰り、地元の博物館に保管を託すと、本腰を入れて骨格の動物の正体を調べはじめた。恐竜であることは間違いない。でも、トランシルバニアでそれまでに発見されていたどの恐竜とも似ていなかった。マティアスは、外部の意見を聞きたいと考え、白亜紀後期の小型恐竜の発掘と記載を数々手がけていた、ある古生物学者にメールを送った。その人物とは、かつてバーナム・ブラウンが務めていたニューヨーク・アメリカ自然史博物館の恐竜担当学芸員の職に就いていた、マーク・ノレルだった。

私のもとにも、マークのもとにも、化石の同定を依頼するメールがひっきりなしに届く。それらは結局、紛らわしい形の石やコンクリートの塊であることが多い。ところが、マティアスからのメールを開き添付の画像をダウンロードした時、マークは言葉を失った。なぜそんなことが分かるのかと言うと、私もその場にいたからだ。当時の私は、マークのもとで博士課程の日々を過ごしていて、獣脚類の系統と進化についての論文を執筆していた。マークに呼ばれて彼のオフィス（セントラルパークを見渡せる高級感のある部屋）に行くと、ルーマニアから届いたばかりのその謎めいたメールを見せられ、感想を求められた。画像の骨が獣脚類のものに見えるということで私たちの見解は一致し、さらに少し詳しく調べたところ、肉食恐竜のまともな骨格がトランシルバニアから発見されていないことも分かった。マークがマティアスに返事を送り、そこから親交がはじまった。数か月後、私たち三人は凍てつく二月のブカレストで一堂に会していた。

私たちは重厚な板張りのオフィスで落ち合った。その部屋の主人は、マティアスの研究者仲間の一人であるゾルタン・チキ゠サバという三〇代の教授だった。チャウシェスクの軍に強制徴兵されていたところ、共産主義体制の崩壊とともに解放され、その後大学に入り、ついにヨーロッパ屈指の恐竜学者になったという人物だ。目の前のテーブルにすべての骨が並べられていた。あとは、私たち四人がその骨の持ち主を突き止めるだけ。骨をじかに見て、それが獣脚類のものであると確信した。軽くて華奢で、ヴェロキラプトルなどの細身で獰猛なラプトルの骨に似ているものが多い。体格は、やはりヴェロキラプトルと同じか、それより少し小さいくらいだろうか。ただし、違いの見られる箇所もあった。マティアスの恐竜は、後足に四本の大きな指が生え、そのうち内側の二本に大きな鉤爪が備わっていた。ラプトルといえば出し入れ可能な鉤爪（肉を切り裂き内臓をえぐり出すための鉤爪）が有名だが、それは各足に一本しかない。しかも主要な指の数も三本で、四本ではない。これは一体どう解釈したものか。どうも、私たちの目の前にいるのは新種の恐竜らしかった。

それからの一週間、私たちは骨の研究を続け、寸法を測ったりほかの恐竜の骨格と見比べたりした。するとようやく真相が見えてきた。このルーマニア産の新種の獣脚類はやはりラプトルの仲間だった。しかし、特殊なラプトルであり、大陸の親類にはない余分な指と鉤爪を持っている。これは驚愕の新事実だった。トランシルバニア地方にかつて存在した太古の島では、植物食恐竜が小型化し、肉食恐竜が特殊化していたと

図 32　トランシルバニア地方の「赤の峡谷」で“小人”恐竜を探すマティアス・ブレミール

いうのだから。しかも特殊なのは二重の鉤爪と余分な足の指だけではない。このルーマニアのラプトルはヴェロキラプトルよりがっしりしていて、前肢と後肢の骨の多くが癒合しており、さらに前足を見ると、太くて短い指と手首の骨が一体と化していた。肉食恐竜の新たな系統と言えた。数か月後、私たちはこの恐竜に「バラウル・ボンドク（*Balaur bondoc*）」というぴったりな学名をつけた。属名は古代ローマ語で「竜」を意味し、種小名は「がっしりした」という意味を持っている。

　白亜紀後期のヨーロッパの島々において、バラウル・ボンドクは最強の捕食者だった。〝暴君〟というよりは〝殺し屋〟で、自慢の鉤爪一式を駆使し、ウシ大の竜脚類や小型のカモノハシ竜類や鎧竜類を屈服させていたことだろう。それは、拡大の一途をたどる大西洋の真ん中でのことだった。バラウルは島々における最大の肉食恐竜だったと、今のところは考えられている。マティアスが次にどんな化石を見つけるかは分からないが、ティラノサウルス類のような巨大な肉食恐竜が見つかることはまずないだろう。一〇〇年ものあいだ化石の捜索がなされてきて、何千点もの化石が採集されているのに（骨だけでなく卵も足跡も見つかっているし、恐竜だけでなくトカゲや哺乳類も見つかっている）、大型肉食恐竜の骨はひとかけらも出てきていないのだから。それどころか歯の一本も産出していない。これだけ出てこないのだから、おそらくそこに何らかの意味があるのだろう。要するに、島という環境は、骨をも嚙み砕く巨大な怪物が生息するには狭すぎたということだ。だからこそ、バラウルのような活発で小柄な恐竜が食物連鎖の頂点に立てたのだろう（白亜期が幕を閉じる頃に存在したこの驚異の恐竜群集がいかに型破りだったかを物語る、もう一つの証しと言える）。

トランシルバニアに何回か出向いた折、化石探しを午後から休んで、ある丘陵地帯に足を延ばしたことがある。サチェルという小村のそばに建つ城の前に、マティアスが車を停めた。昔はさぞ壮麗だったのだろうが今では荒れ果てていて、もうずっと人は住んでいない。若草色の塗装はすっかり剝げ落ち、下のレンガがむき出しになっている。窓は全部割れていて、板張りの床は腐りかけで、漆喰の壁には落書きがされていた。野良犬がゾンビのように徘徊している。床も壁も一面ほこりだらけ。ところがどういうわけか、重力の法則と残酷な時の流れに抗うように、金色に輝くシャンデリアはロビーの天井から優雅に吊り下がっていた。そのシャンデリアの下をびくびくしながら通り、ギシギシときしむ階段を上っていく。上の階のありさまはもっとひどかった。床に大きな亀裂が入り、かつて出窓があった

図 33　小さな最上位捕食者バラウルの足。白亜紀末期のトランシルバニアの島に生息していた（写真提供：ミック・エリソン）。

場所にぽっかりと穴が開いている。

まさにここ、一〇〇年前のこの書斎に、ノプシャ男爵がいた。椅子に座って恐竜にまつわる資料を読み、各種の骨の些細な違いについて学び、屋外で珍妙な化石が見つかることを不思議に思い、その疑問に対し納得のいく仮説を編み出そうとしていた。この城は、ノプシャの住まいであり、数世紀続いた名家の本拠だった。ノプシャ家は代々この地で栄え、男爵が華々しく活躍していた時期（祖国のためにアルバニアで諜報活動をしたり、ヨーロッパ各地で満員の聴衆に恐竜のことを話したりしていた時期）には、その栄華が子々孫々まで続くように思えたことだろう。

それは、恐竜も同じだった。白亜紀が幕を閉じようとしていた頃（北アメリカでT・レックスとトリケラトプスが激闘を繰り広げ、南半球でカルカロドントサウルス類が巨大な竜脚類を襲い、ヨーロッパの島々にさまざまな〝小人〟恐竜が暮らしていた頃）、恐竜は無敵であるように思えた。ところが、例えば城のように、例えば帝国のように、例えば波乱の生涯を送った異才の貴族のように、進化が生み出した大いなる王朝もまた、倒れうる。もっともありえない事態に見舞われた時に――。

（1）いわゆる「クビナガリュウ」はプレシオサウルス類とプリオサウルス類の総称。

8

恐竜，飛び立つ

アーケオプテリクス（*Archaeopteryx*）

窓の外に恐竜がいる。 私は今、その姿を眺めながらこの原稿を書いている。広告看板の写真だとか、博物館の骨格の複製だとか、遊園地で見かける醜悪なロボットのことを言っているわけではない。

生きて、呼吸をして、動いている、正真正銘、本物の恐竜のことを言っている。二億五〇〇〇万年前のパンゲアに登場したあのしぶとい恐竜形類の子孫であり、ブロントサウルスやトリケラトプスと同じ系統樹に属する仲間であり、T・レックスやヴェロキラプトルのいとこである動物のことだ。

体格はネコほどで、長い前肢は胸の横で折り畳まれ、ずっと短い後肢は枝のように細い。体の大部分はウエディングドレスばりの純白、前肢の縁は灰色、前足の先は黒色をしている。隣家の屋根に後肢をぴんと伸ばして立ち、誇らしげに首を伸ばしている。その姿は、スコットランド東部のどんよりとした曇り空を背景に、王者然として見える。

雲間から陽光が差すと、そのつぶらな両目がキラッと光り、続けて左右に揺れ出した。その動物が鋭い感覚と高い知能を備えていることは間違いなく、明らかに何かに気づいている。たぶん、私に見られていることを分かっているのだろう。

すると何の前触れもなく、口をあんぐりと開け、けたたましい鳴き声を発しはじめた。仲間への警告か、それともメスへの求愛か。あるいは私に向けた威嚇なのかもしれない。何はともあれ、その鳴き声は二重ガラス越しにもはっきりと聞こえた。相手とガラスで隔てられていることを感謝するばかりだ。

そのふわふわとした動物はまた静かになり、首を回して私とじかに目を合わせてきた。明らかに私がここにいることを分かっている。また鳴き出すのかと思ったら、驚いたことに口を閉じた。上下のあごが合わさると鋭く黄色いクチバシが存在感を増す。その先端は下向きに少し曲がっている。歯は生えていなくても、あのクチバシはかなり厄介な代物で、つつかれたら相当痛いに違いない。自分が屋内にいて安全であることに改めてホッとして、遊び半分に窓ガラスを軽く叩いてみた。

すると、その動物が動いた。何とも形容しようのない優雅な動作で、水かきのついた足をスレート瓦から踏み出し、羽根の生えた前肢を広げ、そよ風の吹く空に飛び立った。動物は木立の向こうに消えていった。たぶん北海に向かうのだろう。

私が見ていた恐竜は、カモメだ。エジンバラの界隈に何万羽と棲んでいるので、見かけない日はない。自宅から数キロ北の海で魚を獲るために急降下する姿を見かけることもあるが、旧市街の路地でハンバーガーの包み紙などをつついているのを見て不快に思うことのほうが多い。時には、無警戒な観光客を急襲し、クチバシにフライドポテトを一、二本突き刺して上空に戻っていく姿を見かけることもある。こうした行動(ずる賢くて、すばやくて、いやらしい行動)を目の当たりにすると、普段は気にもかけないカモメに、内なる〝ヴェロキラプトル〟が潜んでいることを感じずにはいられない。

カモメも、ほかの鳥も、恐竜から進化してきた。だからこそ鳥は恐竜だと言えるわけだ。別の言い方をすれば、鳥類の系譜をさかのぼると全恐竜の祖先に行き着くわけで、ゆえに鳥類は、T・レックスやブロントサウルスやトリケラトプスとまったく同じ程度に〝恐竜的〟であると言える。私といとこが共通の祖父を持つがゆえに同じブルサッテ家の人間であるのと同じように。鳥類は恐竜の一グループにすぎず、その点においてティラノサウルス類や竜脚類と何ら変わらない。恐竜の系統樹に伸びる数多くの枝の一本にすぎないのだ。

すごく大切な点なので、もう一度言っておこう。鳥は恐竜だ。まあ、ちょっと納得できない気持ちも分かる。一般の人からこんなふうに異を唱えられることも多い。「確かに、鳥は恐竜から進化したのかもしれないけど、T・レックスともブロントサウルスともほかのおなじみの恐竜ともまるで違うんだから、同じグループに分類したらいけないんじゃないですか。小さくて、羽根があって、飛べるんだから、恐竜と呼ぶのはおかしいでしょ」と。パッと聞いた感じだと、的を射た意見であるように思えるかもしれない。でも私は、この意見に対し、すぐに返せる答えをいつも用意している。「コウモリは見た目も行動もネズミやキツネやゾウとはまるで違うけど、「コウモリは哺乳類じゃない」なんて言う人はいませんよね。コウモリは翼を進化させて飛行能力を発達させた変わり種の哺乳類であるにすぎないからです。鳥類も翼を進化させて飛行能力を発達させた変わり種の恐竜であるにすぎません」。

念のためにことわっておくと、私がこれから話すのは「鳥」のこと、つまり本物の鳥類のことだ。恐竜時代の別の人気者である「翼竜」の話は一切しない。翼竜は大空を舞っていた爬虫類で、伸長した前肢の第四指（薬指）に皮膜を張って長い翼を形作っていた。大半の種は現生鳥類と同程度の体格だったが、中には翼開長が小型飛行機を上回る種もいた。まだパンゲアがあった三畳紀に恐竜とほぼ時を同じくして誕生し、白亜紀末期に大多数の恐竜とともに滅び去ったが、だからといって恐竜ではないし、ましてや鳥類でもない。あくまで恐竜に近縁ないとこにすぎない。翼竜は、脊椎動物（背骨のある動物）として初めて、翼を進化させて空を飛んだ。恐竜も（鳥に姿を変えて）空を飛んだものの、二番手だったわけだ。

そういうわけで恐竜は今も私たちとともに生きている。つい「恐竜は絶滅した」などと言ってしまうが、実際には一万種余りの恐竜が生き残っていて、現代の生態系に不可欠な構成員として、私たちの食料やペットとして、カモメの場合でいえば害鳥として存在している。確かに、恐竜の大多数は六六〇〇万年前に滅びた。T・レックスとトリケラトプスが争い、ブラジルに巨大な竜脚類がいて、トランシルバニアの島々に小人恐竜がいた白亜紀末期は、混沌のうちに幕を閉じた。恐竜の治世が終わると革命が起き、王国を別の動物に明け渡すことになった。でも、苦境を耐え忍ぶ資質を備えた少数の恐竜は、そんな時代を生き延びた。そうしたたくましい生き残りの子孫が、現代に生きる鳥類だ。一億六〇〇〇万年以上におよんだ恐竜の治世のなごりであり、今は亡き王国の不朽の遺産なのである。

「鳥は恐竜である」という発見は、恐竜学者がこれまでに突き止めてきた事実の中で、おそらくもっとも重要なものだろう。ただしこれは、いくらここ数十年の恐竜学の発展が目覚ましいとはいえ、私たちの世代の研究者が提唱した斬新な学説というわけではない。まったく逆で、その発端は古く、元をたどればチャールズ・ダーウィンの時代に行き着く。

時は一八五九年。ダーウィンは自身の驚くべき発見をついに世間に公表することにした。青年期にビーグル号で世界を旅してから二〇年。航海中に行った諸観察の扱いについて頭を悩ませてきたうえでの決断だった。その発見とは「生物種は不変の存在ではなく、時とともに進化していく」というもの。進化が起きる仕組みまでも解明し、その仕組みのことを「自然選択」と呼んでいた。同年一一月、ダーウィンは『種の起源』の中で自身の考えをつまびらかにした。

自然選択が働く仕組みを説明しよう。生き物の集団というものは必ず変異を抱えている。野生のウサギの群れを例に取ると、全個体が同じ種に属しているにもかかわらず、それぞれ少しずつ毛の色が異なっている。そうした変異のうちの一つを持っていると生存上有利になることがあり（例えば、暗い毛色をしたウサギはほかのウサギと比べて身を隠すのが上手かもしれない）、するとその変異を持つウサギは、より長く生きられる確率が高まり、したがって、より多くの子供をもうけられる確率も高まる。もしその変異が遺伝性のものであれば（つまり子孫に受け継がれるものであれば）、時とともに集団内に広まっていき、やがてそのウサギの種の全個体が暗色の毛を持つようになるだろう。暗色の毛が自然選択され、ウサギが進化したわけだ。

この仕組みを通じて新しい種が生まれることさえある。何らかの理由で、ある集団が二つに分かれたとしよう。すると、その二つの小集団がそれぞれ独自の道を歩みはじめ、自然選択を通じて独自の特徴を獲得していき、やがて互いに交配できないほどにかけ離れる。そうして、別々の種になるわけだ。この数十億年間に地球上に存在した生物種は、例外なく、この仕組みのおかげで誕生した。つまり、すべての生き物は（今生きている種も滅んだ種も関係なく）類縁関係にあり、一本の壮大な系統樹に属するいとこどうしだと言える。

優雅なほどの簡潔さと後世に与えた影響の大きさから、ダーウィンが提唱した自然選択による進化説は、今日ある世界を説明する基本原則の一つだとみなされている。自然選択による進化のおかげで恐竜は誕生し、目覚ましい多様化を遂げて長らく地球を支配し、大陸の移動・海水準の変動・気温の変化に適応しつつ、王座を狙う競合相手の脅威を退けられた。人類が誕生したのも自然選択による進化のおかげだし、勘違いしてほしくないのは、今もその仕組みは働いているということだ。私たちの身の回りで絶えず働いている。だからこそ私たちは、薬剤への耐性を進化させた〝超細菌《スーパーバグ》〟に怯えないといけないし、有害な細菌やウイルスの一歩先を行く新薬を常に創り続けないといけない。

今でも進化の存在に異を唱えている人たちはいるが（もうこれ以上は言うまい）、その異論がどんなものであれ、一八六〇年代に起きていたこととは比べものにならない。（大衆のことを考えて美しくも読みやすい散文体で書かれていた）ダーウィンの本は、一大論争を巻き起こした。宗教とか心とか宇宙における人間の地位とか、それまでの社会で聖域とされてきた領域が突如として議論の俎上《そじょう》に上ったように感じられた。証拠と批難の応酬が続く中、進化論の肯定派も否定派も切り札を探していた。ダーウィンの支持者の多くは、「失われた環（ミッシングリンク）」が見つかれば進化論の正しさを証明する決め手になると考えた。ある種類の動物が別の種類の動物に進化していくさまを〝静止画〟のように捉えた移行化石のことだ。そうした化石が見つかれば進化が起きていたことを実証してくれるだけでなく、進化という現象を書籍や講演よりもはるかにまざまざと大衆に伝えてくれるはずだった。

ダーウィンが待ちぼうけを食うことはなかった。一八六一年、ドイツ・バイエルン州の採石場で作業員らが風変わりな化石を発見したのだ。そこで採掘されていたのは細粒の石灰岩の一種で、当時はそれを割って薄い板にして石版印刷の素材にしていた。（もう名前は分からない）作業員の一人が岩板を割ったところ、一億五〇〇〇万年前の動物の化石が出てきた。まるでフランケンシュタインの怪物のようで、爬虫類のように鋭い爪と長い尾を持ちながら、鳥類のように羽根と翼も備えていた。まもなく、バイエルンの地方に点在する別の採石場からも同じ動物の化石が見つかった。圧巻は、全身がほぼ丸ごと保存されていた骨格だ。鳥類のように叉骨《さこつ》を備えていながら、あごには爬虫類のように鋭い歯が並んでいた。動物の正体が何であれ、半分爬虫類で半分鳥類のように見えることは確かだった。

このジュラ紀のハイブリッド動物はアーケオプテリクス（*Archaeopteryx*）と名づけられ、大いに世間を騒がせた。ダーウィンは、『種の起源』の後年の版でアーケオプテリクスを引き合いに出し、鳥類は奥深い歴史を持っており、そのことは進化でしか説明できないと訴えた。ダーウィンの親友であり熱烈な支持者でもあった人物も、その風変わりな化石に目を留めた。トマス・ヘンリー・ハクスリーといえば「不可知論」という言葉で「神が存在するかどうかは分からない」とする宗教観を表現したことで有名だが、一八六〇年代には〝ダーウィンの番犬〟として広く知られていた。その異名を自ら名乗っていたことからも分かるとおり、ダーウィンの説を徹底的に擁護し、異を唱える者がいれば誰彼構わず（対面でも紙面でも）食ってかかった。アーケオプテリクスが爬虫類と鳥類をつなぐ移行化石であることを認めたうえで、ハクスリーはさらにもう一歩踏み込んだ。アーケオプテリクスと、バイエルン州の同じ石灰岩層から発見されていたコンプソグナトゥス（*Compsognathus*）という小型肉食恐竜が妙に似ていることに着目し、それを踏まえて斬新な説を提唱した。「鳥は恐竜から進化したのだ」と。

論争は次の世紀に入っても続いた。ハクスリーを支持する研究者もいれば、恐竜と鳥類のつながりを認めない研究者もいた。アメリカ西部で恐竜化石が怒濤のごとく産出しても（モリソン層からジュラ紀のアロサウルスや数々の竜脚類の化石が出てきても、ヘルクリーク層から白亜紀のT・レックスやトリケラトプスの化石が出てきても）、論争に終止符を打てるだけの証拠はまだ出そろっていないという印象だった。すると、一九二〇年代に入って一人のデンマーク人画家が短絡的な議論を展開し「鳥が恐竜から進化したはずはない。なぜなら恐竜は鎖骨（鳥では左右が融合して叉骨になっている）を持っていないようだから」と主張した。ちょっと信じがたいかもしれないが、なんと一九六〇年代までこの主張は支持されていた（今では恐竜も叉骨を持っていたことが分かっている。主張は的外れだったわけだ）。ビートルズの人気が世界を席巻し、アメリカ

図 34　アーケオプテリクスの羽毛に覆われた骨格。化石記録に残る最古の鳥類。

南部で公民権運動のデモが起き、ベトナムで激戦が繰り広げられていた頃、おおかたの共通認識は「恐竜と鳥類のあいだに類縁はない」というものだった。両者は少しばかり似ているだけの遠い親戚どうしにすぎないと考えられていた。

状況が一変したのは、ウッドストック・フェスティバルで世が騒然とした一九六九年のこと。革命が進行中で、それまでの社会通念や伝統が西洋各地で打破されつつあった。その反逆精神は科学界にも波及し、古生物学者の恐竜に対する見方も変わりはじめた。「低能で地味で鈍重なデカブツ」というのがそれまでの恐竜像で、恐竜時代は地質時代の不毛期だったとまで思われていたが、それが、「もっと活発で躍動的ではつらつとした動物だった」という理解に変わり、能力と知力を駆使して世界を支配していたと考えられるようになった。多くの面で現生動物と（とりわけ鳥類と）非常に似ていたという見方もされはじめた。（イェール大学の控えめな教授ジョン・オストロムと奔放な学生ロバート・バッカーに代

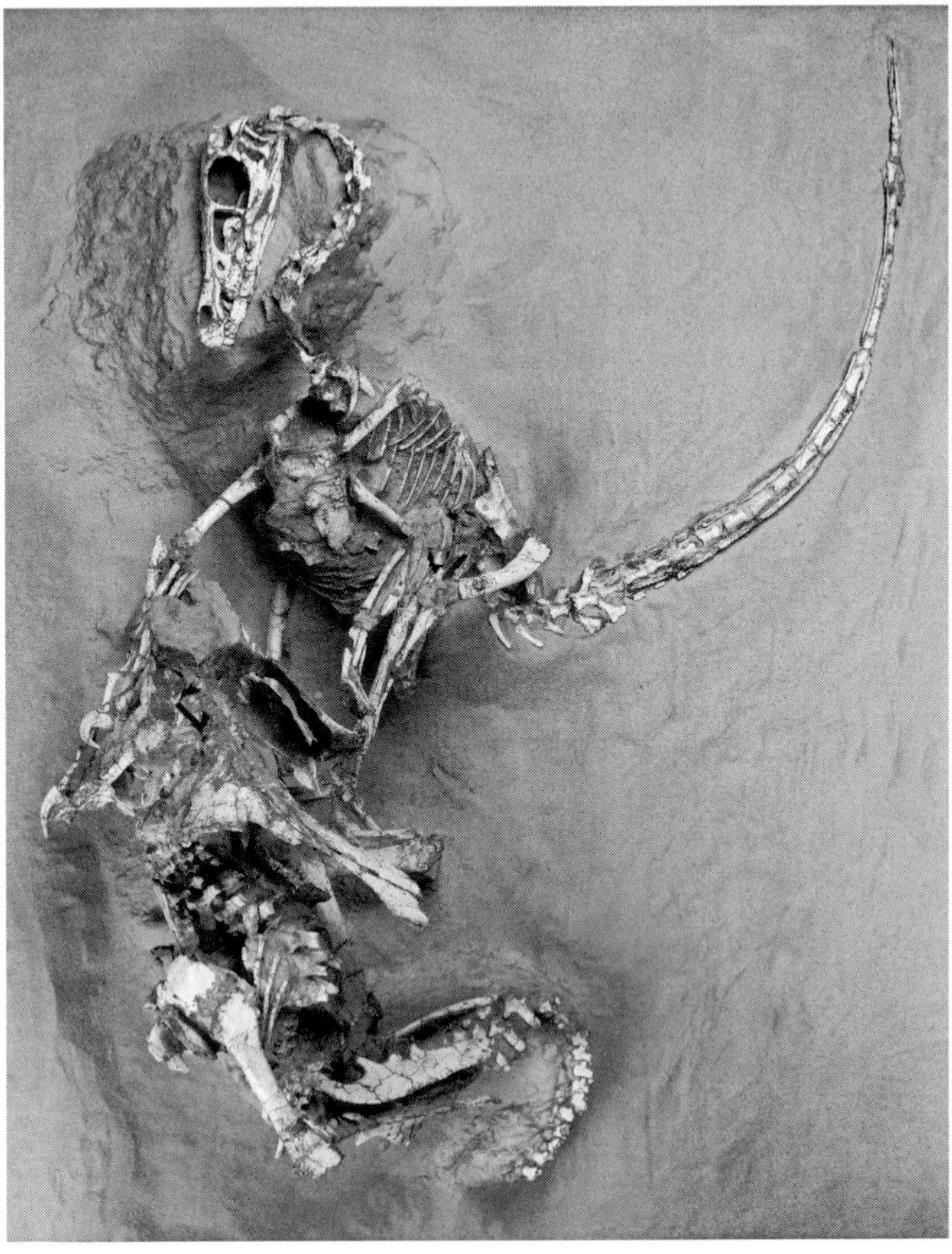

図 35　ドロマエオサウルス類（ラプトルの仲間）のヴェロキラプトルと原始的な角竜類のプロトケラトプス（*Protoceratops*）が格闘しているさなかに化石になったもの。モンゴル・ゴビ砂漠産（写真提供：ミック・エリソン，助手：デニス・フィニン）。

表される）新世代の研究者が従来の恐竜像をすっかり変えていった。恐竜は群れで暮らし，優れた感覚を持ち，子育てをしていたという主張がなされ，さらには哺乳類のように温血だったかもしれないとまで言われはじめた。

このいわゆる「恐竜ルネサンス」が勢いづいたきっかけは，その数年前の一九六〇年代半ばにオストロムのチームが一連の化石を発掘したことにあった。オストロムらは，モンタナ州の最南部（ワイオミング州との州境間際）に出かけ，白亜紀初頭の一億二五〇〇万～一億年前に河川の氾濫原に堆積した色彩豊かな地層を調査した。すると，ある恐竜の一〇〇〇点を超える骨が見つかった。その恐竜は驚くほど鳥に似ていた。翼ではないかと思えるほどの長い前肢を持ち，俊敏で活発な動物だったことを示す細身の体つきをしていた。オストロムは，数年かけてその恐竜の骨を研究し，一九六九年に新種のラプトル「デイノニクス（*Deinonychus*）」として発表した。近縁種にはあのヴェロキラプトルがいる。ヴェロキラプトルは，一九二〇年代にモンゴルで発見され，ヘンリー・フェアフィールド・オズボーン（T・レックスを命名したニューヨークの貴族）により命名された。ただ，『ジュラシック・パーク』が公開される以前だったから，まだ知名度は低かった。

自分の発見が状況を一変させうる力を秘めていることに，オストロムは気づいていた。そして，デイノニクスを論拠としてハクスリーの「鳥の恐竜起源説」をよみがえらせ，一九七〇年代に一連の名論文を著してその正しさを主張していった。まるで，弁護士が明白な証拠を一分の隙もなく並べ立てて意見を述べるように。一方，元教え子の派手好きなバッカーは違う道をたどった。カウボーイハットとヒッピーのような髪型が目印の六〇年代の申し子は，伝道師になった。恐竜と鳥類のつながりを（温血で利口な進化の成功例という新しい恐竜像とともに）公衆に説いた。一九七五年の「サイエンティフィック・アメリカン」誌の特集記事や一九八〇年代に驚異的な売り上げを記録した著書『恐竜異説』を通してのことだ。流儀がまるで違う二人のあいだには深刻な軋轢も生まれたが、オストロムとバッカーが一緒になって世間の恐竜観を変えたことは間違いない。一九八〇年代の終わりには、古生物学を真剣に学ぶ学生のほとんどが二人の考え方に親しむようになっていた。

「鳥は恐竜から進化した」ということを認めると、何とも心躍る疑問が湧いてきた。現生鳥類のもっともおなじみの特徴のいくつかは、恐竜の段階で進化してきたのではないか。オストロムとバッカーはそう考えたのだ。デイノニクスなどのラプトルの仲間（骨格も体型もすこぶる鳥に近い恐竜）は、〝鳥の鳥たるゆえん〟であるあの特徴も持っていたかもしれない。そう、羽毛だ。鳥は恐竜から進化したわけだし、半分恐竜で半分鳥のアーケオプテリクスも化石化した羽毛に覆われていたわけだから、羽毛は、恐竜から鳥類に至る進化の道筋のどこかで誕生したに違いない。ひょっとすると鳥類が登場するよりずっと前の恐竜の段階で進化していたのかもしれない。もし恐竜が羽毛を持っていたとなれば、恐竜と鳥類のつながりをいまだに認めない少数の否定派に対する、とどめの一撃にもなるだろう。

ただ困ったことに、デイノニクスなどの恐竜が羽毛を持っていたのかどうかについて、オストロムとバッカーは確信が持てずにいた。何しろ手元には骨しかない。軟体部が幾多の試練を乗り越えて化石になることはめったになく、皮膚も筋肉も腱も内臓も、そしてもちろん羽毛も、動物が死んで、腐って、埋まって、化石になるまでのどこかで、消失してしまう。アーケオプテリクス（オストロムとバッカーが化石記録に残る最古の鳥類だと考えた動物）は幸運な例外にすぎない。何しろ、死後まもなく穏やかな潟の底に埋まり、その後あっという間に化石になったのだから。ひょっとすると、この問題に決着がつくことは永遠にないのかもしれない。それでも二人は待った。誰かが、どこかで、どうにかして、羽毛の生えた恐竜を見つけてくれることを願いながら。

時は流れて一九九六年、退職を間近に控えていたオストロムは、ニューヨークで開かれた古脊椎動物学会の年次会合の場にいた。世界中の恐竜ハンターが一堂に会して、新発見の報告をしたり各自の研究について議論をしたりする場だ。アメリカ自然史博物館の館内をぶらついていたオストロムは、カナダ人研究者のフィリップ・カリーに声をかけられた。カリーは最初の〝ポスト六〇年代〟世代で、「鳥の恐竜起源説」を教わって育った一人だ。その説に魅了され、一九八〇年代と一九九〇年代の大半を通じて、カナダ西部やモンゴルや中国で鳥類に似た小型恐竜を探してきた。実はその時も中国から帰ってきたばかりだった。何でも向こうでとんでもない化石の話を耳にしたのだと言う。そして、その化石の写真をポケットから取り出し、オストロムに見せた。

そこに写っていたのは、体の周りをふわふわの羽毛に覆われた小型恐竜の化石だった。まるで昨日死んだかのように完璧な状態で保存されている。オストロムは嗚咽を漏らしはじめた。ひざがガクガクして、危うく床にくずおれそうになった。ついに、誰かが、待望の羽毛恐竜を発見してくれたのだ。

カリーがオストロムに見せた（のちにシノサウロプテリクス〈*Sinosauropteryx*〉と名づけられた）化石は、きっかけにすぎなかった。発見地である中国東北部の遼寧省《りょうねい》に、大勢の研究者が、ゴールドラッシュ時の採掘者ばりの狂気じみた野望を抱えて押し寄せた。ただ、本当の実力者は、地元の農家の面々だった。土地勘に優れていたし、第一級の化石を一つでも見つけて博物館に売りつければ、つらい農作業を一生続けても手に入らないほどの大金を稼げることも知っていた。数年のうちに地域一帯の農家から報告が上がってきて、羽毛恐竜の顔ぶれが何種類も増え、それぞれカウディプテリクス（*Caudipteryx*）、プロタルカエオプテリクス（*Protarchaeopteryx*）、ベイピアオサウルス（*Beipiaosaurus*）、ミクロラプトル（*Microraptor*）などと名づけられた。それから約二〇年が経った現在、二〇種以上の羽毛恐竜が知られ、化石の総数も数千体に上っている。恐竜たちは、美しい湖水地域の周りに広がる密林に生息し、何とも運の悪いことに、周期的に火山による壊滅的な被害に遭っていた。噴火が起きると時として火山灰の津波が発生し、水と混ざってドロドロの流体となったあと、一帯を覆い尽くして何もかもを飲み込んだ。恐竜も日常生活を送っていたところを襲われ、まるでポンペイの人々のように保存された。羽毛が細部までしっかりと残っていたのは、そういうわけだ。

一台のバスを何時間も待っていたら、いきなり五台いっぺんにやって来た。オストロムとしてはそんな心境だっただろう。突如として、羽毛恐竜の豊かな群集が立ち現れ、自説の正しさを証明してくれたのだから。つまり、鳥はやはり恐竜の子孫なのであり、生きる時代は離れていても、T・レックスやヴェロキラプトルと同じ家族の一員なのだ。遼寧省の羽毛恐竜群は今や世界でもっとも有名な化石群の一つになったし、そうなって当然だと思う。私が生まれたあとに発見された恐竜化石の中で、これほど重要なものはほかにない。

私が「これほど研究者冥利に尽きることはない」と思ったことの一つに、中国各地の博物館で遼寧省産の羽毛恐竜の数々を研究させてもらったことがある。なんと新種の恐竜の命名と記載をする機会にも恵まれた。この本の冒頭数ページで紹介した、翼を備えたラバほどの大きさのラプトル、チェンユエンロンのことだ。遼寧省産の恐竜化石は見栄えのいいものばかりだが（自然史博物館ではなく美術館にあってもよさそうに思える）、もちろん、それだけのものではない。

遼寧省産の化石のおかげで、生物学における最大の謎の一つを解き明かせるかもしれない。進化を通じてまったく新しい生物群が生まれる仕組みとは一体どのようなものなのか？　いかにして、体のつくりを一新して驚くべき生態を新たに備えるということが起きるのだろう？　このたぐいの〝跳躍〟の格好の事例と言えるのが鳥類だ。何しろT・レックスやアロサウルスに似た祖先から、小型で成長が速くて内温性で空も飛べる鳥類が進化してきたのだから。生物学者はこうした跳躍のことを「〝大いなる〟進化的移行」と呼んでいる。

大いなる進化的移行を研究するなら化石がないといけない。なぜならそれは、研究室で再現したり自然界で観察したりできるたぐいの現象ではないからだ。その点、遼寧省産の恐竜は申し分のない事例研究の題材と言える。化石の数も多いし、体格も姿かたちも羽毛の構造も、実に多様性に富んでいる。ヤマアラシのトゲに似た単純な構造を備えたイヌ大の植物食の角竜類もいたし、髪の毛に似た羽毛を生やした全長九メートルのT・レックスの原始的な親戚（第5章に登場したユーティラヌスなど）もいたし、れっきとした翼を持っていたチェンユエンロンのようなラプトルもいた。さらには、前肢だけでなく後肢にも翼を生やすという現生鳥類にも見られない特徴を持っていたカラスほどの大きさの珍種までいた。それぞれの種はいわば〝スナップ写真〟であり、つなぎ合わせて系統樹の上に載せると、進化的移行が起こるさまを捉えた〝動画〟になる。

何よりもまず、遼寧省産の化石のおかげで、恐竜の系統樹における鳥類の位置づけがはっきりした。鳥類は獣脚類の一種だ。つまり、T・レックスやヴェロキラプトルに代表される獰猛な肉食恐竜のグループに属するわけで、先に紹介した多くの肉食恐竜（ゴーストランチ産の群れで暮らす恐竜コエロフィシス、モリソン層産の〝食肉解体屋〟ことアロサウルス、南半球の諸大陸に君臨していたカルカロドントサウルス類やアベリサウルス類など）とも類縁があることになる。これこそまさに、ハクスリーが、あるいは後年にオストロムが提唱した考えだった。遼寧省産の化石のおかげで、鳥類とほかの獣脚類だけに共有される特徴が数多くある

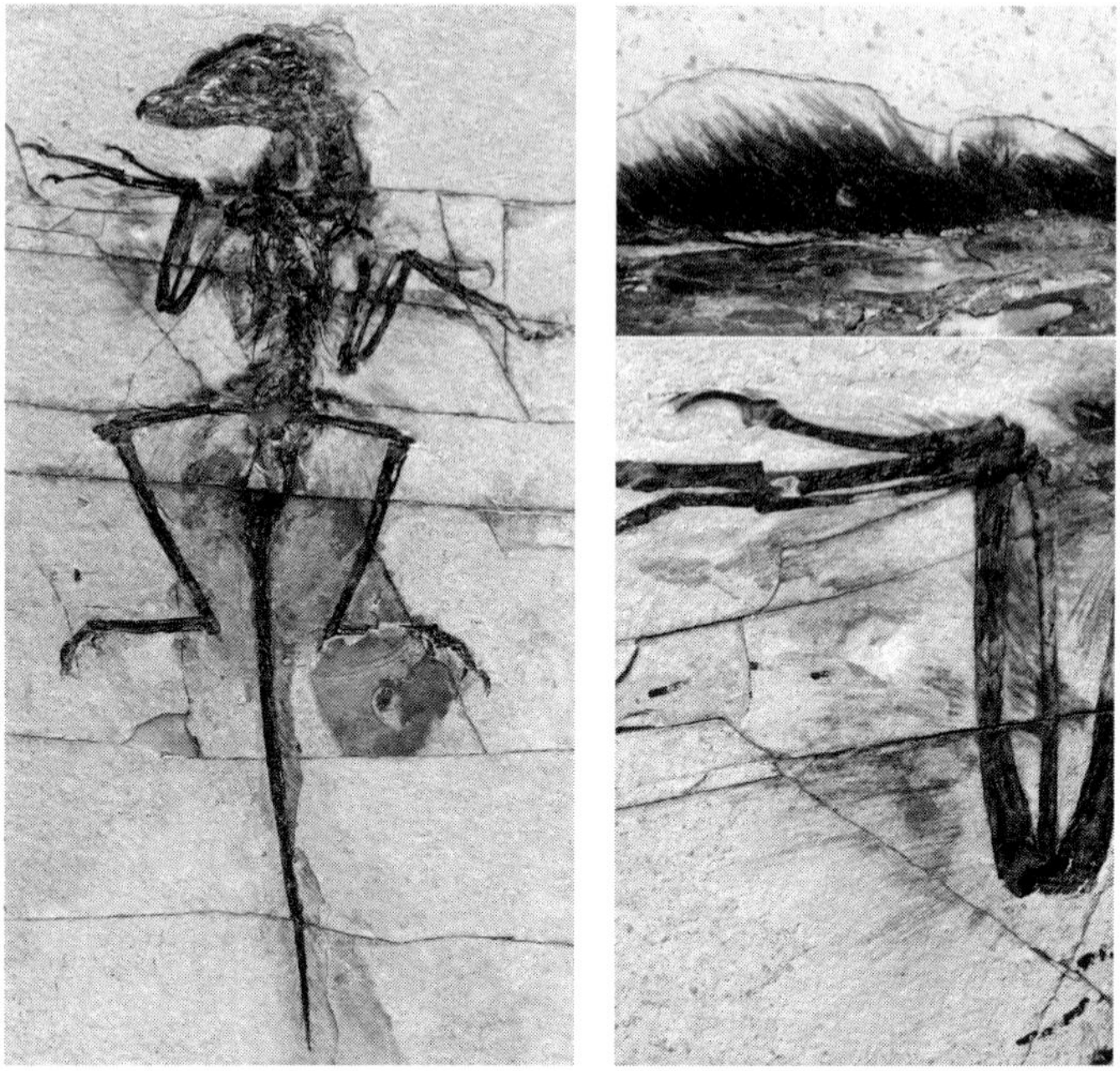

図 36　（左）羽毛を生やしたドロマエオサウルス類（ラプトルの仲間）であるシノルニトサウルス（*Sinornithosaurus*）の化石。中国遼寧省産（写真：ミック・エリソン）。（右上）シノルニトサウルスの頭部に生える単純な繊維状の羽毛の拡大写真。（右下）前肢に生えるもっと長くて羽軸を持つ羽根。

ことが示され、論争に決着がついた。羽毛はもちろんのこと、叉骨、体の脇で折り畳める三本指の前肢など、数百個の骨格上の特徴が共有されている。こうした諸々の特徴を鳥類や獣脚類と共有する動物は（現生種か絶滅種かを問わず）存在しないので、鳥類は獣脚類から進化したはずだと考えざるをえない。ほかの考えを支持したいなら、その根拠となるあらゆる新事実を示してもらうしかない。

鳥類は、「原鳥類」という、獣脚類の中でも進化的なグループに属している。原鳥類に属する肉食恐竜は、いまだ世間に根強く残る恐竜（特に獣脚類）にまつわる固定観念を打ち破ってくれる。T・レックスのように大地を揺らす怪物だったわけではなく、もっと小柄で敏捷で賢くて、ヒト以下の体格の種ばかりだった。独自の道を歩んだ獣脚類のグループであり、祖先の怪力と体格を捨て、もっと大きな脳・優れた感覚・小柄で軽量な骨格を手に入れて、より活発な生活を送るようになった。鳥類以外の原鳥類としては、オストロムのデイノニクス、ヴェロキラプトル、私の〝すごく鳥っぽい〟チェンユエンロンのほか、すべてのドロマエオサウルス類とトロオドン類が含まれる。これらの恐竜こそ、鳥類にもっとも類縁が近い。どの種も羽毛を生やし、多くは翼も備え、かなりの種が外見も行動も現生鳥類とそっくりだっただろう。

この原鳥類というグループのどこかに、非鳥類と鳥類を隔てる境界がある。はるか昔の三畳紀に非恐竜と恐竜が分かれた時と同じように、今回の境界もはっきりしない。それどころか、遼寧省から新たな化石が見つかるたびに、いっそうあいまいになりつつある。率直に言えば、これは定義の問題にすぎない。今日の古生物学者は、鳥類の定義を「ハクスリーゆかりのアーケオプテリクスと、現生鳥類と、ジュラ紀にいた両者の共通祖先に由来する全子孫を含むグループ」としている。この定義はどちらかと言うと歴史的なしがらみから生まれたもので、生き物としての何らかの明瞭な違いに基づいて決められたものとは言いがたい。この定義にしたがえば、デイノニクスやチェンユエンロンは、かろうじて境界の非鳥類側に入ることになる。

このことはいったん忘れよう。定義にこだわると話が本筋から逸れてしまう。

今日の鳥類は現生動物の中で際立っている。羽毛・翼・歯のないクチバシ・叉骨・大きな頭とS字形の首・中空の骨・爪楊枝のような後肢、などなど。こうした独特な特徴の数々により、古生物学者が言うところの「鳥類のボディプラン」、すなわち、鳥類を鳥類たらしめる〝青写真〟が規定されている。このボディプランのおかげで、鳥類の誇る驚異の諸能力（飛ぶ能力、ケタ外れの成長率、内温動物としての生理機能、高い知能と鋭い感覚）が成立している。いかにしてこのボディプランが誕生したのか。古生物学者はそれを知りたがっている。

答えは遼寧省産の羽毛恐竜が教えてくれる。何とも驚くではないか。現生鳥類ならではの特徴とされているもの（青写真の構成要素）の多くが、元をたどると祖先の恐竜の段階で進化していたというのだから。鳥類に特有とされる特徴は、実は特有でも何でもなく、もっと以前に地上に生きる獣脚類に生じたもので、その理由も飛ぶこととはまるで関係がなかった。羽毛はその最たる例と言えるが（その話はこのすぐあとにしよう）、象徴的な一例であるにすぎず、背後にはもっと大きな傾向が隠れている。その傾向を知るために、恐竜の系統樹を根元から上に登っていくことにしよう。

鳥類の青写真の中心的な特徴から見ていこう。長くてまっすぐな後肢と、ほっそりとした三本の主要な指を備えた後足（現生鳥類のシルエットの根幹を成す要素）は、二億三〇〇〇万年以上前のもっとも原始的な恐竜に初めて現れた。体のつくりに変化が起きて直立歩行型の俊足な動物になり、足の速さで競合相手に優るがゆえに狩りでも優位に立てるようになった頃のことだ。実際、これらの後肢の特徴は、全恐竜が備えていた代表的な特徴の一つであり、まさにこれらのおかげで、恐竜は長らく世界を支配できた。

直立歩行を獲得してから少し時代が下ると、一部の恐竜（獣脚類王朝の最初期の面々）の体に変化が起きて、左右の鎖骨が融合し「叉骨」という新しい構造ができた。それは些細な変化だったのかもしれない。肩帯[1]を安定させ、忍び寄り型のイヌ大の捕食者（恐竜）が獲物を捕まえる際の衝撃を吸収する役割を果たしていたのだろう。ずっとあとになって、鳥類がこの叉骨を転用し、翼を羽ばたかせる際にエネルギーを貯め込むためのバネにした。叉骨がゆくゆくそんな使われ方をすることになるとは、最初期の獣脚類は夢にも思っていなかっただろう。ちょうど、プロペラの発明家がライト兄弟によるプロペラ飛行機の発明を予期できなかったのと同じように。

獣脚類は直立歩行に続いて胸の叉骨を獲得した。さらに何千万年も経つと、このうちの「マニラプトル類」というグループに、しなやかな曲線を描く首が現れる。その理由は未解明だが、獲物を探すことと関係していたのではないかと私はみている。それと同時に、小型化していったマニラプトル類もいた。小型化したほうが生態系の新たなニッチに進出しやすかったのだろう（木立、低木の茂み、もしかすると地下の洞窟や巣穴にも進出していたかもしれない。いずれもブロントサウルスやステゴサウルスなどの大型恐竜には入っていけない場所だ）。直立歩行・叉骨・S字形の首に加えて小柄な体も手に入れたこれらの獣脚類は、おそらく、ほぼ同時期に進化した繊細な羽根を守るために、体のそばで前肢を折り畳むようにもなった。こうして、マニラプトル類の一グループであり、鳥類の直近の祖先である原鳥類が誕生した。

今挙げた特徴はほんの数例にすぎず、同様の進化はほかにも数多く起きた。要するに、窓外のカモメを見た私はいくつもの特徴を捉えてパッと「鳥だ」と認識するわけだが、実はその特徴の多くは鳥類のトレードマークではない。恐竜の特徴なのである。

鳥類の特徴が恐竜にまでさかのぼれるというこの傾向は、何も骨格だけに限られない。現生鳥類の行動面や生理面での際立った特徴も、はるばる恐竜までたどれるものが多い。その最良の証拠の一つは、遼寧省ではなく、やはり見事な化石の宝庫であるモンゴル・ゴビ砂漠から産出している。二五年ほど前から、アメリカ自然史博物館とモンゴル科学アカデミーの合同チームが、夏になるたびにこの中央アジアの辺境の地を訪れ、発掘調査を行っている。そうして採集された化石（約八四〇〇万〜六六〇〇万年前の白亜紀後期のもの）のおかげで、恐竜と初期鳥類の生態がかつてないほど明らかになってきた。

このゴビ砂漠での発掘プロジェクトを率いているのは、アメリカを代表する古生物学者の一人、マーク・

図 37　マーク・ノレルがとっておきの技を披露している様子。湿っぽい環境で化石を採集する時に威力を発揮する。化石を覆う石膏ジャケットにガソリンをぶっかけて火をつけるというもの（写真：アイノ・トゥオモラ）。

ノレルだ。アメリカ自然史博物館の恐竜化石コレクションの管理責任者であり、私の博士課程の頃の指導教官だった人物でもある。カリフォルニア南部育ちの長髪のサーファーで、ジミー・ペイジを崇拝し、化石採集に病的なほど執着している。イェール大学で博士論文を書き上げたあと（ちなみに指導教官の一人はオストロムだった）、三〇代に入って早々に、恐竜学者にとって世界最高の役職とみなされている、かのバーナム・ブラウンが就いていた学芸員職に就いた。

マークは、世間の人々が思い描く堅苦しい研究者とはまるっきり違う。世界中を旅して、こよなく愛する二つのものを集めている。一つはもちろん恐竜。もう一つは、アジアの絵画だ。世界中を旅するうちに溜まっていった小話の数々（オークション会場とか、中国のダンスクラブとか、モンゴルのゲルとか、ヨーロッパの高級ホテルとか、いかがわしいバーでの話）は、ハチャメチャすぎてとても信じられないものが多いが、それだけにめっぽう面白い。数年前には、「ウォールストリート・ジャーナル」紙に英雄として祭り上げられるような記事を書かれ、「現代でもっともクールな男」と評された。ポップアートの旗手と呼ばれたアンディ・ウォーホル（マークのもう一人の憧れ）を現代風にしたような服装をしていて、セントラルパークを望む豪華なオフィスで同僚相手に美術館顔負けの古代仏画を自慢することもあれば、砂漠に携帯型の冷蔵庫を持参して発掘調査の傍ら寿司を握ることもある。これで「世界でもっともクールな男」と言うに足りるだろ

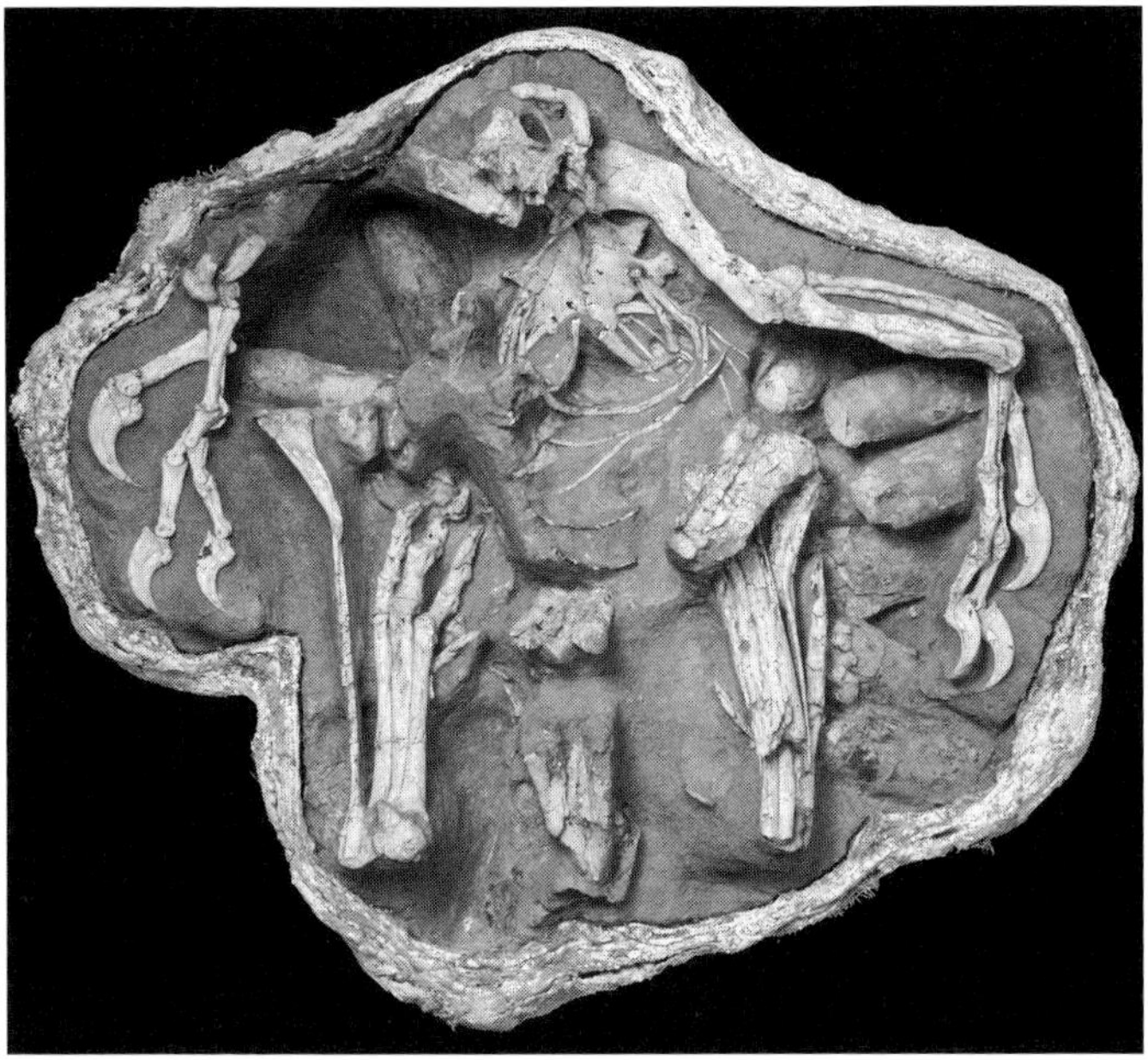

図 38　巣を守っている状態で化石化したオヴィラプトル類。マーク・ノレルがモンゴルで採集したもの。

うか。その判断は世間に任せるとしよう。

私にはっきりと言えるのは、マークが世界でも指折りの指導教官だということだ。頭が切れ、発想が壮大で、いつも学生に「進化という仕組みの根本を問え」と発破をかけている（例えば「いかにして恐竜が鳥になったのか」というのもそうした問いの一つだろう）。いちいち細かく指示を出すことも、学生の手柄を横取りすることもない。マークの流儀は、やる気のある学生を連れてきて刺激的な化石を与え、一歩下がって見守るというものだ。そうそう、学生にビール代を払わせることもしない。

私を含む多くの学生が、マークが発掘したゴビ砂漠産の恐竜を研究し、独り立ちしてきた。そうした化石の中には、突然の嵐に見舞われて埋没した骨格というものもあって、まるで私たちの知る現代の鳥のように親恐竜が巣で卵を抱えた状態で化石になっている。そこからは、鳥類の見事な子育て術が祖先の恐竜から受け継がれたものであること、そして、子育て行動の起源を探ると、少なくとも小柄な体・翼・S字形の首を備えたマニラプトル類にまでさかのぼれることが分かる。マークらは恐竜の頭骨も数多く発見していて、その中にはヴェロキラプトルなどのマニラプトル類の保存状態良好な頭骨もある。それらの頭骨を（マークの元学生であり第6章にも登場したエイミー・バラノフ主導のもとで）CTスキャナーにかけたところ、大きな脳を備えていたこと、とりわけ前脳が発達していたことが分かった。この大きな前脳こそ、現生鳥類が備える高い知能の基盤だ。〝飛行制御コンピューター〟として機能し、三次元的に入り組んだ空の世界を飛び回るという離れ業を可能にしている。マニラプトル類がそれほど高い知能を獲得した理由はまだ完全には分かっていないが、ゴビ砂漠産の化石のおかげで、鳥類の祖先が、空に飛び立つよりも前に、高い知能を得ていたことははっきりした。

同様の例はまだほかにもある。ゴビ砂漠や他の地域で産出した数々の獣脚類の化石に、気嚢のせいで中空になった骨が見つかっている。気嚢があったということは、先に学んだように、超高効率な〝一方通行式〟の肺を持っていたということだ。息を吸う時にも吐く時にも酸素を取り込める肺であり、この大切な特徴のおかげで、鳥類はエネルギー大量消費型の生活を維持できるだけの体力を保てる。恐竜の骨の微細構造を調べると、（既知の獣脚類全種を含む）多くの種の成長速度と生理機能が、低成長・外温性の爬虫類と高成長・内温性の鳥類の中間に来ることも分かる。したがって、一方通行式の肺と比較的速い成長速度が進化してきたのは、鳥類が空に飛び立つよりも一億年以上も前ということになる。すなわち、俊足で肢の長い最初の恐竜が、両生類・トカゲ・ワニなどの鈍重な競合相手とは違う新しい生活様式を編み出し、もっと活発な動物になった頃にまでさかのぼるのだ。さらには、鳥類ならではの寝姿と、卵殻の形成に必要なカルシウムを骨から取る仕組みも、鳥類よりずっと前の恐竜の段階で進化していたことが分かっている。

つまり、私たちが鳥類のボディプランと考えていたものは、完成された青写真というより、長年の進化を通じて一個ずつ組み立てられた〝レゴブロック〟のようなものだった。同じことは、現生鳥類の行動面・生理面・生態面での代表的な特徴についても言える。そして、羽毛もその例外ではない。

私は中国に行くと必ず徐星に会いに行くようにしている。上品で穏やかな気性の人で、新疆《しんきょう》ウイグル自治区（中国西部にある政治的な火種を抱えた地域。かつてのシルクロードの要衝の地）の貧しい家庭に育ったらしい。西洋の子供とは違い、幼少時代の徐は恐竜に興味がなかった。そもそも、恐竜の存在さえ知らなかったそうだ。名誉ある奨学金を得て北京の大学に進むと、政府から「古生物学を学べ」と指示された。それまでに聞いたことのない学問だったが、徐はその指示に素直にしたがい、というより大いに楽しみながら学び、その後ニューヨークのマーク・ノレルのもとでさらに修練を積んだ。今日、徐は世界最高の恐竜ハンターとみなされている。今までに記載した新種の数は五〇種を超え、これは存命の研究者の中でももっとも多い。

アメリカ自然史博物館の小塔にあるマークの豪華なオフィスに比べると、中国科学院古脊椎動物古人類学研究所にある徐の自室は質素極まりない。でもそこには、そこでしかお目にかかれないであろう見事な化石の数々が置かれている。徐が自分で見つけた化石もあれば、中国各地の農家や建設労働者などからひっきりなしに送られてくる化石もある。とりわけ遼寧省で新たに見つかった羽毛恐竜のものが多い。徐を訪ねて彼の自室に向かう時はいつも、まるでおもちゃ屋に駆け込む子供のように、全身にアドレナリンが駆け巡るのを感じる。

私も目にしてきた徐の自室の化石の数々は、羽毛が進化したいきさつを語ってくれる。鳥類の体を見渡しても、あるいは生態まで含めても、鳥類の由来（さらには飛行をはじめとする鳥類ならではの諸能力の由来）を考えるうえで、羽毛ほど重要なものはない。羽毛は、自然界における究極の〝スイス・アーミーナイフ〟、つまりは多目的ツールであり、ディスプレイにも断熱にも卵や赤ちゃんの保護にも、そしてもちろん飛行にも使える。ただ、その用途の多さが災いして、「もともとどの用途のために進化したのか」、そして「翼の断面の形（翼型《よくがた》）がどのように飛行に適したものに変わっていったのか」ということについて、なかなか解明できずにいた。ところが今、遼寧省産の化石がその答えを見せはじめてくれている。

羽毛は、最初の鳥類が登場した際にいきなりニョキニョキと生えてきたわけではなく、まだ恐竜だった頃の遠い祖先に進化してきたものだ。もしかすると、全恐竜の共通祖先も羽毛を持っていたかもしれない。その祖先をじかに調べることはできないので断言はできないが、推測を裏づける証拠はある。保存状態の良好な遼寧省産の小型恐竜の化石の実に多くに、何らかの羽毛が見つかるのだ。シノサウロプテリクスなどの数々の肉食獣脚類にも、プシッタコサウルスなどの小型植物食恐竜にも確認できる。こうしたさまざまな恐竜が別個に羽毛を獲得したのかというと、それは考えにくい。であれば、遠い祖先から受け継いできたと考えるのが自然だろう。ただ、初期の羽毛は、現生鳥類の羽根とはずいぶん見かけが異なっていた。シノサウロプテリクスを含む大多数の遼寧省産恐竜は、ふわふわの毛のようなものに体を覆われていた。恐竜の体に何千本と生えていたこうした髪の毛状の繊維のことを、古生物学者は「原羽毛」と呼んでいる。遼寧省産の恐竜たちが空を飛べたはずはない。羽毛の構造が単純すぎたし、それに翼も持っていなかったのだから。したがって、最初の羽毛は何かほかの用途のために進化してきたに違いない。チンチラに似た小型の恐竜が体温を保つためとか、もしかすると擬態して身を隠すためだったのかもしれない。

ほとんどの恐竜（徐の自室や中国の博物館で私が調べてきた恐竜の大多数）にとっては、綿毛かトゲのような羽毛があればそれで十分だった。しかしあるグループ（叉骨と白鳥のような首を備えたマニラプトル類）では、そうした髪の毛状の羽毛に変化が生じた。長さが伸びてやがて枝分かれをはじめ、まず単純な房状になり、それからもっと整然とした構造になった。中央に羽軸があり、そこから側方に羽枝が伸びていくというものだ。かくして、羽根（専門用語で言えば「正羽《せいう》」）が生まれた。こうして前より精巧になった羽毛が互いに重なり合いながら前肢に並ぶと、翼になった。多くの獣脚類、とりわけ原鳥類が、形も大きさもさまざまな翼を備えた。ドロマエオサウルス類のミクロラプトル（徐が最初に記載した羽毛恐竜の一種）などは、前肢にも後肢にも翼を生やすという、現生鳥類でも類例のない特徴を備えていた。

翼は、もちろん、空を飛ぶのに欠かせない。断面が飛行に適した形をしていて、揚力と推力を生み出す。だからこそ、翼はもっぱら空を飛ぶために進化してきたと長いあいだ考えられてきた。一部のマニラプトル類が原始的な羽毛を進化させて正羽から成る翼を発達させたのは、自分たちの体を〝飛行機〟に作り変えていたからなのだと。この説明は直観的には正しく思えるが、おそらく間違っている。

二〇〇八年、カナダの研究者のチームがアルバータ州南部の荒野を調査していた。その地域は、ティラノサウルス類・角竜類・カモノハシ竜類など、白亜紀後期の北アメリカに最後まで生きていた恐竜の化石が多く産出する場所だった。調査を率いていたのは、徐と同様に上品で穏やかな気性の研究者であるダーラ・ゼレニツキー。恐竜の卵と繁殖に関する世界的権威の一人だ。ダーラのチームはウマほどの大きさのオルニトミモサウルス類（クチバシを備えた雑食性の獣脚類で、ダチョウのような容姿の恐竜）の骨格を見つけた。体の周りに黒色の細い筋がついていて、そのうちの一部は骨に届いているように見える。ダーラは自嘲ぎみに笑いながらチームの面々に軽口を叩いた。「もしここが遼寧省だったら、この黒い筋を羽毛と呼んで発表で

図 39　モンゴルで恐竜の化石を発掘するダーラ・ゼレニツキー

きたでしょうし、人生最大の発見になったでしょうね」と。でも、その黒い筋が羽毛であるはずはなかった。そのオルニトミモサウルス類の化石は、川に堆積した砂岩に埋まっていたもので、遼寧省産の化石のように火砕流に襲われて無傷の状態で急速に埋まったものではない。それに、北アメリカから羽毛恐竜が報告されたことはそれまでに一度もなかった。

その後、ダーラの軽口は、当然といえば当然の結末に行き着いた。一年後、ダーラのチーム（彼女の夫であり恐竜の生態に詳しいフランソワ・テリエンもいた）は、一年前とほぼ同様の化石を見つけた。オルニトミモサウルス類で、砂岩に埋まっていて、綿飴のような繊維に覆われている。これは一体どういうことなのだろう？　夫婦は、フランソワが学芸員を務めるロイヤル・ティレル古生物学博物館の倉庫に行き、所蔵のオルニトミモサウルス類の化石を調べてみた。果たして、ふわふわの繊維に覆われた三体目の骨格を見つけた。しかも、発見年が一九九五年ときている。フィリップ・カリーが遼寧省産の史上初の羽毛恐竜の写真をジョン・オストロムに見せる一年前のことだ。その化石をアルバータ州で発掘した古生物学者らは、恐竜の羽毛が保存されうるということをまだ知らなかった。しかし、ダーラとフランソワは知っていた。だからこそ、三体のオルニトミモサウルス類に生えている繊維が、大きさも形も構造も生えている位置も、遼寧省産の獣脚類にそっくりだということにも気づいた。もう結論は一つしかなかった。二人は北アメリカ初の羽毛恐竜を見つけていたのだ。

ダーラとフランソワが見つけたオルニトミモサウルス類は、羽毛を持っていただけではない。翼も持っていた。前肢の骨に並ぶ黒い斑点と、そこから生える大ぶりの羽根がくっきりと見えていた。その点と線の組み合わせが前肢全体にわたって整然と連なっていた。でも、この恐竜が空を飛べたはずはない。体格も体重も空を飛ぶ動物としては規格外だし、前肢の長さも翼の大きさも全然足りなくて、体を空中にとどめておけるだけの表面積がない。さらに、羽ばたく際に必要なたくましい胸筋（現生鳥類の食べごたえのある胸肉のような筋肉）も、気流の中を進む際のすさまじい風圧に耐えうる非対称の羽根（羽軸の前側の羽弁のほうが後ろ側より短くて硬い羽根）も持っていなかった。実を言うと、チェンユエンロンなどの遼寧省産の翼を持つ獣脚類の多くにも、同じことが言える。どの恐竜も確かに翼を持っていたが、体が重すぎ、翼も哀れなほどに小さく、体つきもヒョロヒョロだったので、まったくもって空を飛ぶことには適していなかった。[2]

では、恐竜は何のために翼を進化させたのか。一見、難問のように思えるかもしれないが、ここで思い出してほしいのは、現生鳥類が飛ぶこと以外の多くの用途に翼を使っていることだ（だからこそ、ダチョウなどの飛べない鳥も前肢をまるっきり失ってはいない）。翼は、異性を誘惑したり競合相手を威嚇したりするディスプレイに使われることもあるし、木などに登る際に体を安定させるために使われることもある。泳ぐ時に〝ヒレ〟になったり、巣で卵を温める時に〝毛布〟になったりもするし、まだほかにも多くの用途がある。翼の進化した理由が今挙げた用途のうちのどれであってもおかしくないし、ひょっとするとまったく別の用途が答えなのかもしれない。ただ、もっとも可能性が高そうなのはディスプレイで、そのことを示唆する証拠も増えつつある。

ニューヨークのマーク・ノレルのもとで私が博士課程の日々を過ごしていた頃、車で数時間の距離にあるイェール大学、しかもオストロムが二〇〇五年に死去するまで教鞭を執っていた学科に、やはり博士課程に在籍する一人の学生がいた。ヤコブ・ビンターはデンマークの出身で、それを証明するかのようにバイキングを思わせる風貌をしている。背が高く、砂色がかった金髪で、モジャモジャのヒゲを生やし、北欧人らしく目つきが鋭い。もともと恐竜を研究する気があったわけではなく、当初はカンブリア紀に憧れていて、恐竜時代の数億年前に海の生命が進化の大爆発を起こした時のことを知りたいと考えていた。ヤコブは、こうした太古の動物を研究するうちに「顕微鏡でしか見えない構造が化石としてどう残っているか」ということに興味を抱いた。そこで、高性能な顕微鏡でさまざまな化石を観察してみたところ、その多くに多様な小さな泡状の構造が保存されていることに気づいた。現生動物の組織と見比べてみて、その構造が、色素を含む小胞である「メラノソーム」であることも分かった。メラノソームは、大きさや形に応じて色が変わる（ソーセージ形のものは黒色、ミートボール形のものは赤錆色といった具合だ）。だから「化石化したメラノソームを見れば絶滅動物の生前の体色が分かるのではないか」とヤコブは考えた。古生物学界ではずっと不可能だと言われてきたことだったが、そんな専門家らの見解にヤコブがノーを突きつけたわけだ。個人的には、私が生まれて以降になされた古生物研究の中でも、巧妙さという点では指折りなのではないかと思っている。

研究の成果を試したくなったヤコブは、新しく発見されたばかりの羽毛恐竜を見てみることにした。羽毛の保存状態が良ければ、中にメラノソームが含まれているかもしれない。中国の研究者仲間とともに、遼寧省産の恐竜の化石を一つずつ顕微鏡で観察していった。ヤコブの直感は正しかった。メラノソームが（形も大きさも向きも分布もさまざまな状態で）そこかしこに含まれていた。つまり、空を飛べないのに翼を持っていた恐竜たちの羽根は、色とりどりだったわけだ。現生のカラスのテカテカした羽根に似た玉虫色の羽根もあった。こうした彩り豊かな翼は、（クジャクの見事な尾羽がそうであるように）ディスプレイ用の器官としてうってつけだったに違いない。これで遼寧省産の恐竜が翼をディスプレイに使っていたと決まったわけではないが、強力な間接証拠であることは間違いない。

最初に翼を進化させたのが大柄で飛行に向かない恐竜だったこと。その翼が鮮やかに彩られていたこと。現生鳥類が翼をディスプレイに使っていること。これらの証拠が出そろったことで一つの画期的な仮説が導かれた。翼はもともとディスプレイ用の器官として進化したのだ。自分をアピールする〝広告看板〟として前肢に生え、場合によってはミクロラプトルのように後肢にも生えていたり、さらには尾に生えていたりもした。やがて、恐竜を彩るための翼が大きな表面積を持つようになり、物理法則の作用で否応なく揚力と抗力と推力を生み出すようになった。最初期の翼を持つ恐竜たち（ウマ大のオルニトミモサウルス類やチェンユエンロンなどの大多数のラプトルなど）は、きっと広告看板に生じる揚力や推力をうとましく思っていたことだろう。いずれにしろ、どれだけの揚力が生じていたにせよ、大柄な恐竜を浮かび上がらせるほどのものではまったくなかった。でも、より進化した原鳥類では、大型化した翼と小型化した体という絶妙の組み合わせが生じ、広告看板が空気力学的な機能も担えるようになった。今や恐竜たちが、最初はぎこちなかったにせよ、空を飛べるようになったわけだ。こうして飛行能力が進化した。それは、まったくの偶然に、広告看板が飛行目的に転用されるかたちで起きた。

（特に遼寧省から）化石が見つかるたびに、話はややこしくなっていった。どうも飛行能力の進化は初めのうち混沌としていたらしい。着実な進歩などというものはなかった。つまり、長きにわたる進化の行進を通じて、恐竜のある一グループが少しずつ改良され、ますます優れた飛行動物になっていくなどということはなかった。進化によって誕生したのは、空で試行錯誤を繰り返すのに必要なすべての素質（小柄な体・羽根・翼・速い成長速度・効率的な呼吸）を備えた総合型の恐竜だった。あたかも恐竜の系統樹には、こうした恐竜たちが何でも試せる〝無法地帯〟があったかのように見える。飛行能力はおそらく何度も平行して進化したのだろう。さまざまな種が（それぞれ独自の翼型と羽根の配列を備えて）、地面から飛んだり木に登ったり枝から枝に飛び移ったりしているうちに、翼に揚力が生じるようになったのではないだろうか。

翼を持つ恐竜の中には、気流に身を任せて空を舞うだけの滑空型の種類もいた。ミクロラプトルは、まず間違いなく滑空能力を有していたはずで、その前肢と後肢の翼は体を宙にとどめておくのに十分な大きさを備えていた。これはただの推測ではなく、実験で実証されている。研究者が解剖学的に正しい実寸大模型を作り、それを風洞に設置して確かめたのだ。ミクロラプトルは、ただ空に浮かぶだけではなく、気流に乗ってすいすいと進むこともできた。滑空ができたと思われる恐竜はほかにもいたが、ミクロラプトルとはずいぶん仕様が違っていた。超小型のイー・チー（*Yi qi*）は、今までに発見された恐竜の中でもっとも風変わりな種と言えるかもしれない。翼を持ってはいたが、羽根でできてはいなかった。その代わり、まるでコウモリのように胴体と手の指のあいだに皮膜を張り渡していた。この皮膜は飛行器官だったに違いないが、しなやかさが足りないので羽ばたくことには向かず、滑空することにしか使えなかったと思われる。ミクロラプトルとイーがこうも仕様の違う翼を備えていたことは、さまざまな恐竜が自分ならではの飛行方法を互いに独立に進化させていた何よりの証拠の一つと言える。

また違う方法で空を飛びはじめていた羽毛恐竜もいたことだろう。翼を打ち下ろして能動的に揚力と推力を生み出す「羽ばたき飛行」だ。数理モデルを使った研究によると、非鳥類型恐竜の中にも、一見、羽ばたき飛行を行えそうな種類がいたらしい。例えば、ミクロラプトルやトロオドン類のアンキオルニス（*Anchiornis*）などだ。どちらも大きな翼と軽い体を備えていて、羽ばたいて空を飛べる素質はあった。ただし、これはあくまでも理論上の話にすぎない。最初の恐竜たちが羽ばたき飛行を試みたとしても、筋力も持久力も足りず、長いあいだ空にとどまることはできなかっただろう。しかし、進化の出発点にはなった。大きな翼と小さな体を備えた恐竜が羽ばたきはじめたことで、自然選択が働き出し、恐竜の羽ばたき飛行能力が向上していった。

こうして羽ばたき出した恐竜の系統の一つが、ひときわ小さな体と、さらに大きな翼と、ぐっと伸びた前肢を備えるようになった（それはミクロラプトルやアンキオルニスの子孫だったかもしれないし、あるいはまったく別の系統だったかもしれない）。そうした系統では、尾と歯が失われ、卵巣の一つが捨て去られ、骨が中空になっていっそう体重が軽くなった。呼吸がより効率的になり、成長速度が増し、代謝率がいっそう高まり、完全な内温性になって内部体温を高いまま維持できるようになった。進化を通じて改良がなされるたびに飛行能力が向上して、ある種は何時間も飛び続けられるようになり、また別の種は酸素の薄い対流圏の上層を飛んで発達著しいヒマラヤ山脈を越えられるようになった。

こうして、恐竜が現生鳥類になった。

恐竜が進化して鳥類が誕生した。これまで見てきたように、それは徐々に起きたことで、獣脚類の一系統が数千万年かけて現生鳥類ならではの特徴と行動を一つずつ獲得していった。ある日突然、T・レックスがニワトリに変貌したわけではない。その移行は本当に少しずつ起きたので、系統樹における恐竜と鳥類の境目は混じり合って判然としない。ヴェロキラプトル・デイノニクス・チェンユエンロンはその系譜における〝非鳥類〟側に属しているが、もし現代に生きていたら鳥類の一種類とみなされていたことだろう。多少風変わりではあるが、それを言うならシチメンチョウやダチョウも同じくらい変わっている。この三種類の恐竜は、羽根と翼を備え、巣を守り、子育てをし、おそらく一部は少しばかり飛ぶこともできた。

恐竜が鳥類ならではの特徴を一つずつ進化させていった数千万年間に、長期的な展望とか大いなる目的が存在していたわけではない。つまり、何か進化を導く力のようなものがあって、恐竜が着々と空に適応していったわけではないということだ。進化の法則が働くのはその時々のことで、その時その場所で動物を成功に導く特徴や行動が自然選択される。飛行能力の進化は、機が熟した段階で起きたと言えるだろう。もう避けられない段階まできていたと言ってもいいかもしれない。進化のおかげで、小柄で、前肢が長くて、脳が大きくて、保温用の羽毛と求愛用の翼を備えた肉食恐竜が誕生したのなら、ほどなく、その動物は空中で羽ばたきはじめることになるはずだ。その瞬間、血で血を洗う世界を生き延びようと未熟な飛行能力を駆使して羽ばたく恐竜に自然選択が働きはじめ、その子孫を優れた飛行動物に変えてゆく。改良が加わるたびに、より上手に、より速く、より遠くまで飛べる子孫が現れ、ついに現代的な鳥類が出現する。

この長きにわたる移行が最高潮に達すると、生命史に残る大変革が起きた。翼を備えた空飛ぶ小型恐竜についに進化したことで、大いなる新たな可能性が拓けたのだ。空飛ぶ小型恐竜、つまり最初期の鳥類が猛烈な勢いで多様化しはじめた。新たな能力を獲得したおかげで、新しい生息場所に入り込めたり祖先とは違う生活を送れるようになったりしたからだろう。こうした（比較的）急速な変化は、化石記録に見て取れる。

博士論文の一環として、私は二人の数字オタクと手を組み、恐竜から鳥類への移行が起きた時に進化の速度がどう推移したかを調べたことがある。グレアム・ロイドとスティーブ・ワンは古生物学者だが、二人が化石を採集したことがあるかどうかははなはだ疑わしい。二人は一流の統計学者だ。つまり数学の達人であり、何時間でもコンピューターの前に座り、喜々としてコードを書いたり分析をかけたりしている。

三人で新たな方法を考案し、動物の骨格上の特徴がどれほど速く（または遅く）変わるのか、また、その変化の速度が系統樹の枝ごとにどれだけ違うかを算出できるようにした。研究の出発点にしたのは私がマーク・ノレルとともに新たに作成した大きな系統樹で、それは鳥類と鳥類にごく近縁な獣脚類を含んでいた。

続いて、大規模なデータベースを作り、種ごとに違いの見られる骨格上の特徴（例えば、歯を持つ種もいればクチバシを持つ種もいる）をまとめた。これらの特徴を系統樹に落とし込んでその分布を見ると、ある特徴がどこで別の特徴に変わったか（歯がどこでクチバシに変わったか）ということが分かる。こうした作業のおかげで、系統樹の枝ごとにいくつの変化が起きたのかを数えることができた。さらに、化石の年代を使ってそれぞれの枝が表す期間も割り出せた。変化の数を期間で割れば変化率になる。つまり、各枝における進化速度が得られるわけだ。それから、グレアムとスティーブの統計学のノウハウを駆使し、恐竜から鳥類への移行における特定の期間、または系統樹における特定のグループにおいて、変化率が突出していなかったかを調べた。

結果は、私がそれまで目にしてきた統計ソフトの解析結果と同じく、とても明快だった。おおかたの獣脚類が低調なペースで進化していたのに、空を飛ぶ鳥類が現れるやいなや、ペースがググッと上がって過熱状態に入っていたのだ。最初の鳥類は、祖先の恐竜やいとこの恐竜よりずっと速いペースで進化していたし、その高速ペースを数千万年間も維持した。また、ほかの研究によると、系統樹のおおむね同じ位置で、体サイズの急激な減少と前肢の進化速度の急上昇があったらしい。体はみるみる縮む一方で、前肢はぐんぐん伸び、翼もどんどん大きくなって、そのうちに最初の鳥類が優れた飛行動物になっていったということだろう。恐竜から空を飛べる鳥類が誕生するまでに何千万年もかかったというのに、今や物事は急速に進みはじめ、鳥類は空高く舞い上がっていった。

北京の徐星の自室から少し歩くと、もっと明るくてカジュアルで、しかし化石に乏しい部屋がある。ジンマイ・オコナーの仕事部屋だ（ただし本人の在室時間は限られている）。化石が少ないのにはわけがある。ジンマイは遼寧省産の鳥類（羽毛恐竜の頭上を飛んでいた真の飛行動物）を研究しているのだが、石灰岩の板にペシャンコの状態で見つかるものがほとんどなので、パソコンの画面に写真を拡大して表示すれば化石の記載や計測ができてしまうのだ。つまり、自宅でも難なく仕事ができる。ジンマイの自宅は、北京に今でも残る胡同《フートン》（昔ながらの狭い路地に石造りの平屋が並ぶ区域）の奥まった場所にある。研究以外の時間は胡同をぶらぶらして過ごすことが多いそうだから、何とも好都合なことだ。最近急にあか抜けてきた中国の首都で流行っているクラブに行き、踊り明かしたり、たまにDJをしたりすることもあるらしい。

ジンマイは自分のことを「パレオントロジスタ」と呼んでいる。その自称にふさわしく、ヒョウ柄のタイツにピアスにタトゥーというファッショニスタ風のいでたちをしている。クラブではなじんで見えるが、チェックシャツとヒゲの組み合わせが定番の古生物学者《パレオントロジスト》の中に入ると（いい意味で）目立つ。南カリフォルニア出身でアイルランド人と中国人のハーフであるジンマイは、筒型花火のように元気はつらつとした人だ。痛烈な皮肉を発したかと思えば、次の瞬間には政治批評を雄弁に語り、そうかと思えば音楽や芸術、はたまた得意分野の仏教哲学について話したりする。そうそう、彼女は初期鳥類の世界一の専門家でもある。大地のくびきを逃れて祖先である恐竜の頭上を舞った鳥たちについて、誰よりも詳しい。

数多くの鳥類が恐竜時代に生きていた。羽ばたき飛行をする最初の鳥類が出現したのは、一億五〇〇〇万年前より前ということになるに違いない。なぜなら、その時期にアーケオプテリクスが生息していたからで、このハクスリーゆかりのフランケンシュタインの怪物は、私たちの知るかぎり化石記録に残るいまだ最古の真の鳥類であり、まず間違いなく羽ばたき飛行ができたはずだからだ。羽ばたき飛行のできる小型で翼を備えた鳥類は、ジュラ紀半ばの約一億七〇〇〇万～一億六〇〇〇万年前にはすでに進化していたと思われる。

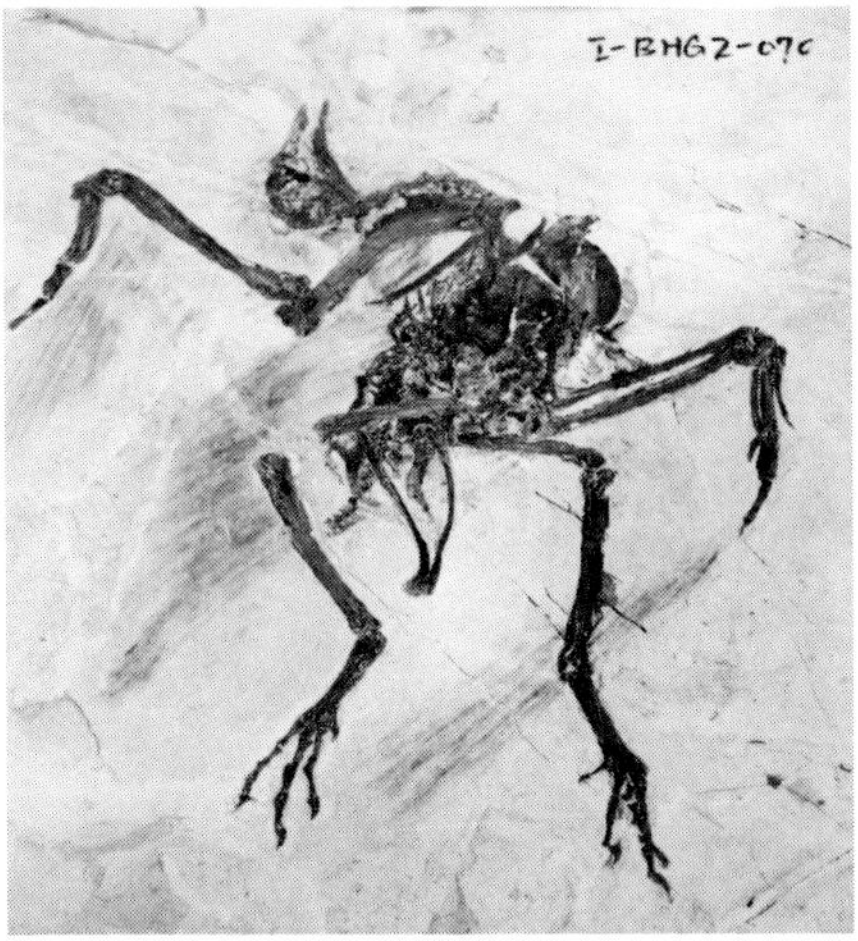

図 40　（左）イエノルニス（*Yanornis*）は，中国の遼寧省から産出した真の鳥類（大きな翼で羽ばたき飛行ができた鳥類）だ。（右）最古の鳥類の世界的権威であるジンマイ・オコナー。

そうだとすると、鳥類と祖先である恐竜はたっぷり一億年間も共存していたことになる。

一億年というのは長大な時間であり、生き物はそのあいだに著しい多様性を手に入れられる。初期鳥類の場合、ほかの恐竜より速く進化していたわけだから、なおさらだろう。ジンマイが研究している遼寧省産の鳥類は、この中生代の〝鳥かご〟を切り取ったスナップ写真と言える。進化史の黎明期にあった頃の鳥類の暮らしぶりを知る最良の窓と言えるだろう。北京にいるジンマイと彼女の同僚のもとには、中国各地の仲介業者や博物館の学芸員から毎週のように写真が送られてくる。写っているのは、中国東北部のなだらかな田園地帯で農家により採集された新しい鳥類化石だ。過去二〇年間にこうした化石が何千点も報告されていて、その数はミクロラプトルやチェンユエンロンなどの羽毛恐竜よりはるかに多い。これはおそらく、大規模な火山噴火で放出された有毒ガスのせいで、大勢の初期鳥類が窒息死したからだろう。力尽きた鳥たちが湖や森などに落ちて、やがて羽毛恐竜とともに火砕流に飲み込まれたというわけだ。

来る週も来る週も、ジンマイはメールを開き、写真をダウンロードし、そして新種の鳥類を目の当たりにする。

鳥類の発見は尽きることがない。ジンマイは一、二か月に一度のペースで新種を命名しているのではないだろうか。樹上に棲む種もいれば地上に棲む種もいたし、カモのように水上や水辺で暮らす種もいた。ヴェロキラプトル似の祖先から受け継いだ歯と長い尾を残している種もいれば、小柄な体・たくましい胸筋・短い尾・現生鳥類並みの見事な翼を備えていた種もいた。鳥類のそばで、飛ぶことを試みる恐竜たち（四肢に翼を持つミクロラプトルやコウモリのような翼を備えた恐竜など）が、滑空したり翼を不器用に羽ばたかせていたりもした。

六六〇〇万年前の世界の様子はこんなところだった。実にさまざまな鳥類や空を舞う恐竜がいて、滑空したり頭上を羽ばたいていたりする中で、北アメリカではT・レックスとトリケラトプスが決闘を繰り広げ、南半球ではカルカロドントサウルス類がティタノサウルス類を追いかけ、ヨーロッパの島々では小人恐竜が跳ね回っていた。そして、その瞬間は訪れた。一瞬にしてほぼすべての恐竜が滅ぼされ、もっとも進化的で適応的で飛行能力の高い少数の鳥類だけがその大虐殺を生き延びた。その子孫が今も私たちとともに生きている。例えば、今窓の外に見えているあのカモメのように――。

（1）前肢を支える骨格。肩甲骨と叉骨から成る。
（2）羽軸の両側に伸びる板状の部分。羽枝が密に並んでできている。

9
恐竜, 滅びる

エドモントサウルス (*Edmontosaurus*)

それは地球史上最悪の一日だった。数時間の想像を絶する災いによって、一億六〇〇〇万年余りにおよぶ進化が無に帰して、生命に新たな道が拓けた。

T・レックスもその場にいて、災いを目の当たりにした。

六六〇〇万年前のその日の朝、T・レックスの群れの面々が目を覚ました。もちろん、その日が白亜紀最後の日になろうとは知る由もない。彼らが治めるヘルクリークの王国は普段と何も変わらないように見えた。数十年、いや数百万年前から何も変わっていない。

針葉樹とイチョウの森が見渡すかぎりに広がり、所々にヤシやモクレンの鮮やかな花が咲いている。遠くに川があり、北アメリカ西部を東に流れ、大陸を東西に二分する海に注いでいた。轟々たる水音は数千頭のトリケラトプスが発する低い鳴き声にかき消され、聞こえない。

T・レックスの群れが狩りに出ようとしていた時、林冠から陽光がこぼれてきた。頭上を舞うさまざまな小動物の輪郭が浮かび上がる。羽根でできた翼を羽ばたかせている動物もいれば、朝方の湿り気を帯びた暖気から立ち昇る上昇気流に乗って滑空する動物もいた。それらのさえずりは美しく、まるで夜明けのシンフォニーのように森や氾濫原にいるすべての動物の耳に届いた。森に隠れていた鎧をまとうアンキロサウルス類やドーム頭のパキケファロサウルス類にも、朝食として花や葉を食べはじめていたカモノハシ竜類の大群にも、ネズミ大の哺乳類やトカゲを追いかけて茂みを走っていたラプトルにも。

やがて、地球史上にまったく類を見ない、異常な事態が生じはじめた。目ざといT・レックスは数週間前から気づいていたかもしれない。はるか遠くの空に光り輝く球体が浮かんでいたことに。表面がモヤッとして、輪郭が燃えていて、ちょっと暗めで小型の太陽といった感じだ。少しずつ大きくなっていると思ったら、いつの間にか消えていて、そのまま一日の大半見えなかったりする。T・レックスにその意味が分かるはずもなかった。天体の運動について考えることは彼らの知力の範疇をはるかに超えていた。

ところがその日の朝は、T・レックスの群れが森を抜けて川岸に出たところで、すべての個体が異変に気づいた。例の球体が戻っていて、しかも大きくなっている。南東の空が煌々と照らされ、怪しげな色の霧に包まれていた。

そして一瞬、辺りが光に包まれた。音はなく、黄色い閃光が空全体を照らしただけ。あまりのまぶしさに群れの面々は方向感覚を失った。しきりに瞬きをして視界を取り戻すと、もう球体の姿はなく、空はくすんだ青に染まっている。群れのボスは後ろを振り返り仲間の様子を——。

一同は不意打ちを食らった。また光に包まれたのだ。しかも今度はなかなか収まらない。光線が花火大会さながらに朝の空気を照らし、次いで恐竜たちの網膜に焼きついた。幼体のオスの一頭が倒れ、肋骨を折った。残りの個体はただ立ち尽くし、視界に押し寄せてくる光の残像を追い払うかのように、狂ったように瞬きをしている。視界は嵐に襲われているのに、音はまだ届かない。というより、物音一つ聞こえない。鳥類と空飛ぶラプトルのさえずりがやみ、ヘルクリーク一帯が静寂に包まれていた。

その静寂はわずか数秒後に破られた。足元の大地が震えはじめ、次いで揺れ出して、とうとう波を打ちはじめた。まるで本物の海の波のように。エネルギーの波動が岩盤と土壌を駆け抜け、巨大なヘビが地下でうごめいているかのように大地が上下動を繰り返す。地面に根を張っていないものはすべて宙に放り上げられ、地面に落ちて、また放り上げられ、そして地面に落ちた。あたかも地球の表面がトランポリンと化してしまったかのようだ。小型恐竜やちっぽけな哺乳類やトカゲは空高く打ち上げられ、四方八方に散らばって森や岩場に落下した。哀れな動物たちはまるで流れ星のように空を舞った。

群れで最大・最重量級の全長一二メートルのT・レックスすらも一メートルほど浮いた。数分のあいだ、トランポリンの上でジタバタしながら、なすすべもなく辺りを跳ね回った。さっきまで大陸全土を牛耳るれっきとした暴君だったのに、今や重さ七トンのピンボールと化している。脱力した巨体が宙で傾き、互いにぶつかり合った。その衝撃はすさまじく、頭骨が砕け、首がへし折れ、肢も折れた。やっと揺れが収まって地面が硬さを取り戻した時、大多数のT・レックスが川岸に倒れ伏し、一帯はまるで戦場のようだった。

この戦場を立ち去れそうなT・レックスは（ヘルクリークに棲むほかの恐竜と同じく）ほとんどいない。でも、まだ力を残している恐竜もいた。幸運な生き残りが仲間の死骸を避けながらよろよろと歩き去ろうとしていたら、空の色が変わり出した。青がオレンジになり、それから薄い赤へ。いったん明るくなり、また暗くなる。そして、まぶしく、まぶしく、まぶしくなった。まるでヘッドライトをつけた巨大な車がぐんぐんこちらに向かってきているかのように。まもなく、辺り一帯が強烈な光輝に包まれた。

やがて雨が降り出した。といっても、空から落ちてきたのは雨粒ではない。猛烈に熱いガラスの玉や岩の破片だ。そうした豆粒大の塊が生き残った恐竜たちに襲いかかり、皮膚を焼いて肉に食い込んだ。多くの恐竜が〝射殺〟され、地震の犠牲者が転がる戦場に傷だらけの死骸が増えていく。ガラス質の岩石の弾丸が上空から降り注ぐあいだ、周りの空気には熱が伝わっていった。大気の温度が上昇し、やがて地表が〝オーブン〟と化した。森が自然発火を起こし、炎が大地を舐め尽くした。生き残った恐竜は、今度は火あぶりに遭い、たちまち三度の熱傷を起こすほどの高熱で皮膚と骨を焼かれた。

T・レックスの群れが最初の閃光に驚いてからまだ一五分しか経っていないのに、もう群れに生き残りはおらず、周りにいるほかの恐竜もそのほとんどがすでに息絶えていた。青々としていた森林や渓谷は今や炎に包まれている。それでも、生き残っている動物はいた。地下に隠れた哺乳類やトカゲ、水中に潜ったワニやカメ、そして空に飛び立って安全な地に逃れた鳥類もいた。

それから一時間ほどで弾丸の雨がやみ、空気も冷えた。ヘルクリークに平穏が戻りはじめる。危機は去ったと思ったのか、生き残った動物たちが次々と姿を現し、辺りを探り出した。死骸があちこちに転がっている。空はもう緋色に染まってはいなかったが、大量の煤《すす》のせいで黒々としてきていた。その煤の供給源である森林火災は衰える気配がない。二、三頭のラプトルが黒焦げになったT・レックスの死骸の臭いを嗅いでいる。きっと、もう災厄を生き延びたつもりなのだろう。

その考えは間違いだった。最初の閃光から二時間半ほど経った時、雲がうなりはじめた。大気中の煤が渦を巻き竜巻に変わる。そして、ゴウッという音を立てて、ハリケーン並みの強風が平原と渓谷を吹き抜けた。湖や川の土手が次々と決壊を起こすほどの風だった。風とともに耳を聾《ろう》する音も届いた。恐竜たちがそれまでに聞いたことがないほどの轟音だ。そしてまた轟音。音の進む速さは光に比べてはるかに遅い。二回の閃光と同時に生じた衝撃波がようやく届いたのだった。衝撃波を発生させた遥かなる脅威は、数時間前に硫黄の連鎖反応を引き起こしてもいた。鼓膜が破れたラプトルたちは苦痛のあまり叫び声を上げ、小動物は続々と安全な巣穴に引き返していった。

北アメリカ西部がこうした惨状にあった時、世界のほかの地域も災厄に見舞われていた。地震・ガラス質の岩石の雨・ハリケーン級の強風に襲われていたのはカルカロドントサウルス類や巨大な竜脚類がいた南アメリカも同じだったが、北アメリカほどひどくはなかった。同じことは、ルーマニア産の珍妙な小人恐竜が棲んでいたヨーロッパの島々にも言えた。それでも、地震や森林火災や灼熱を乗り切る必要があったことに変わりはなく、ヘルクリークの恐竜群集がほぼ全滅した混沌の二時間のあいだに、やはり多くの恐竜が息絶えた。もっと壊滅的だった地域もある。北アメリカ中部の大西洋岸は、エンパイアステートビルの二倍もの高さがある津波に襲われ、ずたずたに引き裂かれた。津波のせいで、クビナガリュウなどの大型海生爬虫類の死骸がはるか内陸まで運ばれもした。インドでは火山から溶岩がどくどくと流れ出していた。そして、中央アメリカと北アメリカ南部の一帯（現在のメキシコ・ユカタン半島から半径一〇〇〇キロの範囲にあったすべてのもの）は、無に帰した。蒸発したのだ。

朝が過ぎて昼になり、やがて夕方になると、風が収まってきた。大気も冷え続けていて、大地も、何回か余震はあったものの、安定と硬さを取り戻していた。遠くの森ではまだ火災が続いている。ついに夜が訪れて、このもっとも恐ろしい一日が幕を閉じた時、世界の恐竜の多く（ひょっとしたら大多数）はすでに命を落としていた。

それでも一部の恐竜は生き延びた。次の日まで、次の週まで、次の月まで、次の年まで、次の一〇年まで。決して楽な日々ではなかっただろう。あの恐ろしい一日から数年のあいだに、地球は暗く、寒くなった。煤や粉塵が大気にとどまって日光をさえぎったせいだ。暗闇が寒冷化をもたらしたために、本当にしぶとい動物しか生き残れない〝核の冬〟が到来したのだった。暗闇のせいで植物も生存しづらくなった。日光がないと光合成ができず、したがって食物も作り出せない。植物が枯れ、まるでトランプの塔のように食物連鎖が崩れ、そのせいで寒冷化に耐えていた動物の多くも死に絶えた。海洋でも似たようなことが起きた。光合成プランクトンが死に、次いで大型プランクトンが死に、さらにそれらを餌にしていた魚が死んで、とうとう食物連鎖の頂点にいた大型爬虫類も死んだ。

雨粒により煤などの物質が大気から取り除かれると，とうとう暗闇に陽光が差し込んだ。ところが，この雨が強い酸性雨だったものだから，地上の大部分に被害が生じたりもした。おまけに，煤とともに立ち昇った一〇兆トンの二酸化炭素が取り除かれることもなかった。厄介な温室効果ガスである二酸化炭素が大気に熱をとどめたせいで，たちまち核の冬が終わり，今度は温暖化がはじまった。こうした諸々の現象が恐竜をじわじわと追い詰めて，ついに絶滅に追いやった。地震・硫黄・火災という当初の災難を切り抜けた恐竜たちも，この消耗戦には勝てなかったわけだ。

あの恐ろしい一日から数百年後（どう遅くとも数千年後）には，北アメリカ西部は荒れ果てた〝地球滅亡後〟の世界になっていたことだろう。昔は広大な森に豊かな生態系が息づき，トリケラトプスがひづめの音を響かせていたりT・レックスがのさばっていたりしたのに，今や辺りは静寂に包まれ，生き物の姿もほとんど見当たらない。奇怪な姿のトカゲが茂みを走っていたり，ワニやカメが川を泳いでいたり，ネズミ大の哺乳類が時折巣穴から顔を見せたりする程度だ。鳥類の姿も少しあって，地中に残る植物の種をついばんだりしていたが，残りの恐竜の姿は一切見られなくなっていた。

ヘルクリークは地獄《ヘル》と化していた。世界の大半の地域も同じ状況だったに違いない。こうして恐竜時代は幕を閉じた。

その日（白亜紀がドカンと幕を閉じ，恐竜の〝死刑執行令状〟に署名がなされた日）に起きたことは，人智を超えた規模の天災だった。幸い，人類はまだその規模の災厄を経験していない。彗星か小惑星（まだどちらか確定していない）が地球に飛来し、現在のメキシコ・ユカタン半島に落下した。直径は一〇キロほどで、エベレスト山の高さを上回る。時速は一〇万八〇〇〇キロほどだったとされていて、これはジェット旅客機より一〇〇倍以上速い。地球に衝突した際のエネルギーはＴＮＴ火薬に換算して一〇〇兆トン超、原子爆弾で言うと約一〇億個分に相当する。地殻を四〇キロほどえぐってその下のマントルにまで食い込み、直径一六〇キロ以上のクレーターを残した。

その時の衝突は、大量破壊兵器が爆竹に見えてしまうほどすさまじいものだった。生き物にとってはまさに受難の時だっただろう。

ヘルクリークは〝爆心地〟から直線距離にして三五〇〇キロほど北西に離れていた。その地の恐竜が味わった一連の恐ろしい出来事は、多少の脚色は入っているにせよ、先ほど描写したとおりだったに違いない。ニューメキシコにいた親類（Ｔ・レックスの南方版、別種の角竜類とカモノハシ竜類、私が夏の発掘調査でよく採集した北アメリカ産の希少な竜脚類）は、もっとひどい仕打ちを受けていた。爆心地から二四〇〇キロほどしか離れていなかったからだ。爆心地に近いほど、恐怖も大きかった。閃光と衝撃波はより速く届き、地震の揺れはいっそう大きく、ガラスと岩の雨はひときわ激しく、オーブンの温度は一段と高かった。ユカタン半島の周囲一〇〇〇キロに棲んでいた生き物にいたっては、もれなく、一瞬で幽霊と化したことだろう。

Ｔ・レックスの群れの関心を引いた上空の光り輝く球体は、彗星か小惑星そのものだった（ここからは単に「小惑星」と呼ぶことにする）。もしあなたが当時の世界にいたら、球体を目視できただろう。おそらくその目撃体験は、ハレー彗星が地球に接近した時のものに似ていたはずだ。小惑星は天空に浮かんでいるように見え、何か害がありそうな感じはしない。少なくとも最初のうちは、あなたも気にも留めないに違いない。

最初の閃光は、小惑星が地球の大気圏に突入し前方の空気を激しく圧縮した時に生じた。激しく圧縮され

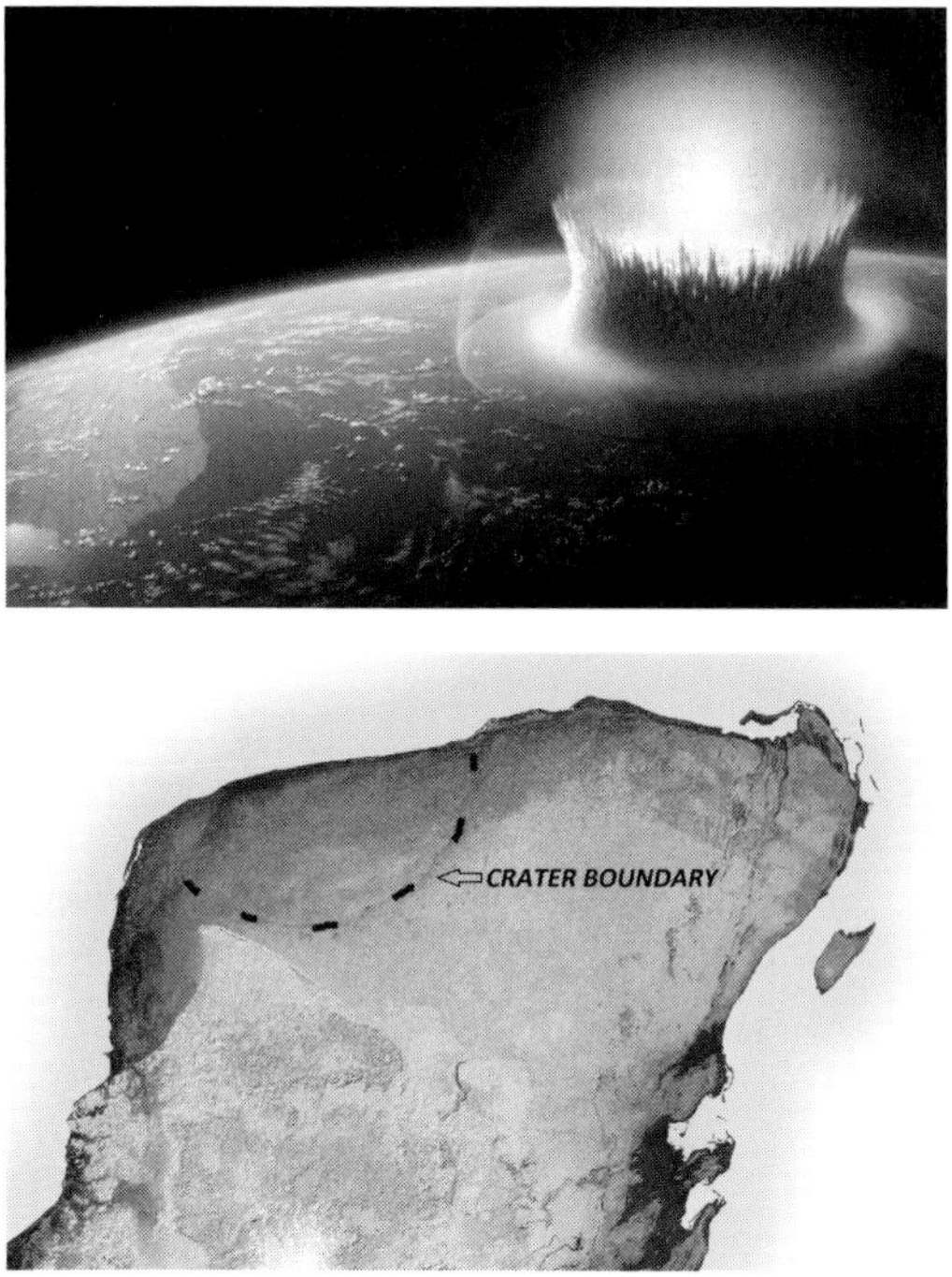

図41　（上）チチュルブ小惑星が衝突してから45秒後の地球の様子。粉塵と溶けた岩石の雲が大気に立ち昇り，自然発火を引き起こすほどの熱の波動が海洋と陸地に広がりはじめている（作画：ドナルド・E・デービス，NASA)。（下）現在のメキシコ・ユカタン半島の地形図。図中の点線はチチュルブ・クレーターの輪郭を示している（クレーターの残りの部分は海の下にある。提供：NASA)。

た空気が太陽の表面温度の四、五倍まで加熱され、発光したことが原因だ。第二の閃光は衝突そのものによるもので、つまり小惑星が岩盤にぶつかった時に発生した。二回の閃光に伴って生じた衝撃波は、何時間も遅れてヘルクリークに届いた。音の速さは光よりずっと遅いからだ。それと同時に強風もやって来た。ユカタン半島付近での風速はおそらく二八〇〇メートルほど、ヘルクリークに届いた時点でも百数十メートルほどあったと思われる（ちなみに、ハリケーン・カトリーナの最大風速は八〇メートルほどだ）。

　小惑星が地球に衝突して莫大なエネルギーが解き放たれ、衝撃の波が生じ、大地がトランポリンのように揺れた。一連の地震の規模はおそらくマグニチュード一〇程度だっただろう（人類の文明がこれまでに経験したどの地震よりもはるかに強力だった）。これらの地震により、大西洋で津波が起きて家ほどの大きさの岩が内陸深くまで運ばれたり、インドの火山が活発になって以後数千年間も噴火し続け、小惑星がもたらした惨状に追い打ちをかけたりした。

衝突のエネルギーはすさまじく、小惑星とその下にあった岩盤は蒸発した。衝突により粉塵・泥・岩片などの破砕物が上空に舞い上がった（気体状・液体状のものがほとんどだったが、小粒ながらも硬さを保っていた岩片もあった）。大気圏の外縁を抜けて宇宙空間に飛び出す破砕物もあった。でも、上空に舞い上がったものは（地球脱出速度に達していないかぎり）いずれ落ちてくる。実際、落下がはじまり、液状化した岩石が冷えてガラス玉や涙形の槍に変わり、熱を周りの空気に伝え、大気をオーブンに変えていった。

気温が急上昇したことで森林火災が起きた（世界中で起きたわけではなかったかもしれないが、北アメリカの大部分とユカタン半島から数千キロの範囲で起きたことは確かだ）。小惑星が衝突した直後に堆積した地層に、焼け焦げた葉や樹木の残骸（キャンプファイヤーを消火したあとに残る燃えかすのようなもの）が見つかっている。森林火災で生じた煤や、衝突の際に巻き上げられたものの軽すぎて地表に落ちていかない粉塵などが、ふわふわと大気圏まで上昇して地球を循環する気流に乗り、やがて地球全体を闇に閉ざした。その後の期間（核戦争後に訪れるとされる〝核の冬〟と同等のものだったと考えられている）に、小惑星の衝突地点から遠く離れた地域に棲む恐竜もほとんど死に絶えたと考えられる。

もっともっと、語彙を尽くして当時の惨状を描写してもいいのだが、これ以上続けるとたぶん私の書くことを信じてもらえなくなるだろう。それはあまりにも忍びない。なぜなら、私の書くことはすべて本当に起きたことなのだから。こうして当時の状況が分かるのは、ある人物の研究のおかげだ。その人物とは、異才の地質学者であり、私の憧れの研究者の一人でもあるウォルター・アルバレスである。

先刻承知のとおり、 高校時代の私は、恐竜好きが高じて冷静な判断ができず暴走することがあった。一人のファンとしてポール・セレノを追いかけていたことは序の口にすぎない。図々しさの極めつきは、一九九九年の春にカリフォルニア大学バークレー校の自室にいたウォルター・アルバレスに電話をかけたことだろう。何しろ、岩石の収集癖を持つ一五歳の少年が電話をかけた相手は、名の知れたアメリカ科学アカデミー会員であり、その二〇年近く前に巨大小惑星の衝突による恐竜の滅亡説を唱えた人物だったのだから。

ウォルターは二回目の呼び出し音で出た。さらに驚いたことに、電話をかけた目的を私がぐだぐだと話しはじめても、切らなかった。事の発端はウォルターの著書を読んだことだった。『絶滅のクレーター――T・レックス最後の日』（古生物学の一般向け科学書としてはいまだに史上屈指の良書だと思う）を読んだ私は、数々の手がかりをつなぎ合わせて小惑星という答えにたどり着いた過程に感銘を覚えた。本によると、ウォルターの推理ゲームはイタリアのアペニン山脈ではじまったらしい。山間にグッビオという中世の香りただよう町があり、その外れに岩がちな渓谷がある。ウォルターは、その渓谷において初めて、白亜紀の終わりを示す薄い粘土層に異常な特徴を見いだしたという。好都合なことに、電話をかけた当時、私の家族は両親の結婚一〇周年を記念してのイタリア旅行を計画していた。私にとっては北アメリカを出る初めての旅行だったので、ぜひ思い出深いものにしたかった。といっても、私の目当ては大聖堂や美術館を巡ることではなく、グッビオへの巡礼だった。ウォルターが科学界における最大の謎の一つに挑みはじめた場所に、私も立ってみたかった。

でも、そのためには道順を知る必要がある。そこで情報源にじかに聞くことにしたわけだ。

ウォルター教授は、イタリアに土地勘がない子供にも分かるように、事細かに道順を教えてくれた。おまけに、私の科学的関心事についても少しばかり話に乗ってくれた。今思うと、科学界の巨人があんなにも優しく、時間を惜しむことなく接してくれたことに驚きを禁じえない。ところが、その厚意は結局無駄になった。その夏、私たち家族がグッビオにたどり着くことはなかった。洪水のせいでローマからの主要な鉄道線が閉鎖されてしまったからだ。私はすっかり意気消沈した。ずっといじけっぱなしで、危うく両親のセカンドハネムーンを台なしにするところだった。

ところがその五年後、私は大学の地質巡検でイタリアに舞い戻った。私たちが滞在したのはアペニン山脈に建つ小さな観測所だ。所長はアレッサンドロ・モンタナーリ。一九八〇年代に白亜紀末期の大量絶滅を研究して名を上げた多くの研究者のうちの一人だ。到着初日に所内を案内してもらった時、通りかかった書庫に一人の人物の影を認めた。ちかちかと瞬く電灯の下でじっくりと地質図を眺めている。

「皆さん、私の友人であり師匠でもあるウォルター・アルバレスです。名前を聞いたことのある方もいるでしょう」。アレッサンドロが一本調子のイタリアなまりでそう紹介した。

驚きのあまり動けなくなった。あんなにビックリしたのは、後にも先にもあの時だけだ。その後の所内見学を上の空でやり過ごすと、一人でこっそり書庫に戻り、そぉっとドアを開けた。ウォルターはまだそこにいて、すさまじい集中力で地質図をのぞき込んでいた。作業の邪魔をすることに気が引けた。もしかすると、今まさに、地球史にいまだ残る謎に取り組んでいるのかもしれないのだから。私が自己紹介をすると、なんと数年前の会話のことを覚えていてくれて、またビックリした。

「あのあとグッビオには行けたのかい」と訊かれた。

私は消え入りそうな声で「いいえ」としか答えられなかった。あの電話とその後のメール交換で彼の時間を無駄にしてしまったことに申し訳ない気持ちでいっぱいだったからだ。

「じゃあ、楽しみにしておいて。数日後に私が君のクラスをグッビオに案内するから」。その言葉を聞いた私は、顔にはちきれんばかりの笑みを浮かべた。

数日後、私たちはグッビオの渓谷にいた。地中海の陽光が照りつけ、そばの道路を車がビュンビュン通り過ぎ、頭上の崖に一四世紀の水道橋が危ういバランスで建っている。ウォルターが私たちの前に歩み出た。岩石の標本でパンパンになったカーゴパンツをはき、つばの広い帽子を被り、陽光を跳ね返す水色のシャツを着ている。ホルスターからロックハンマーを取り出して右斜め下を指し示した。渓谷の大部分を成すローズピンクの石灰岩に、一筋の薄い粘土層が走っている。周りの岩石より柔らかくて粒が細かい。この厚さ約一センチの粘土層こそ、白亜紀に堆積した石灰岩と、大量絶滅後の古第三紀に堆積した石灰岩を隔てる境界だ。二五年前のまさにこの場所で（私の目の前の人物が、この地点に立って、この粘土層を見ていた時に）、小惑星の衝突による恐竜絶滅説は考え出された。

露頭観察を終えた私たちは、トリュフパスタと白ワインとビスコッティを目当てに、同じ道沿いに建つ創業五〇〇年のレストランに立ち寄った。昼食前に義務的に名前を書き入れた革張りのゲストブックには、錚々《そうそう》たる地質学者や古生物学者の名前が連なっていた。いずれも、グッビオを経由して渓谷を訪ね、あの有名な粘土層を観察していった面々だ。まるで殿堂入りメンバーの名簿のようで、私はこの上ない誇りを感じながら名前を書いた。その後の二時間、私の向かいの席に座ったウォルターは、時折リングイネを口いっぱいにほおばりながら、憧れのまなざしを向ける私たちに向けて恐竜絶滅の謎を解くまでの経緯を語ってくれた。

ウォルターが博士課程を終えたばかりの一九七〇年代初頭は、プレートテクトニクス革命が地質学を席巻

図42　白亜紀の地層（下）と古第三紀の地層（上）の境界を指し示すウォルター・アルバレス。イタリア・グッビオにて。境界はアルバレスが持っているロックハンマーと右ひざの中間にあるくぼみ。

し、「大陸は時とともに移動する」という考えが広く受け入れられるようになった時代だった。大陸の移動経路を追跡する一つの方法は、磁性鉱物の微小結晶の向きを調べるというものだ。これは、溶岩や堆積物が固結する際、中に含まれる磁性鉱物の結晶が当時の北極を向いた状態で固まることを利用した方法である。ウォルターは、この古地磁気学という新しい手法を使えば、地中海地域の形成史をひもとけるのではないかと考えた。小規模なプレートどうしがどう回転し、どうぶつかり合って、現在のイタリアを形作ったりアルプス山脈を押し上げたりしたのか。その成り立ちが分かると思ったのだ。それが、ウォルターがグッビオを訪れたそもそもの理由だった。つまり、渓谷の分厚い石灰岩層に含まれる微小な鉱物の向きを測ろうとしたわけだ。ところが、いざ現地におもむくと、もっと大きな謎に魅了されることになった。計測した岩石の一部には、形も大きさもさまざまな殻の化石がぎっしりと詰まっていた。それらの殻の持ち主は、有孔虫と呼ばれる生き物（海中に浮遊する微小な捕食者。海洋プランクトンの一種）の多種多様な群集だった。しかし、そこより上の石灰岩を調べてみると、ほとんど化石が含まれておらず、単純な見かけの微小な有孔虫がちらほらといるだけだった。

ウォルターは、生と死の境目を観察していた。航空機事故に例えるなら、コックピットのボイスレコーダーに耳を傾け、録音が途切れる前の最後の数秒を聴き取るようなものと言える。

この謎に気づいたのはウォルターが最初ではない。地質学者は何十年も前からこの渓谷で研究を行っていて、とりわけイザベラ・プレモリ・シルバというイタリア人学生の地道な研究により、多様な有孔虫群集が白亜紀に属し、単純な群集が古第三紀に属するということが分かっていた。両時代を隔てる薄い境界は、ずっと前から大量絶滅が起きたと考えられてきた層準だった。数多くの種が地球上から一斉にいなくなるという、地球史における尋常ならざる時期だ。

しかも、この層準で起きたのは並大抵の大量絶滅ではなかった。ちりのようなプランクトンだけが犠牲になったわけでも、被害が海だけに限られていたわけでもない。海洋と陸地の生態系が壊滅的な打撃をこうむり、あまたの植物と動物が死に絶えた。

その中にはもちろん恐竜も含まれる。

これが偶然なわけがない。有孔虫に起きたことと、恐竜などのほかの絶滅生物に起きたことは関連しているはずだ。ウォルターはそう考え、そしてその真相を知りたいと思った。

謎を解く鍵が、化石の豊富な白亜紀の石灰岩と化石に乏しい古第三紀の石灰岩を隔てる、あの薄い粘土層にあることは分かっていた。でも、一見したところ、特に気になる点はなかった。粉々の化石が密集しているわけでも、派手な色の筋が入っているわけでも、腐ったにおいがするわけでもない。肉眼では見えないほど粒が細かいだけの、ただの粘土だった。

ウォルターは父に助けを求めた。彼の父親は、何の因果か、ノーベル賞物理学者のルイス・アルバレスだったのだ。数々の亜原子粒子を発見し、マンハッタン計画の中軸を担った人物でもある（リトルボーイが広島に落とされた際には、原子爆弾の威力を確かめるべくエノラ・ゲイの後続機に乗り込んでいた)。ウォルターは、父親なら粘土を化学的に分析するための斬新な手法を知っているかもしれないと考えた。粘土を分析できれば、何か指標となるものが見つかって、薄い粘土層の形成にかかった期間を推定できるかもしれない。もし粘土層が徐々に形成されたものなら、つまり粘土の粒子が何百万年もかけてゆっくりと深海に堆積したものなら、有孔虫の死滅も、したがって恐竜の絶滅も、長い時間をかけて起きたということになる。しかし、もし粘土層が急速に堆積したものなら、白亜紀は災厄のさなかに幕を閉じたということになるだろう。

地層の形成にかかった期間を測るのは難しい(地質学者ならば誰もが直面する悩みだ)。でもこの時は、アルバレス親子が期待の持てる妙案を考えついた。重金属(周期表の下のほうに並んでいる元素。イリジウムもその一つ)は、世間での知名度が極めて低いことからも分かるとおり、地表にはまれにしか存在しない。ただし、宇宙塵《じん》として遠い宇宙から飛来していて、微量ながらもほぼ一定のペースで地表に降り積もっている。そこでアルバレス親子はこう考えた。イリジウムが微量にしか含まれないなら、粘土層は急速に形成されたはずであり、イリジウムが大量に含まれるなら、粘土層は長い時間をかけて形成されたことになるはずだと。折しも、分析機器の進歩によりごく微量のイリジウムでも検出が可能になっていて、ルイスの同僚の一人が運営するバークレーの研究所にも、そんな最新の分析機器があった。

分析の結果を見た二人は戸惑いを隠せなかった。

イリジウムはちゃんと検出された。しかも大量に。というより、大量すぎた。その膨大な数値が正しいとすると、宇宙塵が数千万年(ひょっとすると数億年)かけて着々と降り積もったということになる。でも、そんなことはありえなかった。なぜなら、粘土層の上下の石灰岩はきちんと年代が定まっていて、粘土層の形成期間はどう長く見積もっても数百万年にしかならないと分かっていたからだ。何かがおかしかった。

これは何かの間違いなのではないか。グッビオ渓谷ならではの地域異常とも考えられる。そこでアルバレス親子は同時代の地層がバルト海沿岸に露出しているデンマークに飛んだ。ところが、その地層でも、白亜紀と古第三紀の境界にイリジウムの異常濃集が確認された。やがて、長身のオランダ人青年ジャン・スミットがアルバレス親子のことを聞きつけて、自分もイリジウムを調べていたこと、そして、スペインの白亜紀－古第三紀境界で異常値を検出したことを報告した。ほどなく、イリジウムにまつわる報告が相次いで、陸成層でも浅海成層でも深海成層でも、恐竜が絶滅した時期に異常濃集があったと確認された。

イリジウムの異常濃集は本物だった。アルバレス親子は考えうる原因を探っていった。火山・洪水・気候変動など、いろいろな可能性を探ったが、ありえそうな原因は一つだけだった。イリジウムは地球上では極めてまれだが、宇宙にははるかに多く存在している。広大な太陽系にある何かが、六六〇〇万年前にイリジウム爆弾を運んできたのではないか。超新星爆発ということも考えられたが、彗星とか小惑星のほうがありえそうな気がした。地球や月の表面にある無数のクレーターが証明しているように、星間を旅するそうした天体は時に地球に襲来するものだから。大胆な説ではあるが、筋は通っているように思えた。

一九八〇年、アルバレス親子はバークレー校の同僚であるフランク・アサロ、ヘレン・マイケルとともにその物議を醸す仮説を「サイエンス」誌に発表した。その後の一〇年、世間はこの科学の話題で騒然となった。恐竜と大量絶滅の話が絶えずニュースで取り上げられ、小惑星の衝突仮説が無数の書籍とドキュメンタリー番組で議論され、恐竜を絶滅に追いやった小惑星が「タイム」誌の表紙を飾り、恐竜が死に絶えた真の理由をめぐって何百篇もの論文が出され、古生物学者・地質学者・化学者・生態学者・天文学者などの諸々の研究者が当時最大の科学トピックに参戦してきた。確執やエゴの衝突もあったが、激しい論争に刺激されて個々の研究者も調子を上げていき、小惑星が衝突した証拠を必死に集めたり、あるいは提示された証拠に異を唱えたりした。

一九八〇年代が終わる頃には、アルバレス親子の正しさはもはや疑いようがなくなっていた。六六〇〇万年前に小惑星か彗星が地球に衝突したのは事実だった。世界各地から同一のイリジウム層が発見されただけではない。ほかの地質学的異常も見つかっていて、それらの証拠も小惑星の衝突を示唆していた。例えば、特殊な石英が見つかっていた。その石英では、結晶面が崩れて、結晶構造に特徴的な縞模様が現れている。この「衝撃石英」は、過去、二種類の場所でしか見つかっていなかった。核実験後の瓦礫の山と隕石のクレーターという、爆発現象による激しい衝撃波が生じる場所だ。スフェルールとテクタイトという証拠もあった。球形や槍形のガラスの弾丸で、どちらも、大規模な衝突で生じた溶融物が大気中を落下していくあいだに冷やされて形成される。メキシコ湾周辺では津波の堆積物が見つかっていて、年代測定をするとまさに白亜紀－古第三紀境界を示した。つまり、衝撃石英ができたりテクタイトが落ちてきたりしていたちょうどその時に、何らかの壮大な出来事により巨大地震が引き起こされていたということだ。

そして、一九九〇年代に入って、ついにクレーターが見つかった。まさに決定打。発見までに時間がかかったのは、クレーターがユカタン半島で数千万年分の堆積物に埋もれていたからだった。唯一、石油会社の地質学者がユカタン半島を綿密に調査していたのだが、地質図も岩石の標本も長年厳重にしまい込まれていた。とにかく、もはや疑いようがない。直径一八〇キロのクレーターがメキシコの地下に埋まっている。その「チチュルブ・クレーター」の年代を測ると、ずばり、白亜紀末期の六六〇〇万年前と推定された。それは、世界最大級のクレーターであり、小惑星の巨大さと衝突のすさまじさを物語っていた。小惑星そのものも過去五億年に地球に飛来した小惑星の中でおそらく最大級であり、もしかすると、最大級どころか最大だったかもしれない。恐竜が生き延びるチャンスは微塵もなかったことだろう。

大きな科学論争が起きると（特に専門誌から飛び出して大衆の目に触れるようになると）、決まって懐疑派が姿を現す。それは小惑星衝突説の時も同じだった。懐疑派は小惑星の存在そのものは否定しなかった。チチュルブ・クレーターが見つかった以上、そんな主張をしても無意味だと分かっていたのだろう。代わりに、「小惑星は濡れ衣を着せられている」と言い出した。小惑星はいわば〝無実の傍観者〟で、恐竜や白亜紀末期に死に絶えた多くの生物（翼竜類・海生爬虫類・アンモナイト・有孔虫の大規模で多様な海生群集など）がすでに絶滅への道を歩みはじめていた時に、たまたまユカタン半島に落ちただけだと言うのだ。何か関わりがあるとしても、せいぜい、すでに起きていた自然界の大虐殺にとどめを刺したくらいのものだろう、とも主張した。

「果たしてそんなことが偶然に起こりうるのか」と考えると、この主張は真に受けづらい。何しろ、無数の種が〝死の床〟にあったちょうどその時に、直径一〇キロの小惑星が飛来したというのだから。でも、地球平面説信奉者や地球温暖化否定論者とは違い、小惑星衝突説懐疑派の主張には一応の根拠がある。小惑星が空から降ってきた時、地上にあったのは穏やかで牧歌的な恐竜たちの楽園ではなかったし、ましてや小惑星がそれをめちゃくちゃにしたわけでもなかった。むしろ、小惑星飛来時の地球はかなり混沌としていた。小惑星の衝突により活動を活発化させたインドの巨大火山群は、実はその数百万年前から噴火しはじめていた。気温は徐々に低下していたし、海水準も激しく変動していた。もしかすると、こうした現象の一部も大量絶滅の一因になったのだろうか。いや、それどころか〝主犯〟だったという可能性も考えられる。こうした長期の環境変動が恐竜をじわじわと絶滅に追いやったのかもしれない。

小惑星の衝突説と長期の環境変動説、どちらが正しいかを吟味するには、手持ちの証拠、つまり恐竜の化石をじっくり観察するしかない。具体的には、恐竜の進化を時代とともに追っていき、何らかの長期的な傾向がないかを確かめつつ、小惑星が衝突した白亜紀－古第三紀境界近辺でどんな変化が起きたかを調べる必要がある。そこで私の出番だ。ウォルター・アルバレスと電話で話してからというもの、私は恐竜絶滅の謎の虜になった。グッビオ渓谷でウォルターの隣に立つと、その情熱はいっそう高まった。やがて、大学院生になった私は、ついにこの論争に自分なりの貢献をするチャンスを得た。大規模なデータベースと統計学を駆使して進化的な傾向を調べるという、若手研究者として磨いてきた強みの一つを発揮することにした。

絶滅論争への参戦は、旧友であるリチャード・バトラーとの共同研究というかたちをとった。ポーランドの採石場でやぶを切り払いながら一緒に最古の恐竜の足跡を探したのは数年前のこと。博士論文の仕上げにかかっていた二〇一二年、今度は彼とともに恐竜の絶滅について調べることになった。あのヒョロヒョロな動物の子孫が、一時は空前の繁栄を遂げながら、一億六〇〇〇万年後になぜ滅びることになったのか。この謎を解くにあたり私たちが立てた問いは次のようなものだ。「小惑星衝突前の一〇〇〇万～一五〇〇万年間、恐竜はどう変化していたのか」。この問いに挑むにあたっては、最古の恐竜を研究した際にも用いた「形態的異質性」という手法を使った。動物の骨格の多様性を数値化し、その時代ごとの変化を見ていくものだ。白亜紀末期にかけて異質性が上昇したり安定したりしていたら、恐竜がわりと順調だった時に小惑星がやって来たということになる。逆にもし異質性が低下していたら、それは恐竜が苦境にあったことを意味するわけで、すでに絶滅への道を歩みはじめていたと考えられるかもしれない。

コンピューターで数字をガリガリと処理していくと、いくつかの面白い結果が得られた。ほとんどの恐竜において、小惑星衝突前の最後のひとときの異質性はわりと安定していた。獣脚類も、竜脚類も、パキケフアロサウルス類などの小型〜中型の植物食恐竜もだ。そこにはいかなる不調の兆しも見られない。ただ、トリケラトプスなどの角竜類とカモノハシ竜類という二つのグループでは異質性が低下しつつあった。大型植物食恐竜の二大グループであり、高度な咀嚼能力と葉の剪断能力で膨大な量の植物を平らげていた恐竜たちだ。もしあなたが白亜紀末期（およそ八〇〇〇万〜六六〇〇万年前のいずれかの時期）の世界に降り立ったら、この二大グループの恐竜の数がもっとも多いことに気づくだろう。この時期の化石記録がもっとも豊富な北アメリカにおいては、少なくともそういうことが言える。角竜類とカモノハシ竜類は〝白亜紀のウシ〟であり、食物連鎖の根幹を成す植物食動物だった。

ほぼ同時期に、私たちとはまた違った角度から恐竜の絶滅を調べていた研究者もいた。ロンドンのポール・アップチャーチとポール・バレット率いるチームは、大がかりな調査を実施し、恐竜の種の多様性を中生代全般にわたって調べた。中生代の各時期に何種の恐竜がいたかを単純に数えたあと、化石記録の充実ぶりの違いからくるバイアスを補正した。すると、恐竜全体としては、小惑星が飛来した時点でまだまだ多様だったことが分かった。数多くの種が北アメリカだけでなく世界各地に生息していた。ところが、何とも興味深いことに、角竜類とカモノハシ竜類の種数は白亜紀の終わりの時点で減少傾向にあった。形態的異質性の低下と時を同じくして、種数も減っていたわけだ。

こうした諸々の状況は、実際のところ、世界にどのような影響をおよぼしたのだろう。考えてみれば何とも面白いねじれではないか。大多数の恐竜がつつがなく栄える一方で、大型植物食恐竜は不調の兆しを見せていたというのだから。この謎に巧みなモデル研究で挑んだのは、定量的な手法に長けた新世代の大学院生の一人、シカゴ大学のジョナサン・ミッチェルだった。ジョナサンらは、白亜紀のいくつかの恐竜群集を取り上げ、特定の化石産地から見つかるすべての化石（恐竜だけでなく、そのそばで暮らしていたワニ・哺乳類から昆虫に至るまでの全生物の化石）を入念に調べたうえで、各恐竜群集に対応する食物網を構築した。次に、コンピューターを使って、数種が死に絶えた時に何が起きるかをシミュレートした。結果は驚くべきものだった。種の多様性が減少して底辺の大型植物食恐竜が減った状態で小惑星の衝突を迎えた食物網は、衝突のわずか数百万年前に存在したもっと多様だった頃の食物網より、崩壊しやすかった。要するに、大型植物食恐竜の一部が滅びただけで、ほかの恐竜は一切衰退していないのに、白亜紀末期の生態系はすこぶる脆弱になっていたということだ。

統計解析やコンピューターシミュレーションも悪くないし、それらが恐竜研究の未来の姿であることは疑いようがない。でも、少しばかり抽象的になることがあるし、物事を単純化しすぎるきらいもある。そんな時は化石そのものに立ち返るのが古生物学の定石だ。化石を手に取って、生きて呼吸をする生身の動物としてまざまざと思い浮かべるのである。恐竜たちは、まず白亜紀後期の火山噴火・気温変動・海水準変動への対応を余儀なくされ、続いて、山ほどもある小惑星が落ちてくるのをまじまじと見つめていたはずだ。

私たちが本当に研究したいのは、そうした最後まで生き延びていた恐竜たちの化石だ。小惑星の〝汚れ仕事〟を目撃するか、目撃する寸前までいった恐竜の化石を調べたい。残念なことに、そういう化石の産地は世界に数えるほどしかない。ただしそれでも、そうした化石をもとに、説得力のある話が紡がれつつある。

もっとも有名な産地は間違いなくヘルクリークだろう。これまで一〇〇年以上にわたり、アメリカ西部のグレートプレーンズ北部一帯でT・レックスやトリケラトプスなどの恐竜の骨が採集されてきた。ヘルクリーク層は年代もしっかり特定されている。ということは、恐竜の種数と個体数が時代とともにどう推移したかを、小惑星の衝突を示すイリジウム層まできっちりと追跡できるということだ。数々の研究者がまさにそうした研究を行ってきた。例えば、私の友人であるデービッド・ファストフスキー（市販されている中で最良の恐竜学入門書の著者）と同僚のピーター・シーハンの二人、ディーン・ピアソンの率いるチーム、タイラー・ライソン（ノースダコタ州の大牧場で生まれ、世界屈指の恐竜化石産地である荒野に囲まれて育った、英才の若き研究者）の率いるチームが挙げられる。いずれの組も同じ結論にたどり着いた。ヘルクリーク層が堆積するあいだ、恐竜は繁栄し続けていた。インドの火山群が噴火しても気温や海水準が変動しても衰退することなく、小惑星が飛来するその時まで。なんと、トリケラトプスの骨がイリジウム層のわずか数センチ下から見つかってもいる。どうも、ヘルクリークの恐竜たちは、栄華を極めていた時に思いがけなく小惑星に襲われたらしい。

当時の状況はスペインでも似ていた。スペインでは、重要な新発見がフランスとの国境沿いに走るピレネー山脈から相次いでいる。この地域で調査を続けているのは、三〇代の活動的な古生物学者の二人組、ベルナ・ビラとアルベルト・セジェスだ。この二人ほど献身的な研究者を私は知らない。気づけば何か月も給料なしで働いていたということもざらだそうで、二〇〇〇年代以降の金融危機から一向に立ち直れないスペイン経済の犠牲になっている。それでも二人は何とか研究を続けてきた。恐竜の骨・歯・足跡・卵を次々と発見している。二人が発見してきた化石のおかげで、（獣脚類・竜脚類・カモノハシ竜類などから成る）多様な群集が、不調の兆しを微塵も見せることなく、白亜紀の終わりまで存続していたことが分かった。興味深いのは、小惑星が飛来する数百万年前に、群集の構成に若干の変化が生じていたことだ。鎧竜類が局地的に姿を消すとともに、原始的な植物食恐竜が進化的なカモノハシ竜類に取って代わられていた。この群集構成の変化が北アメリカにおける大型植物食恐竜の衰退と関連している可能性もあるが、それはなかなか証明しづらい。もしかすると海水準の変動が原因なのかもしれない。海水準の変動により恐竜たちの生息地が切り刻まれ、そのせいで群集の構成に小さな変化が生じたのかもしれない。

最後に、ルーマニアとブラジルでも状況は同じだったらしい。ルーマニアではマティアス・ブレミールとゾルタン・チキ＝サバが化石採集を続けていて、白亜紀末期の恐竜群集がすこぶる多様だったことが分かっている。ホベルト・カンデイロと学生たちが発見し続けてきた歯や骨の化石によると、ブラジルの大型獣脚類と大型竜脚類も白亜紀の終わりまで生き延びていたらしい。両地域の難点は地層の年代がいまだにしっかりと定まっていないことで、そのために恐竜化石の産出層準が白亜紀－古第三紀境界からどの程度隔たっているか確信が持てないことだ。でも、両地域の恐竜が白亜紀末期に生息していたことは確かだし、何らかの災難に見舞われていたという兆候も確認されていない。

化石・統計・モデル研究からの新証拠が積み上がっていた。その状況を鑑みたリチャードと私は、そろそろ総括すべき時がきたのではないかと考えた。そして、少しばかり危険な構想を練った。恐竜学者の精鋭チームを集め、恐竜の絶滅に関して今分かっていることをすべて話し合い、恐竜が滅びた原因について自分たちなりの統一見解を出せないだろうか。ただ、古生物学者はこの問題をもう何十年も議論していたし、実のところ、一九八〇年代に小惑星衝突説批判の急先鋒を担っていたのは、ほかならぬ恐竜学者だった。私たちの挑戦的な試みが袋小路に陥らないか、ともすれば怒鳴り合いのケンカにならないかという危惧もあったのだが、実際はまったく逆の結果になった。私たちは合意に達したのだ。

白亜紀末期の恐竜は好調だった。全体としての多様性は（種数の面でも形態的異質性の面でも）かなり安定していた。何百万年にもわたり徐々に低下していたわけでも、明らかに上昇していたわけでもない。恐竜の主要グループすべてが白亜紀の最末期まで存続していた。大小の獣脚類も、竜脚類も、角竜類も、カモノハシ竜類も、堅頭竜類も、鎧竜類も、小型の植物食恐竜も、雑食性恐竜も。少なくとも、化石記録がもっとも充実している北アメリカでは、小惑星が地球に大打撃を与えた時点でT・レックスやトリケラトプスなどのヘルクリーク層産の恐竜が生きていたことが分かっている。こうした諸事実を考慮すると、「海水準や気温の長期変動のせいで恐竜がだんだんと滅びていった」とか、「インドの火山群が噴火したせいで白亜紀後期のもう少し早い段階（白亜紀が終わる数百万年前）から恐竜が衰退しはじめていた」といった、かつて人気のあった仮説は排除される。

というより、恐竜の絶滅が地質学的にみて唐突に起きたことは、もはや疑いようがない。「地質学的に唐突に」とは、どう長く見積もっても数千年間の出来事だったということだ。恐竜は繁栄を謳歌していた。ところが、何の前触れもなく地層から化石が出てこなくなる。世界中から一斉に姿を消す。白亜紀末期の地層が分布している地域であれば、例外なく。小惑星の衝突後に堆積した古第三紀の地層から恐竜の化石が発見されたことはない。まったくのゼロ。骨の一本も、足跡一つさえも、どこからも見つかっていない。ということは、唐突で劇的な災厄こそが絶滅の原因だったと考えられるわけで、だとすると〝真犯人〟は小惑星以外に考えられない。

しかし、この話には若干の含みがある。大型植物食恐竜は白亜紀が終わる直前からやや衰退していたし、ヨーロッパの恐竜群集も種の構成に変化が生じていた。どうも、この衰退傾向が大きな影響をもたらしたらしい。この傾向のせいで、生態系が崩壊しやすくなっていたようだ。たった数種が死に絶えただけで、その影響がドミノ倒しのように食物連鎖全体におよぶような状態になっていたらしい。

ということは、要するに、小惑星は恐竜にとって最悪な時期に飛来したのかもしれない。もし小惑星が数百万年前に来ていたら、つまり大型植物食恐竜の多様性が減る前（そして、たぶんヨーロッパの種構成も変わる前）だったら、その時代の生態系はまだ強靭だったはずで、したがってもっとマシな状態で小惑星の衝突を迎えられたかもしれない。小惑星が数百万年後に来ていたとしても、大型植物食恐竜の多様性はもう回復していたかもしれず（一億六〇〇〇万年余りにわたる恐竜の進化史の中で、多様性がやや減少してまた回復するなどということは数えきれないほどあった）、そうであれば生態系も強靭さを取り戻していたことだろう。直径一〇キロの小惑星に襲われるのに都合のいいタイミングなどありはしないだろうが、恐竜にとって六六〇〇万年前という時期はこれ以上ないほど最悪のタイミングだったのではないか（とりわけ脆弱になっていた一瞬の時期を襲われたというわけだ）。もし小惑星の飛来が数百万年前後にずれていたら、この窓の外には、カモメだけでなく、ティラノサウルス類や竜脚類も群がっていたのかもしれない。

いや、やはりそんなことはないのかもしれない。どのタイミングで巨大小惑星が来ていたとしても恐竜は絶滅していた、とも考えられる。小惑星はあまりにも巨大だったし、ユカタン半島に落ちた時の衝撃もすさまじかったわけで、そこから逃れるというのはどだい無理な話だったのかもしれない。詳細な経緯はさておき、非鳥類型恐竜が絶滅した主な原因は小惑星であったと、私は確信している。もし私の研究者人生を賭けるなら、次の単純明快な表現に賭けたい。小惑星が飛来しなければ、恐竜も絶滅しなかった。

これまで触れてこなかった謎がまだ一つだけ残っている。なぜすべての非鳥類型恐竜が白亜紀の終わりに絶滅したのだろう。何しろ、小惑星のせいですべての動物が滅んだわけではない。苦難を乗り切った動物も多々いる。カエル・サンショウウオ・トカゲ・ヘビ・カメ・ワニ・哺乳類、そして（鳥類に姿を変えた）一部の恐竜も。もちろん、殻を持つ無脊椎動物や魚の多くも生き延びたが、そのことを書き出したら本をもう一冊書くことになる。では、T・レックスやトリケラトプスや竜脚類などの一体何がいけなくて、小惑星の〝標的〟になったのだろう。

これは大切な問いだ。何しろ現代の世界にも関わる問いだから、何とか答えを出したい。地球規模の急激な環境変動と気候変動が起きた時、どんな種が生き残り、どんな種が滅びるのか。生命史上の事例（白亜紀末期の大量絶滅のように化石に記録されている事例）を研究することで、この問いの核心に迫る知見を得られるだろう。

まず理解しないといけないのは、衝突直後の劫火《ごうか》とその後の長く激しい気候変動を生き延びた種も確かにあったものの、多くの種は滅びたということだ。およそ七割の種が絶滅したと見積もられている。数多くの両生類や爬虫類が死に絶え、哺乳類と鳥類の大多数も滅びたはずで、教科書やテレビのドキュメンタリー番組でよく繰り返されるように、単純に「恐竜が滅び、哺乳類と鳥類が生き残った」わけではなかった。もし何個かの優れた遺伝子がなかったら、あるいは何回かの幸運に恵まれていなかったら、私たち哺乳類の祖先は恐竜の後を追っていたかもしれず、そうなっていたら私も今ここで原稿を書いてはいなかったはずだ。

とはいえ、「これが生き残った種と滅びた種の命運を分けたのではないか」と思える特徴もある。哺乳類を見ると、生き残った種は滅びた種よりたいてい小型で、食性もより雑食に近い。ちょこまかと動き回れること、巣穴に隠れられること、どんな食べ物でも食べられること、というのが、小惑星衝突後の混沌とした世界を生きる際に有利に働いたのではないか。カメやワニがほかの脊椎動物よりしぶとく生き残れたのは、地獄のような最初の数時間を水中でやり過ごすことで、雨あられと降り注ぐ岩の弾丸や続発する地震から身を守れたためだったと思われる。さらに、ワニやカメが属していた水中の生態系は、デトリタス[1]によって成り立っていた。水中生態系の底辺にいた生き物は、樹木や低木や花ではなく、腐りかけの植物などの有機物質を食べていたから、光合成が止まって植物が枯れはじめても、水中の食物網が崩れることはなかった。それどころか、植物がどんどん腐っていたから、食べ物の量がぐっと増えていたはずだ。

哺乳類やカメやワニが備えていた強みを、恐竜は何一つ持っていなかった。大型の種ばかりだったから、巣穴に逃げ込んで火災をやり過ごすわけにもいかなかった。水中にだって隠れられない。大型植物食種が基盤を成す生態系に属していたから、日光がさえぎられ光合成が止まって植物が枯れはじめると、ドミノ倒しに遭った。おまけに、たいていの恐竜はかなり特化した食性を備えていた（肉だけを食べたり特定の植物だけを食べたりと、生き残った哺乳類がもっと冒険的な味覚を備えていたことと比べると、柔軟性がなかった）。恐竜が抱えていた弱みはそれだけではない。恐竜の多くは内温性だったか少なくとも代謝率が高かったから、大量の食物を必要とした。一部の両生類や爬虫類のように、何か月も何も食べずにいることなどできなかったわけだ。卵を産んでから孵化するまでの期間も長く、鳥類の二倍ほどにあたる三〜六か月を要した。孵化してからも幼体が成体になるまでに何年もかかった。そうした長く苦しい成長期があったせいで環境変動に対してとりわけ脆弱になっていた。

　小惑星が衝突したあとは、何か一つの要因で恐竜の運命が決したわけではなかっただろう。多くの要因が重なって絶滅に追い込まれたにすぎなかった。小柄であるとか雑食であるとか繁殖が速いといった特徴は、いずれも「それを備えていれば必ず生き残れる」というものではなかったが、それぞれが少しずつ生存の確率を上げていた。当時の地球は危うい〝カジノ〟と化していて、確率が渦を巻いていたのではないだろうか。当時の生命をポーカーに例えるなら、恐竜に残されたのは〝死人の手札[2]〟だったということになるだろう。

　一方、ロイヤルストレートフラッシュを出して大成功を収めた種もいた。例えば、私たちのネズミ大の祖先も大量絶滅を生き延びた途端、自らの王国を築く好機を得た。では鳥類はどうだったか。多くの鳥類と鳥類に近縁な羽毛恐竜（四肢に翼を持つ恐竜、コウモリ似の恐竜、長い尾と歯を持つ原始的な鳥類の数々）が死に絶えた。でも現生風の鳥類は生き残った。正確な理由は分からない。大きな翼とたくましい胸筋のおかげで、混沌とした地から文字どおり〝高飛び〟できて、安全な地を見つけられたのかもしれない。孵化までが速く、幼鳥が巣立ってから成鳥になるまでの期間も短かったことが功を奏したとも考えられる。ひょっとすると、植物の種を食べるという食性を特化させていたのかもしれない。植物の種は小さな栄養の塊であり、土の中で何年、何十年、何百年と生存していられる。実際は、今挙げた強みと、まだ解明されていない強みが組み合わさった結果だという可能性が高い。もちろん、多くの幸運に恵まれたということもあるだろう。

結局のところ、進化という現象は（そして生命も）、運に左右されるところが大きい。恐竜はまさにそうした運をつかみ、二億五〇〇〇万年前のすさまじい火山噴火でほぼすべての種が地上から一掃されたあと、頭角を現した。三畳紀末期に第二の大量絶滅が起きて競合するワニの仲間が死に絶えた時も、やはり運を味方にして乗り切った。ところが今度はそうはいかなかった。T・レックスやトリケラトプスは滅びた。竜脚類が大地を揺らすこともはやない。でも鳥類がいることを忘れないでほしい。鳥類は恐竜であり、現代まで命脈を保ち、今も私たちとともにいる。

恐竜の帝国は滅びたかもしれないが、恐竜は生き永らえたのだ。

（1）生物の死骸や生物由来の破片などが水底に溜まったもの。
（2）西部開拓時代の保安官ワイルド・ビル・ヒコックが暗殺された時に持っていたとされるポーカーの手札。縁起の悪い手札とされている。

エピローグ

恐竜後の世界

毎年五月になると、私はニューメキシコ州北西部の砂漠に出かける。コロラド・ユタ・アリゾナとの州境の交点からそう遠くない場所だ。学科試験を行ったり、答案を採点したり、学期末恒例の雑務に忙殺されたりしたあとの骨休めといったところか。二、三週間ほど滞在し、荒涼とした砂漠の静けさに浸ったり、毎夜キャンプでスパイシーな手料理を堪能したりしていると、旅が終わる頃には日頃の疲れが癒えている。

ただし、これは休暇ではない。ここ最近の旅行と同じで、そこにも仕事で行っている。目的は、この一〇年、世界各地でやってきたことと変わらない。ポーランドの採石場でも、スコットランドの凍てつく海に張り出した岩棚でも、トランシルバニアの城のふもとでも、ブラジルの奥地でも、ヘルクリークのサウナでも、私はそれをやってきた。

そう、私はそこに化石を探しに行っている。

出てくる化石の多くは、もちろん恐竜のものだ。その恐竜たちは最後の生き残りであり、白亜紀の最後の数百万年間、ヘルクリークの一五〇〇キロほど南に生息していた。群集が栄えたのは、歴史に動く気配がなく、それまでの一億六〇〇〇万年余りと同じように、恐竜による世界の支配がこの先も続くのだろうと思えた時代だった。私たちが見つけたのは、ティラノサウルス類の骨・巨大な竜脚類の骨・パキケファロサウルス類が頭突き合いに使っていたドーム形の頭骨・角竜類やカモノハシ竜類が植物を切り刻むのに使っていたあご、そして、そうした大型恐竜の足元を走り回っていたラプトルなどの小型獣脚類の歯の数々だ。多くの種が見事に共存していて、まもなく恐ろしい事態が起きる気配など微塵もない。

実を言うと、私がそこで探しているのは恐竜ではない。研究者になって一〇年ほどT・レックスとトリケラトプスを追いかけてばかりいた私がこんなことを言うと、変節と映るだろうか。でもそんなことはない。私が知りたいのは「恐竜が滅びたあとに何が起きたか」だ。地球が回復して、新たなスタートが切られ、新世界が築かれていった過程を知りたい。

ニューメキシコ州のその一帯にはキャンディのような縞模様の荒野が広がっている（広大で人家もまばらなナハボ族自治領内や、キューバやファーミントンの郊外の辺りだ）。荒野には、小惑星衝突後の最初の数百万年間に堆積した河川成層と湖成層が露出している。ティラノサウルス類の歯や竜脚類の巨大な骨は出てこない。たった数十センチ下の白亜紀最末期の地層からはふんだんに産出するのに、一切見つからない。私たちが調べているのは次の時代である古第三紀の暁新世（六六〇〇万〜五六〇〇万年前）に堆積した地層だ。昔、ここで唐突な変化が起きた。小惑星のせいで一つの世界が吹き飛び、また別の世界がはじまった。あまたいた恐竜が、忽然と姿を消した。その様子は、ウォルター・アルバレスがグッビオ渓谷の有孔虫群集に見いだしたパターンと不気味なほど似ている。

このニューメキシコの乾燥した丘陵地帯を歩く時は、私の科学界の親友の一人であり、アルバカーキの自然史博物館で学芸員を務めているトム・ウィリアムソンと連れ立つようにしている。トムは大学院生の頃からもう二五年間もこの地で化石の採集を続けている。ライアンとテイラーという双子の息子がいて、その二人を引き連れていくことが多い。父親の発掘旅行に幾度となく同行してきた二人は化石を見つけるコツをよく心得ていて、その能力は私の知るいかなる古生物学者にも（ポーランドのグジェゴシ・ニージュヴィージュキーやルーマニアのマティアス・ブレミールと比べても）引けを取らない。トムは周辺の保留地出身のナハボ

図 43 （上）恐竜の後継者たる哺乳類の化石を採集している私。（下）サンフアン盆地に広がる荒野での発掘調査の様子。アメリカ・ニューメキシコ州にて（写真：トム・ウィリアムソン）。

族の若者（この神聖な地で代々暮らしてきた一族の末裔）を教え子にしていて、彼らを引き連れていくこともある。そして、毎年五月になると、エジンバラからやって来る私と教え子を迎え入れてくれる。たいていライアンとテイラー（現在、大学に通っている）も合流し、ひたすら楽しい時間を過ごす。昼は化石を探し、夜はキャンプファイヤーを囲んで語らい、長年の発掘調査仲間ならではの内輪ネタで盛り上がる。

トムは私にはない能力を持っている。古生物学者にとってすこぶる便利なその能力は、「映像記憶」というものだ。本人は持っていないと言い張るのだが、それは謙虚なふりをしているか、思い違いをしているかのどちらかだろう。私にはどれも同じに見える砂漠の小高い丘や岩山をことごとく見分けられる。これまでに各地点で採集してきたほぼすべての化石の産状を事細かに思い出せもする。これはとんでもないことだ。なぜなら、トムが今までに採集してきた化石の総数は、何千点、いや、おそらく何万点にも上るのだから。

この地の至る所に化石が埋まっていて、古第三紀の地層が侵食されるたびに顔を出す。時折見つかる鳥類の骨以外に、恐竜の化石は出てこない。産出するあごの骨・歯・骨格は、恐竜の後継者たる動物のものだ。地球史における次なる大王朝を興したその動物群は、現代の世界で特になじみ深い動物の多くと、私たち自身を含んでいる。

図44　白亜紀末期の小惑星の衝突から数十万年以内に生きていた哺乳類の歯の化石。ニューメキシコ州産。

そう、哺乳類だ。

第2章でも触れたとおり、哺乳類は二億年以上前の三畳紀に危険に満ちたパンゲアに生まれ落ち、恐竜と時を同じくして動物群としての第一歩を踏み出した。ところが、両グループはその後別々の道をたどる。恐竜が競合する初期のワニを打ち負かし、三畳紀末期の大量絶滅を乗り切り、巨大化して世界中に進出していくあいだ、哺乳類はずっと日陰者だった。ひっそりと生き延びることに長けていき、さまざまな食物を食べ、巣穴に隠れ、こそこそと動き回るすべを身につけていった。林冠を滑空する種や水中を泳ぐ種も現れた。そのあいだ、体はずっと小さいままだった。恐竜時代の哺乳類にアナグマより大きい種はいない。中生代という舞台において、哺乳類は端役に甘んじていた。

ところが、ニューメキシコでは様子が違っている。トムの脳内で詳細な目録になっている何千点もの哺乳類化石は、驚くほど種の多様性が高い。恐竜の足元を駆け回っていた祖先とさして違わないトガリネズミ大の小型の昆虫食種から、穴を掘るアナグマ大の種、剣歯を備えた肉食種、ウシ大の植物食種までいた。いずれも、古第三紀の初頭、小惑星の衝突から五〇万年と経っていない時期に生きていた。

地球史上もっとも破滅的な一日からわずか五〇万年後、生態系はすでに立ち直っていた。気温は核の冬のように寒くもなければ温室のように暑くもない。針葉樹とイチョウと被子植物から成る森が再び天高く茂るようになっていた。被子植物の多様性は増すばかりだ。カモやアビの原始的な仲間が湖畔をうろつき、カメが沖を泳ぎ、ワニが水中に潜んでいる。でも、ティラノサウルス類や竜脚類やカモノハシ竜類の姿はない。代わりにいるのは急に数を増やした哺乳類。一億数千万年ものあいだ渇望していたチャンス、つまり、恐竜のいない広々とした遊び場を手に入れた哺乳類は、爆発的な多様化を遂げていた。

トムらが発見した哺乳類化石に、トレホニア（*Torrejonia*）と呼ばれる子イヌ大の動物の骨格がある。ひょろりとした四肢に長い指を生やした動物で、こんな表現もどうかと思うのだが、愛くるしくてギュッとしたくなる容姿をしていたと思われる。小惑星の衝突から三〇〇万年後に生きていた動物だが、その骨格は優美で、たとえ私たちの知る現代の世界にいたとしても、それほど場違いな感じはしないだろう。そのほっそりとした指で木の枝をつかみながら林冠を跳ね回る姿が、今にも目に浮かんできそうだ。

トレホニアは最古級の霊長類であり、人類にかなり近縁な、いとこにあたる。その化石を見ると、私たちの（あなたの、私の、そして全人類の）祖先もやはりあの恐怖の一日を体験していたのだということを、改めて思い知らされる。私たちの祖先は、空から岩が降ってくるのを目撃し、灼熱と地震と核の冬に耐え、白亜紀－古第三紀境界を何とか生き延び、大量絶滅を乗り切った途端、トレホニアのような樹上性の動物に進化を遂げた。そうしたつつましやかな原始霊長類が、その後の約六〇〇〇万年間の進化を経て、二足歩行をし、思索にふけり、本を書き（または読み）、化石を採集する類人猿に変貌したわけだ。もし小惑星が飛来しなかったら、それをきっかけにした絶滅と進化の連鎖も起きなかったわけで、おそらく恐竜は今もまだ生きていたはずだし、逆に私たちはいなかっただろう。

恐竜の絶滅を学ぶともっと痛烈に思い知らされることがある。歴史の大いなる教訓と言ってもいい。白亜紀末期に起きたことから学び取れるのは、どんなに繁栄している動物も（本当に唐突に）滅びうるということだ。恐竜は、報いの時が訪れるまで、一億六〇〇〇万年余りも命脈を保った。さまざまな困難に耐え、高い代謝率や巨体といった優れた資質を進化させ、競合相手を打ち負かして地球全土を支配した。翼を発明し大地のくびきを逃れて空に進出した種もいたし、文字どおり大地を揺らしながら歩いていた種もいた。六六〇〇万年前のあの日、ヘルクリークの渓谷からヨーロッパの島々に至る世界各地に、おそらく何十億頭という恐竜がいたはずだ。朝に目を覚ました時、自然界の頂点に築いた自分たちの不動の地位は今日も安泰だと思っていたことだろう。

ところが、まさに一瞬にして、その座は奪われた。

恐竜がかつて収まっていたその座に、今では私たち人類が座っている。自らの活動のせいで地球がみるみる変わりつつあるのに、自然界での自分たちの地位は安泰だと思い込んでいる。だから私は不安で仕方がない。ニューメキシコの荒涼とした砂漠を歩いていると、恐竜の骨がふっと出てこなくなり、代わりにトレホニアなどの哺乳類の化石が出てくるようになる。そのさまを目の当たりにすると、一つの疑問を抱かずにはいられない。

恐竜に起きたことは、私たちにも起こりうるのではないか、と。

謝辞

私が恐竜学という分野に貢献しはじめたのはわりと最近のことで、その度合いもまだ小さい。研究者の常として、私も先人が積み重ねてきた業績を土台にして研究をしている。もちろん、同時代の研究者仲間にも支えられている。この本を通して、古生物学という分野が今いかにエキサイティングな状態にあるかを分かってもらえたならうれしい。ここ数十年で得られた恐竜にまつわる新しい知見が、一つの例外もなく、多くの研究者の協働の成果だということも分かってもらえたと思う。世界各地にいる実にさまざまな面々が恐竜の研究に携わっている。皆、素敵な人たちばかりで、男性もいれば女性もいるし、有志の発掘調査員やアマチュアの研究者もいれば大学に所属する学生や教授もいる。ここで個々の名前を挙げて感謝の意を示すことは到底できないし、もしそれをすれば大事な人を何人か挙げ忘れてしまうに違いない。本書で名前と逸話を紹介したすべての人と、これまでに一緒に仕事をしてきたすべての人に、感謝の気持ちを伝えたい。おかげで、世界中の古生物学者の仲間入りができたし、この一五年間がこの上なく楽しいものになった。

さはさりながら、ここで特別に名前を挙げておきたい人たちもいる。三人の素晴らしい指導教官に恵まれた私は、何と贅沢だったことだろう。学部生時代に弟子入りしたシカゴ大学のポール・セレノ、修士課程を過ごしたブリストル大学で師事したマイク・ベントン、アメリカ自然史博物館とコロンビア大学で博士論文に取り組んでいた時のマーク・ノレル。自分がいかに恵まれていたか、また、自分がいかに厄介な教え子だったかということを、今になって痛感している。三人とも、研究の題材として最高の化石を私に与えてくれたし、発掘調査や世界各地への調査旅行に連れて行ってくれたし、何より、私が無茶をしようとすると引き留めてくれた。こんなことを言うのも何だが、私ほど教官に恵まれた若手恐竜学者はほかにいないのではないだろうか。

今までに一緒に仕事をしてきた大勢の研究者仲間は、皆、気立てのいい人ばかりだった。恐竜学者は（少なくとも現役世代について言えば）、気さくな人が多く、皆、仲がいい。研究者仲間という一線を越えて友人になった人たちもいる。誰よりもまず、トーマス・カーとトム・ウィリアムソンに感謝の気持ちを伝えたい。ロジャー・ベンソン、リチャード・バトラー、ホベルト・カンデイロ、トム・チャランズ、ゾルタン・チキ＝サバ、グレアム・ロイド、呂君昌、オクタビオ・マテウス、スターリング・ネスビット、グジェゴシ・ニージュヴィージュキー、デュガルド・ロス、マティアス・ブレミール、スティーブ・ワン、スコット・ウィリアムズにも同様に感謝を。

私は若手研究者時代に数々の幸運に恵まれてきた。極めつきは、エジンバラ大学への売り込みがどうにか成功し、博士課程の修了間際に採用が決まったことだ。レイチェル・ウッドは新参の教員が望みうる最高の指導役だと言えるし、彼女はいまだにコーヒー代も食事代もビール代もウィスキー代も私に払わせてくれない。上司といえば、サンディ・タッドホープ、サイモン・ケリー、キャシー・ウェイラー、アンドリュー・カーティス、ブライン・ングウェニア、レスリー・イエローリーズ、デーブ・ロバートソン、ティム・オシエイ、ピーター・マシソンも最高の部類に属する（いつも助けてくれるし、それでいて高圧的でもない）。ジェフ・ブロミリー、ダン・ゴールドバーグ、シャスタ・マレロ、ケイト・サンダース、アレックス・トーマスといった若手がそばにいてくれるからこそ、私はエジンバラで楽しく仕事ができている。スコットランド国立博物館のグループに入れたのはニック・フレイザーとスティグ・ウォルシュのおかげだし、もっと大規模なスコットランドの古生物学者コミュニティに入れたのはニール・クラークとジェフ・リストンのおかげだ。教員をしていてよかったと思えることの一つは自分の学生に助言ができることで、才能にあふれる実に多彩な面々がすでに私の研究室から巣立っている。サラ・シェリー、ダビデ・フォッファ、エルサ・パンキロリ、ミケーラ・ジョンソン、エイミー・ミュア、ジョー・キャメロン、ペイジ・デポロ、モジ・オグンカンミ。たぶんあなたたちは分かっていないだろう。皆さんからどれほど多くのことを私が学んだかということを。

研究も難しいけれど、文章を書くことはもっと難しい。アメリカ・ウィリアムモロー社のピーター・ハバードとイギリスのロビン・ハービーに感謝したい。この二人の編集者のおかげで、私の知る逸話と冗長な話の数々を一つの物語にまとめることができた。ラジオで私の話を聴いたジェーン・フォン・メーレンが私に物書きとしての可能性を見いだし、「本の企画書を書いてみないか」と声をかけてくれたのは数年前のことだ。それ以来、彼女は私の優秀な代理人でもある。契約の交渉や印税の支払いや海外の版権やその他諸々の楽しいことでお世話になっている、アエビタス社のエズモンド・ハームズワースとチェルシー・ヘラーにも特大の感謝を。私の相棒であり無類の画家でもあるトッド・マーシャルには惜しみない賛辞を送りたい。トッドの独創的なイラストは私の文章に現実味を与えてくれた。私の親友であり世界一の恐竜写真家でもあるミック・エリソンにも賛辞を。本書でもミックが撮影した素敵な写真の数々を使わせてもらった。契約のたびに内容に瑕疵がないように取り計らってくれた、私の顧問弁護士である父のジムと弟のマイクにも感謝したい。

私は昔から文章を書くことが大好きだ。本書の執筆に至るまでに多くの人の助力を得てきた。地元紙（イリノイ州オタワを本拠とする「ザ・タイムズ」紙）の編集室で四年間も働けたのは、ロニー・カイン、マイク・マーフィー、デーブ・ウィッシュノースキーのおかげだ。締め切りの重圧を感じたり情報源を追求する面白さを味わったりして、ぐっと成長できた。私が一〇代の頃に書いた（往々にしてひどい内容の）恐竜関連記事が雑誌やウェブサイトに掲載されたのも多くの人の尽力があったからで、とりわけフレッド・ベルヴォーツ、リン・クロス、アレン・ディーバス、マイク・フレデリックスに感謝したい。もっと最近でいうと、「サイエンティフィック・アメリカン」誌のケイト・ウォン、クエルクス社のリチャード・グリーン、「カレント・バイオロジー」誌のフロリアン・マデスパーカー、ニュースサイト「ザ・カンバセーション」のステファン・カーン、スティーブン・バス、アクシャット・ラティに感謝している。私に、発表の場と編集者としての忌憚のない意見をくれた面々だ。本書の執筆開始当初には、ニール・シュービン（私が学部生時代に習った教授の一人）とエド・ヨンにすごく有益な助言をもらった。

多くの助成機関にも感謝したい。（数が多すぎて名前は挙げきれないのだが）あなた方が私の助成金申請をことごとく却下してくれたおかげで、本書を執筆するのに十分な時間と自由を手に入れられた。次はうそ偽りのない感謝を捧げよう。アメリカ国立科学財団と土地管理局（と両機関を支えるアメリカの納税者）、ナショナルジオグラフィック協会とイギリスの王立協会とリバーヒューム財団、EUが資金を拠出している欧州研究会議とマリー・スクウォドフスカ・キュリー・アクションズ（と両機関を支える欧州各国政府と納税者）に、支援に対する感謝を伝えたい。これらに加えて少額の助成金も各種機関から受けているし、アメリカ自然史博物館とエジンバラ大学からも多大な支援をいただいている。

私は、私の知るかぎり最高の家族に恵まれている。両親のジムとロクサーヌは私に手を引かれるままに博物館についてきてくれたし（家族の出かけ先といえば博物館だった）、大学で古生物学を学ばせてもくれた。兄弟のマイクとクリスもそんな私につき合ってくれた。最近では妻のアンも私につき合ってくれている。発掘調査で家を空けても、上の階で長時間執筆していても、自然と意気投合してしまう恐竜好きの泊まり客や飲み仲間を連れてきても、文句を言わない。それどころか、恐竜にまったく関心がないのに、本書の草稿を読んでもくれた。特大の愛を！　妻の両親であるピーターとメアリーにも感謝したい。イギリスのブリストルにある閑静なお宅で、ずいぶん長いこと執筆させてもらった。素敵な義理の家族はほかにもいる。妻の姉妹のサラと、マイクの妻のステファニーだ。

最後に、名もなきすべての英雄に感謝を捧げたい。そうした無名の人々の尽力がなければ、古生物学という分野はとっくに廃れていただろう。化石のプレパレーター、発掘調査の技術者、学部生のスタッフ、大学の秘書と事務官、博物館を訪れて大学に寄付をしてくださる方々、科学ジャーナリストとライター、画家と写真家、雑誌の編集者と査読者、化石を見つけては博物館に寄贈してくれるアマチュアの収集家、公有地を管理するとともに私たちの申請を処理してくれる面々（特に、土地管理局、スコットランド自然遺産、スコットランド政府にいる友人）、科学を支援してくれる（ともに敵対勢力に立ち向かってくれる）政治家と連邦機関、科学を支援してくれる納税者と有権者、小学校から大学に至るまでの科学教師。ほかにも挙げればきりがない。

訳者あとがき

本書は、Steve Brusatte 著、*The Rise and Fall of the Dinosaurs: A New History of a Lost World*（William Morrow, 2018）の全訳です。気鋭の若手古生物学者であるスティーブ・ブルサッテ氏が、一億六〇〇〇万年余りにおよぶ恐竜の歴史を、恐竜学者にまつわる数々の逸話を交えながら、壮大に描き出しています。「ニューヨーク・タイムズ」紙、「ガーディアン」紙、「サイエンティフィック・アメリカン」誌などの書評に取り上げられ、アメリカの読書家向けSNSサイト「グッドリーズ」上で催された二〇一八年の人気投票（科学&技術部門）では、あのスティーヴン・ホーキング氏の著作を抑え、見事一位に輝いています。

本書は、「サイエンティフィック・アメリカン」誌上において、いみじくも「恐竜の究極の一代記（THE ULTIMATE DINOSAUR BIOGRAPHY）」と形容されています。私なりの表現で言い換えるなら、「恐竜の〝世界史〟」とでも言えるかもしれません。恐竜とその他の勢力、あるいは恐竜というグループ内の諸勢力の興亡が、当時の地勢や天変地異などとの関連も含めて、見事に描かれています。その歴史の奥深さは、私たち人類の歴史と比べても、決して引けを取るものではありません。本書を読むと、「恐竜＝中生代の覇者」といったイメージが一面的なものであり、事はそう単純ではなかったことがよく分かります。恐竜は、初めから大きかったわけでも、強かったわけでも、ましてや世界の覇者だったわけでもありませんでした。ネコほどの大きさの祖先から進化したものの、三畳紀のあいだは偽鰐類という強大なライバルがいて、ずっと「日陰暮らしを強いられていた」と言います。そんな恐竜が本格的に繁栄しはじめたのは、天変地異が起きて偽鰐類などが衰退したジュラ紀以降のことでした。ですから、厳密に言うなら、「恐竜はジュラ紀と白亜紀の覇者だった」ということになるのかもしれません。「覇者」と言えば、ティラノサウルス・レックスです。何と言っても恐竜という動物群を象徴する種ですから、「全世界で長きにわたり生態系の頂点に君臨していたのではないか」と、漠然と想像されていた方もいるのではないでしょうか。でも、T・レックスが王座に就いていたのは白亜紀の最後の二〇〇万年間のみであり、支配域も北アメリカ西部に限られていました。白亜紀初頭～中頃の世界を支配していたのは、カルカロドントサウルス類という別の肉食恐竜のグループだったのです。こうした従来の典型的な恐竜観を覆す知見が、本書にはふんだんに盛り込まれています。

恐竜の歴史とともに本書の中核を成すのが、恐竜を研究する科学者自身の物語です。その中でもとりわけ印象的なのは、トランシルバニアの〝恐竜男爵〟ことフランツ・ノプシャの生涯でしょう。恐竜の研究で大きな功績を上げながら、戦乱の世に翻弄され、最後は愛人とともに自殺を遂げました。その数奇な人生は、恐竜そのものの歴史に負けず劣らず波乱に満ちたものでした。ウォルター・アルバレスがイリジウムの異常濃集を突き止めて小惑星の衝突による恐竜絶滅説を唱えるまでの話も、実にエキサイティングです。そもそも、ウォルターが白亜紀－古第三紀境界の粘土層に含まれるイリジウムの量を測ったのは、その粘土層の堆積期間を調べるためでした。ところが、いざ調べてみると、予想を大きく上回る量のイリジウムが検出され、「ひょっとして、この頃に小惑星が飛来したのではないか」という発想につながっていくわけです。世紀の大発見というものは、えてして研究者の想定を大きく超えたところからもたらされるものなのかもしれません。

本書の翻訳にあたっては、古生物にまつわる書籍を数多く手がけているサイエンス・ライターの土屋健さんに監修を引き受けていただきました。専門的な見地から数々の有益なご指摘をいただいたことに、心から感謝を申し上げる次第です。拙訳を丁寧にチェックしていただいた校正の方にもお礼を申し上げます。そして、何を隠そう「映画『ジュラシック・パーク』を見て大人になった世代」の一人である私にこの願ってもないチャンスを与えてくださったみすず書房編集部の市田朝子さん、本当にありがとうございました。

二〇一九年六月

黒川耕大

索　引

※斜体のページ番号は図を表す

ア

カ

サ

タ

ナ

ハ

マ

ヤ

ラ

ワ

参考文献

本書は主に，私がじかに見聞きして得た情報（私が研究してきた化石，私が行ってきた発掘調査，私が観察してきた博物館のコレクション，私が交わしてきた研究者仲間や友人との議論の数々）に基づいて書かれている。執筆にあたり，各種の学術誌に投稿してきた論文，過去に執筆した教科書*Dinosaur Paleobiology*（Hoboken,NJ: Wiley-Blackwell, 2012），「サイエンティフィック・アメリカン」誌やニュースサイト「ザ・カンバセーション」に寄稿してきた一般向け科学記事の多くを見直した。次に挙げるのは，そのほかに補助的に参考にした資料や情報源だ。もっと詳しい情報を知りたい方は参照してほしい。

プロローグ　恐竜化石の大発見時代

中国・錦州市を訪れてチェンユエンロンを研究した時の経緯は，*Scientific American* に寄稿した記事の1つ，“Taking Wing,” vol. 316, no. 1（Jan. 2017）: 48–55［『羽根と翼の進化』日経サイエンス2017年6月号］でも書いている。呂君昌とともにチェンユエンロンを記載した2015年の論文は*Scientific Reports* 5, article no.11775だ。

第1章　恐竜，興る

ペルム紀末期の大量絶滅を扱った一般向けの科学書としては，2冊の良書がある。1冊は私の修士課程時の指導教官であるマイク・ベントンの著作（*When Life Nearly Died: The Greatest Mass Extinction of All Time*, Thames & Hudson, 2003），もう1冊はスミソニアン博物館の偉大な古生物学者ダグラス・アーウィンの著作（*Extinction: How Life on Earth Nearly Ended 250 Million Years Ago*, Princeton University Press, 2006［『大絶滅――2億5千万年前，終末寸前まで追い詰められた地球生命の物語』大野照文監訳，沼波信，一田昌宏訳，共立出版刊，2009年］）だ。チェン・チョンチャンとマイク・ベントンは，準専門的な短篇の総説論文（*Nature Geoscience* 2012, 5: 375–83）で，大量絶滅とその後の生態系の回復について論じている。大量絶滅を引き起こした火山噴火の時期と性状については，セス・バージスらによる*Proceedings of the National Academy of Sciences USA* 111, no. 9（Sept. 2014）: 3316–21と*Science Advances* 1, no. 7（Aug. 2015）: e1500470に詳しい。ほかにも大量絶滅に関する秀逸な専門論文が，ジョナサン・ペイン，ピーター・ウォード，ダニエル・レーマン，ポール・ウィグナル，私のエジンバラ大学の同僚レイチェル・ウッドと彼女の博士課程の学生マット・クラークソンの手で書かれている（私はマットをそそのかして，彼が

論文を書き上げたわずか数日後に教員委員会に代理出席させたことがある)。

グジェゴシ・ニージュヴィージュキーは，ポーランド・ホーリークロス山脈に産するペルム紀〜三畳紀の足跡化石について，数多くの論文を発表している。その多くは，ポーランド地質学研究所にいる友人のタデウシュ・プタシンスキ，ゲラルド・ギェルリンスキ，グジェゴシ・ピエンコフスキとの共著である。愛らしいピエンコフスキは，1980年代に国の民主化を求める「連帯」運動に打ち込んでいた人物で，共産主義体制の崩壊後に民主化が実現すると，それまでの政治活動が評価されてオーストラリアの総領事に収まった。化石探しのためにリトアニアを目指していた私と研究者仲間がポーランド北東部の湖水地方を通りかかった際は，来客用の離れを快く提供してくれたうえに，キルサバというポーランド風ソーセージをごちそうしてくれた。プロロトダクティルスなどの初期恐竜形類の足跡に関する私たちの共同研究は，2010年に Stephen L. Brusatte, Grzegorz Niedźwiedzki, and Richard J. Butler, "Footprints Pull Origin and Diversification of Dinosaur Stem Lineage Deep into Early Triassic," *Proceedings of the Royal Society of London Series B*, 278 (2011): 1107–13 として最初に発表し，後年に，グジェゴシを主著者とする長篇の論文 *Anatomy, Phylogeny, and Palaeobiology of Early Archosaurs and Their Kin*, ed. Sterling J. Nesbitt, Julia B. Desojo, and Randall B. Irmis (Geological Society of London Special Publications no. 379, 2013), pp. 319–51 として発表した。三畳紀の足跡化石は世界のほかの地域でも調べられていて，重要な研究としてはポール・オルセン，ハルトムート・ハウボルト，クラウディア・マルシカノ，ヘンドリク・クライン，ジョルジュ・ガン，ジョルジュ・デマチュウによるものがある。

私が修士課程研究の一環として作成した恐竜と恐竜に近縁な仲間の系統樹は "The Higher-Level Phylogeny of Archosauria," *Journal of Systematic Palaeontology* 8, no. 1 (Mar. 2010): 3–47 として発表している。

第1章では，私が研究してきた初期恐竜形類の足跡化石について主に触れ，骨格化石については少ししか言及しなかった。ただ，骨格化石の報告も増えつつあり，例えばシレサウルス (*Silesaurus*: 本文で触れたシュレジエン産の「面白そうな新種の爬虫類化石」のことで，研究したのは「かなり年配のポーランド人教授」ことイェジー・ヂク)，ラゲルペトン (*Lagerpeton*)，マラスクス (*Marasuchus*)，ドロモメロン，アシリサウルス (*Asilisaurus*) などの骨格が見つかっている。こうした種についての準専門的な総説論文が，マックス・ランガーらにより発表されている (*Anatomy, Phylogeny, and Palaeobiology of Early Archosaurs and Their Kin*, pp. 157–86)。最古の恐竜かもしれないし近縁な親戚にすぎないかもしれない謎めいたニアササウルスは，スターリング・ネスビットらにより記載された (*Biology Letters* 9 〈2012〉, no.20120949)。

チェリー・ルイスが著したアーサー・ホームズの伝記 (*The Dating Game: One Man's Search for the Age of the Earth*, Cambridge University Press, 2000［『地質学者アーサー・ホームズ伝 —— 地球の年齢を決めた男』高柳洋吉訳，古今書院刊，2003年］) は，放射年代測定の原理を学ぶ入門書としてうってつけだし，原理の発見に至るまでの経緯と岩石の年代決定への応用についても学べる。三畳紀の地層の年代を決定することの難しさについては，クラウディア・マルシカノとランディ・アーミスら

による重要な論文（*Proceedings of the National Academy of Sciences USA*, 2015, doi: 10.1073/pnas.1512541112）において論じられている。

イスチグアラスト産の恐竜とその隣で暮らしていた動物については，ポール・セレノ，アルフレッド・ローマー，ホセ・ボナパルテ，オスバルド・レイ，オスカー・アルコバー，および彼らの学生や同僚が数多くの論文を書いている。最良の情報源は，2012年版の古脊椎動物学会紀要*Basal Sauropodomorphs and the Vertebrate Fossil Record of the Ischigualasto Formation*（*Late Triassic: Carnian–Norian*）*of Argentina* だ。イスチグアラストの発掘史とエオラプトルの詳細な解剖学的記載（どちらもポール・セレノが執筆したもの）が載っている。

本書を印刷に回す直前に，2つの興味深い新説が発表された。1つめは，イスチグアラスト産の植物食種ピサノサウルス（私が鳥盤類の初期の一員として紹介した種）が再記載され，恐竜ではない恐竜形類に再分類されて，シレサウルスに近縁とされたもの（F. L. Agnolin and S. Rozadilla, *Journal of Systematic Palaeontology*, 2017, http://dx.doi.org/10.1080/14772019.2017.1352623）。ということは，目下のところ，鳥盤類のまともな化石は三畳紀全期を通じて欠けているということになるのかもしれない。2つめは，ケンブリッジ大学の博士課程の学生であるマシュー・バロンらが恐竜の新しい系統樹を発表し，獣脚類と鳥盤類を独自のグループ（オルニトスケリダ類）にまとめ，竜脚類を除外したもの（*Nature*, 2017, 543: 501–6）。これは面白い考えではあるが，議論の余地も多い。私も参加したマックス・ランガー率いるチームは，バロンらのデータを再検討し，恐竜を鳥盤類と竜盤類に二分する従来の分類を妥当とした（*Nature*, 2017, 551: E1–E3, doi:10.1038/nature24011）。この問題は一大論点として今後何年も議論されていくことになるだろう。

第2章　恐竜，台頭する

三畳紀における恐竜の台頭については数篇の総説論文が発表されている。そのうちの1篇は私が研究者仲間と執筆したもので，共著者には“チンルの四天王”ことスターリング・ネスビットとランディ・アーミスも含まれている（Brusatte et al., “The Origin and Early Radiation of Dinosaurs,” *Earth-Science Reviews* 101, no. 1–2〈July 2010〉: 68–100）。ほかにもマックス・ランガーなどの研究者が総説論文を書いている（Langer et al., *Biological Reviews* 85〈2010〉: 55–110, Michael J. Benton et al., *Current Biology* 24, no. 2〈Jan. 2014〉: R87–R95, Langer, *Palaeontology* 57, no. 3〈May 2014〉: 469–78, Irmis, *Earth and Environmental Science Transactions of the Royal Society of Edinburgh*, 101, no. 3–4〈Sept. 2010〉: 397–426, Kevin Padian, *Earth and Environmental Science Transactions of the Royal Society of Edinburgh* 103, no. 3–4〈Sept. 2012〉: 423–42）。

三畳紀にまつわることと，「現代生態系の成り立ち」という枠組みに恐竜がどう収まるかということについては，2冊の優れた準専門書がある。どちらも，ご近所のスコットランド国立博物館に勤める私の友人ニック・フレイザーが執筆したものだ。2006年に*Dawn of the Dinosaurs: Life in the Triassic*（Indiana University Press）を上梓し，2010年にハンス＝ディーター・ズースと*Triassic Life on Land: The Great Transition*（Columbia University Press）を著した。2冊とも挿絵が豊富なうえに（1

冊目の挿絵は古生物画家のダグ・ヘンダーソンが描いたもの），参考文献の情報も充実していて，三畳紀の脊椎動物の進化を扱った重要な一次文献をあらかた網羅している。古大陸パンゲアの地図として最良のものは，ロン・ブレイキーとクリストファー・スコイーズが描いたものだろう（各種の地質学的証拠をもとに太古の海岸線を探ったり数億年前の大陸の配置を決めたりして，丁寧に描いている）。本書では２人の地図に全幅の信頼を置いて，パンゲアの分裂について論じている。

私たちはポルトガルでの発掘調査の結果を数篇の論文で発表していて，そのうちの１篇で例の集団墓地で見つかったメトポサウルスの骨格を詳細に記載している（Brusatte et al., *Journal of Vertebrate Paleontology* 35, no. 3, article no. e912988 (2015): 1-23）。また，メトポサウルスの隣で暮らしていた植竜類も記載している（Octávio Mateus et al., *Journal of Vertebrate Paleontology* 34, no. 4 〈2014〉: 970-75）。アルガルベ地方で初めて三畳紀の化石を見つけた地質学専攻のドイツ人学生とはトマス・シュレーターのことで，その化石を記載した「無名の」論文とはフロリアン・ウィッツマンとトマス・ガスナーによる論文（*Alcheringa* 32, no. 1 〈Mar. 2008〉: 37-51）のことである。

“チンルの四天王”ことランディ・アーミス，スターリング・ネスビット，ネイト・スミス，アラン・ターナーは，同僚とともに数多くの論文を発表していて，その中でゴーストランチ産の化石を記載したり，同地域の古環境を復元したり，自分たちの発見した化石が「三畳紀における恐竜の進化」という地球規模の話にどう収まるかを論じたりしている。特に重要な論文としては，Nesbitt, Irmis, and William G. Parker, *Journal of Systematic Palaeontology* 5, no. 2 (May 2007): 209-43，Irmis et al., *Science* 317, no. 5836 (July 20, 2007): 358-61，Jessica H. Whiteside et al., *Proceedings of the National Academy of Sciences USA* 112, no. 26 (June 30, 2015): 7909-13 が挙げられる。エドウィン・コルバートは，1989 年に発表した論文（*The Triassic Dinosaur Coelophysis, Museum of Northern Arizona Bulletin* 57: 1-160）の中でゴーストランチ産のコエロフィシスの骨格を包括的に記載するとともに，一般向けに著した魅力的な恐竜本の数々の中でコエロフィシスを発見するまでの経緯を述懐している。マルティン・エスクラのエウコエロフィシスに関する論文は *Geodiversitas* 28, no. 4: 649-84 に掲載されている。スターリング・ネスビットによるエッフィギアの記載は，2006 年の短篇論文（*Proceedings of the Royal Society of London, Series B*, vol. 273 〈2006〉: 1045-48）と，後年の長篇論文（*Bulletin of the American Museum of Natural History* 302 〈2007〉: 1-84）に載っている。

三畳紀の恐竜と偽鰐類の形態的異質性を調べた私の研究は，2008 年に２篇の論文にして発表した（“Superiority, Competition, and Opportunism in the Evolutionary Radiation of Dinosaurs,” *Science* 321, no. 5895 〈Sept. 12, 2008〉: 1485-88，Brusatte et al., “The First 50 Myr of Dinosaur Evolution,” *Biology Letters* 4: 733-36）。この２篇の論文は，私の修士論文の助言役であり，今ではこの分野でもっとも信頼のおける研究者仲間となったマイク・ベントン，マルチェロ・ルータ，グレアム・ロイドと書いた。その中で，私が刺激を受けたバッカーとチャリグの著作を引用し，論じてもいる。形態的異質性を測る標準的な手法が開発されたのは多くの古無脊椎動物学者のおかげであり，特にマイク・フット（私が学部生時代を過ごしたシカゴ大学の元教員なのだ

が，残念ながら彼の講義は取れずじまいだった）とマット・ウィルズの貢献によるところが大きい。私は，自分の著作の中でたびたび２人の論文を引用している。

「マイク・ベントン」という名前がこの参考文献のセクションでは頻出する。ほかの２人の指導教官（ポール・セレノとマーク・ノレル）と比べると，本文でマイクに触れる機会は少なかった。ブリストルにいた期間が短すぎて，本書で取り上げるにふさわしい面白いネタがあまり溜まらなかったせいだと思う。だからと言って，マイクがつまらない人物というわけではない。マイクは科学界の大スターであり，脊椎動物の進化について数々の研究を行うとともに人気の教科書も手がけている（特にワイリー・ブラックウェル社刊の *Vertebrate Palaeontology* は数回版を重ねていて，2014年にも最新版が出ている）。古脊椎動物学界全体に影響をおよぼし，数十年来の学界の動向を決定づけたと言っても過言ではない。当然，広く尊敬を集めているのだが，マイク自身は控えめな人物で，親切な指導教官として何十人もの大学院生から慕われている。

第３章　恐竜，のし上がる

第２章の項で挙げた *Dawn of the Dinosaurs: Life in the Triassic* と *Triassic Life on Land: The Great Transition* は，三畳紀末期の大量絶滅についても見事に概説している。本章で取り上げた話題の一部は，第２章で情報源にした恐竜の初期進化についての総説論文でも論じられている。

三畳紀末期に噴出した溶岩からできた膨大な量の玄武岩（ニュージャージー州のパリセイズもその一部）は，今なお４つの大陸に分布している。この領域は「中央大西洋マグマ分布域（Central Atlantic Magmatic Province, CAMP）」と呼ばれ，マルゾリらが詳しく記載している（*Science* 284, no. 5414 〈Apr. 23, 1999〉: 616–18）。CAMPの噴火時期についてはブラックバーンとポール・オルセンらが調べていて（*Science* 340, no. 6135 〈May 24, 2013〉: 941–45），60万年間に４回の大きな活動期があったと分かったのも，彼らの研究の成果である。ジェシカ・ホワイトサイド（ポルトガルとゴーストランチでの発掘調査の一員）による研究のおかげで，三畳紀末期の大量絶滅が陸地と海洋で同時に起きていたこと，絶滅の最初の兆しが現れた時期とモロッコで最初に溶岩が流れ出した時期が一致することが分かった。詳しくは *Proceedings of the National Academy of Sciences USA* 107, no.15（Apr. 13, 2010）: 6721–25 を参照のこと。ポール・オルセンはこの研究にも関わっている。なぜなら彼はコロンビア大学でジェシカの博士論文の助言役を務めていたからだ。

三畳紀 – ジュラ紀境界における大気中の二酸化炭素濃度・気温・植物相の変化については，ジェニファー・マッケルウェインらによる研究（*Science* 285, no. 5432 〈Aug. 27, 1999〉: 1386–90，*Paleobiology* 33, no. 4 〈Dec. 2007〉: 547–73），クレール・M・ベルチャーらによる研究（*Nature Geoscience* 3 〈2010〉: 426–29），マーガレット・スタイントルスドッターらによる研究（*Palaeogeography, Palaeoclimatology, Palaeoecology* 308 〈2011〉: 418–32），ミーシャ・ルールらによる研究（*Science* 333, no. 6041 〈July 22, 2011〉: 430–34），ニーナ・R・ボニスとヴォルフラム・M・キュルシュナーによる研究（*Paleobiology* 38, no. 2 〈Mar. 2012〉: 240–64）がある。

ポール・オルセンは，八面六臂の活躍を見せた10代のわずか数年後から，北アメ

リカ東部のリフト盆地系と化石に関する論文を発表し続けている。パンゲアのリフト盆地系（地質学者が言うところの「ニューアーク・スーパーグループ（Newark Supergroup）」）に関する2冊の専門的な解説書を，どちらもピーター・レトーニュとともに執筆している（*The Great Rift Valleys of Pangea in Eastern North America*, vols. 1–2〈Columbia University Press, 2003〉）。同じテーマで大いに参考になる総説論文を書いてもいる（*Annual Review of Earth and Planetary Sciences* 25〈May 1997〉: 337–401）。長年行ってきた足跡に関する研究を総括する重要な論文も発表していて，その中で三畳紀末期の大量絶滅後に恐竜が急速に多様化したことを示す証拠を提示している（*Science* 296, no. 5571〈May 17, 2002〉: 1305–7）。

竜脚類に関しては膨大な文献が存在する。この象徴的な恐竜を扱った最良の専門書の1つは，クリスティナ・カリー・ロジャース，ジェフ・ウィルソン編の *The Sauropods: Evolution and Paleobiology*（University of California Press, 2005）だ。ポール・アップチャーチ，ポール・バレット，ピーター・ドッドソンが学術的恐竜百科事典の定番 *The Dinosauria*（University of California Press, 2004）の第2版に寄せた記事は，専門的な概要として優れている。私も竜脚類の概要をもう少し“くだけた”調子で書いて，2012年に刊行した教科書 *Dinosaur Paleobiology*（Hoboken, NJ: Wiley-Blackwell, 2012）に載せた。私の駆け出しの頃の研究者仲間であるフィル・マニオンとマイク・デミックは，指導教官のアップチャーチ，バレット，ウィルソンとともに，このところ竜脚類に関する優れた記載論文を量産している。

スカイ島で発見した竜脚類の行跡は2016年に記載した（Brusatte et al., *Scottish Journal of Geology* 52: 1–9）。スコットランドの竜脚類についてはそれ以前にも散発的に報告されていて，グラスゴーにいる仲間ニール・クラークとデュギィ・ロスによるもの（*Scottish Journal of Geology* 31〈1995〉: 171–76），スコットランドをこよなく愛する無二の同胞ジェフ・リストンによるもの（*Scottish Journal of Geology* 40, no. 2〈2004〉: 119–22），ポール・バレットによるもの（*Earth and Environmental Science Transactions of the Royal Society of Edinburgh* 97: 25–29）などがある。

恐竜の体重を計算する試みはこれまでに数々の研究でなされている。J. F. アンダーソンらによる先駆的な研究により，現生動物と絶滅動物における大腿骨などの長骨の太さ（専門的には円周）と体重との関係が初めて認識された（*Journal of Zoology* 207, no. 1〈Sept. 1985〉: 53–61）。この手法をもっと洗練させたのが，ニック・カンピオーネとデービッド・エバンスらによる最近の研究だ（*BMC Biology* 10〈2012〉: 60, *Methods in Ecology and Evolution* 5〈2014〉: 913–23）。ロジャー・ベンソンと共著者による論文（*PLoS Biology* 12, no. 5〈May 2014〉: e1001853）でも，ほぼすべての恐竜の体重がこの手法をもとに推定されている。

写真測量法を使って体重を推定する手法は，カール・ベイツが，博士論文の助言役であるビル・セラーズ，フィル・マニングとともに開発したものだ（*PLoS ONE* 4, no. 2〈Feb. 2009〉: e4532）。以来，ほかの数篇の論文でも使われている（Sellers et al., *Biology Letters* 8〈2012〉: 842–45, Brassey et al., *Biology Letters* 11〈2014〉: 20140984, Bates et al., *Biology Letters* 11〈2015〉: 20150215 など）。ピーター・フォーキンガムは，写真測量に必要なデータを集める際の手引きを発表している（*Palaeontologica Electronica* 15〈2012〉: 15.1.1T）。カール，ピーター，ビブ・アレン

が主導し私も参画した竜脚類の体重に関する研究は，*Royal Society Open Science* 3 (2016): 150636 で発表されている。

2つの手法（長骨の円周をもとに方程式で導く手法と写真測量法に基づくモデルを使う手法）が誤差を生じうるという点には注意が必要だろう。研究対象の恐竜が大型であればあるほど，この誤差は大きくなる。特に竜脚類は体格の近い現生動物がいないため手法の妥当性を検証できない。上の段落で紹介した草分け的な諸論文では，この誤差の問題を入念に検討していて，不確実性が存在するという認識のもとに各種がとりうる体重の範囲を提示している場合も多い。

竜脚類の生理と進化に焦点を当てた珠玉の論文集があり，1冊の本にまとめられている（*Biology of the Sauropod Dinosaurs: Understanding the Life of Giants*, ed. Nicole Klein and Kristian Remes〈Indiana University Press, 2011〉)。オリバー・ラウハットらが執筆した章では竜脚類のボディプランの進化が詳しく論じられていて，竜脚類ならではの特徴の数々が数千万年のあいだにそろっていった経緯が検討されている。「竜脚類がなぜあれほど大きくなれたのか」という謎については，竜脚類の生理を扱った秀逸な総説論文で最近になって論じられた。誰でも入手できるこの論文は，上記の謎に長年取り組んできたマーティン・サンダーらにより執筆されたもので，ドイツの大型の研究助成金を受けている（*Biological Reviews* 86〈2011〉: 117–55)。

第4章　恐竜と漂流する大陸

ザリンガーの壁画について知りたいなら，リチャード・コニフの *House of Lost Worlds: Dinosaurs, Dynasties, and the Story of Life on Earth*（Yale University Press, 2016）か，ローズマリー・ボルペの *The Age of Reptiles: The Art and Science of Rudolph Zallinger's Great Dinosaur Mural at Yale*（Yale Peabody Museum, 2010）を読んでみるといい。ただし，もし機会があれば，ピーボディ博物館に行ってじかに壁画を見てほしい。思わず見惚れてしまうほどの名画だから。

コープとマーシュの骨戦争については一般向けの本や記事が数多く出回っているが，もっと学術的で淡々としたものをお好みなら，ジョン・フォスターの良書 *Jurassic West: The Dinosaurs of the Morrison Formation and Their World*（Indiana University Press, 2007）をお勧めしたい。フォスターは数十年間にわたりアメリカ西部各地で恐竜を発掘してきた人物であり，同書では，モリソン層産の恐竜と，生息地の環境と，発見に至るまでの経緯が見事にまとめられている。本章の歴史的な情報は同書を主な典拠としている。*Jurassic West* は多数の一次文献を列挙していて，その中には骨戦争たけなわの頃にコープとマーシュが発表した研究論文の数々もある。

ビッグ・アルの物語については，土地管理局の古生物学者ブレント・ブレイトーがワイオミング大学在籍時に国立公園局向けに報告し，のちに出版された "The Case of 'Big Al' the *Allosaurus*: A Study in Paleodetective Partnerships," in V. L. Santucci and L. McClelland, eds., *Proceedings of the 6th Fossil Resource Conference*（National Park Service, 2001), 95–106 を典拠にしている。

ビッグ・アルについては，体格（Bates et al., *Palaeontologica Electronica*, 2009, 12: 3.14A）と病理（Hanna, *Journal of Vertebrate Paleontology*, 2002, 22: 76–90）に関して，それぞれ面白い研究が発表されている。本文で触れたアロサウルスの食事法に関する

コンピューターモデル研究は，エミリー・レイフィールドらにより発表された（*Nature*, 2001, 409: 1033–37）。カービー・シイベルにまつわる情報は，*Rocks & Minerals Magazine* に載っていたジョン・S・ホワイトによる紹介記事から拾い集めた（2015, 90: 56–61）。営利目的の化石採集と恐竜化石の販売について公平な見方をしたいなら，*Science* に掲載されたヘザー・プリングルの記事（2014, 343: 364–67）をまず読んでみるといい。

モリソン層産の竜脚類に関しては多くの優れた論文がある。まずは学術的百科事典 *The Dinosauria*（University of California Press, 2004）の竜脚類の章（竜脚類の専門家であるポール・アップチャーチ，ポール・バレット，ピーター・ドッドソンが執筆したもの）を読むといい。竜脚類各種の首の持ち上げ方の違いについては，過去20年間にかなりの議論がなされてきた。私の教科書 *Dinosaur Paleobiology* では，ケント・スティーブンスとマイケル・パリッシュの著作を中心とする関連文献を引用しながら，その議論のあらましを書いている。竜脚類の食性についても多くの研究がなされていて，特に重要なものとしてアップチャーチとバレットの論文がある。私の教科書と，竜脚類に関するサンダーらの2011年の論文（第3章の項の最後に紹介したもの）でも，竜脚類の食性の問題を論じつつ要約している。最近では，アップチャーチ，バレット，エミリー・レイフィールド，および彼らの博士課程の学生であるデービッド・バトンとマーク・ヤングによって，竜脚類各種の食事法の違いを理解するための画期的なモデル研究がなされた（Young et al., *Naturwissenschaften*, 2012, 99: 637–43, Button et al., *Proceedings of the Royal Society of London, Series B*, 2014, 281: 20142144）。

The Dinosauria の各章は，ジュラ紀後期に北アメリカ以外に生息していた恐竜を知るのにうってつけの情報源となりうる。今や有名になったポルトガル産のジュラ紀後期の恐竜は，本文にも登場した，私の友人であり大型サンショウウオの集団墓地も一緒に発掘したオクタビオ・マテウスにより大々的に研究されてきた。総説論文としては，Antunes and Mateus, *Comptes Rendus Palevol* 2（2003）: 77–95 がある。タンザニア産のジュラ紀後期の恐竜は，1900年代初期にドイツ人主導で行われて大成功を収めた発掘調査で発見された。その時の様子はゲルハルト・マイヤーによる詳細な歴史解説の中で描写されている（*African Dinosaurs Unearthed: The Tendaguru Expeditions*〈Indiana University Press, 2003〉）。

ジュラ紀 - 白亜紀境界に起きた変化については，ジョナサン・テナントらによる秀逸な総説論文（*Biological Reviews*, 2016, 92〈2017〉: 776-814）を主に参考にした。私はこの論文の査読者の1人だった。今までに何百篇もの論文を査読してきたが，あれほど参考になった論文はほかになかったかもしれない。ジョナサンはロンドンで博士課程を過ごしていた時にこの論文を執筆した。インターネットオタクの方はご存じかもしれないが，彼はヘビーなツイッター・ユーザーであり，また，ブログやソーシャル・メディアを通して科学の魅力を熱心に伝えようとしている。

ポール・セレノについては今までに数々の紹介記事が本・雑誌・新聞に掲載されてきた。ファンだった私も1990年代後半から2000年代前半にかけて何件か紹介記事を書いたが，参照先は明示しないでおく。記事の体を成していない稚拙な文章を読みたいという方は，少しでも苦労をするといい。ポールがいつか自伝を書くのではない

かと私は思っている（そして願っている！）が，それまでは，ポールの研究室のウェブサイト（paulsereno.org）に今までの発掘調査や発見に関する情報が幅広く載っているので，そちらを紹介しておこう。次に，ポールが発見したアフリカ産化石の中でも重要なものを挙げておく。種名のあとに関連する研究論文も簡潔に記しておいた。アフロヴェナトル（*Afrovenator*: *Science*, 1994, 266: 267–70），カルカロドントサウルス・サハリクスとデルタドロメウス（*Deltadromeus*: *Science*, 1996, 272: 986–91），スコミムス（*Science*, 1998, 282: 1298–1302），ジョバリア（*Jobaria*）とニジェールサウルス（*Science*, 1999, 286: 1342–47），サルコスクス（*Science*, 2001, 294: 1516–19），ルゴプス（*Proceedings of the Royal Society of London Series B*, 2004, 271: 1325–30）。ポールと私は，2007 年にカルカロドントサウルス・イギデンシスを記載し（Brusatte and Sereno, *Journal of Vertebrate Paleontology* 27: 902–16），翌年にエオカルカリアを記載している（Sereno and Brusatte, *Acta Palaeontologica Polonica*, 2008, 53: 15–46）。

分岐学の手法を用いた系統樹の作成法については，あまたの教科書や手引きが出回っている。この手法を裏打ちする理論はドイツ人昆虫学者のヴィリー・ヘニッヒにより打ち立てられたもので，ヘニッヒは自らの考えのあらましを論文（*Annual Review of Entomology*, 1965, 10: 97–116）と画期的な書籍（*Phylogenetic Systematics*〈University of Illinois Press, 1966〉）に記している。ただし，どちらの著作もかなり難解かもしれない。もっと取っつきやすい教科書としては，イアン・キッチングらによるもの（*Cladistics: The Theory and Practice of Parsimony Analysis*, Systematics Association, London, 1998），ジョセフ・フェルゼンシュタインによるもの（*Inferring Phylogenies*, Sinauer Associates, 2003），ランドール・シューとアンドリュー・ブラウワーによるもの（*Biological Systematics: Principles and Applications*, Cornell University Press, 2009）がある。また，私の教科書 *Dinosaur Paleobiology* の系統学の章でも，恐竜を例にとって概説している。

私が作成したカルカロドントサウルス類（とその親戚であるアロサウルス類）の系統樹は，2008 年にポール・セレノと執筆した論文で発表した（*Journal of Systematic Palaeontology* 6: 155–82）。翌年，ある研究チームに加わりアジア初のカルカロドントサウルス類シャオチロンを命名・記載した際に，系統樹の更新版も発表した（Brusatte et al., *Naturwissenschaften*, 2009, 96:1051–58）。共著者の 1 人であるロジャー・ベンソンは，当時，私と同じく学生だった。ロジャーと私は親友になり，数々の博物館をともに訪ね（特に印象深いのは 2007 年の中国旅行だ），カルカロドントサウルス類やアロサウルス類を対象にした数件の研究で協力し，イギリス産のカルカロドントサウルス類ネオウェーナートルも一緒に記載した（Brusatte, Benson, and Hutt, *Monograph of the Palaeontographical Society*, 2008, 162: 1–166）。その後，ロジャーに誘われて続きの研究にも参画し，獣脚亜目アロサウルス上科カルカロドントサウルス科の系統を検討した（ただし，仕事の大半はロジャーが行った。Benson et al., *Naturwissenschaften*, 2010, 97: 71–78）。

第 5 章　暴君恐竜

第 5 章は，私が *Scientific American* の 2015 年 5 月号に寄稿したティラノサウルス類の進化に関する記事（312: 34–41［「日経サイエンス」2015 年 7 月号］）を拡張し

たものである。元の記事を書く際は，2010年に研究者仲間と発表したティラノサウルス類の系統と進化に関する総説論文（Brusatte et al., *Science*, 329: 1481–85）を参考にした。記事も論文もティラノサウルス類のおおまかな情報を学ぶのにうってつけだし，その点では学術的百科事典 *The Dinosauria* のトーマス・ホルツ担当の章も捨てがたい。

呂君昌と私はチエンチョウサウルス・シネンシス（ピノキオ・レックス）を2014年の論文で発表した（Lü et al., *Nature Communications* 5: 3788）。チエンチョウサウルス発見の経緯は，ディディ・クリステン・タトローが *New York Times* に寄稿した記事（sinosphere.blogs.nytimes.com/2014/05/08/pinocchio-rex-chinas-new-dinosaur）で紹介されている。私が研究した“珍妙なティラノサウルス類”アリオラームス（君昌が私にチエンチョウサウルスの共同研究を持ちかけるきっかけとなった恐竜）は，一連の論文で記載されている（Brusatte et al., *Proceedings of the National Academy of Sciences USA* 106〈2009〉:17261–66，Bever et al., *PLoS ONE* 6, no. 8〈Aug. 2011〉: e23393，Brusatte et al., *Bulletin of the American Museum of Natural History* 366〈2012〉: 1–197; Bever et al., *Bulletin of the American Museum of Natural History* 376〈2013〉: 1–72，Gold et al., *American Museum Novitates* 3790（2013）: 1–46）。

私は10年近くティラノサウルス類の系統を研究していて，新種のティラノサウルス類の化石が見つかるたびにその系統樹を大きくしている。この研究は，私の友人であり研究者仲間でもあるトーマス・カー（ウィスコンシン州ケノーシャにあるカーセッジ大学の所属）と共同で行っている。最初の系統樹は，上述の2010年の *Science* の総説論文で発表した。2016年には全面改訂版を発表している（Brusatte and Carr, *Scientific Reports* 6: 20252）。本章ではこの2016年の系統樹を土台にして進化を論じた。

T・レックスの発見にまつわる物語は，あまたの一般書や科学文献で紹介されてきた。バーナム・ブラウンと彼の大発見に関する最良の情報源は，ローウェル・ディンガスと私の博士課程時の指導教官であるマーク・ノレルが2011年に上梓したブラウンの伝記（*Barnum Brown: The Man Who Discovered Tyrannosaurus rex*, University of California Press）である。本章で引用したローウェルの言葉は，アメリカ自然史博物館のウェブサイト内に開設された同書の特集ページからとってきた。ヘンリー・フェアフィールド・オズボーンの伝記としてはブライアン・リーガルによる良書があり，本書でもオズボーンの人生を語るうえでの典拠としている（*Henry Fairfield Osborn: Race and the Search for the Origins of Man*, Ashgate Publishing, Burlington, VT, 2002）。

サーシャ・アベリヤノフは2010年の論文でキレスクスを記載した（Averianov et al., *Proceedings of the Zoological Institute RAS*, 314:42–57）。徐星らは，2004年にディーロンを（Xu et al., *Nature* 431: 680–84），2006年にグアンロンを（Xu et al., *Nature* 439: 715–18），2012年にユーティラヌスを記載している（Xu et al., *Nature* 484:92–95）。シノティラヌスの記載は季強《チチャン》らによってなされた（Ji et al., *Geological Bulletin of China*, 2009, 28:1369–74）。ロジャー・ベンソンと私は，ロジャーが数年前に記載した標本を（Benson, *Journal of Vertebrate Paleontology*, 2008, 28: 732–50），ジュラタイラントと命名した（Brusatte and Benson, *Acta Palaeontologica Polonica*, 2013, 58: 47–54）。イギリスの麗しきワイト島から発見されたエオティラヌスは，スティー

ブ・ハットらにより命名・記載された（Hutt et al., *Cretaceous Research*, 2001, 22: 227–42）。

ウズベキスタンの白亜紀中頃の地層から産出したティムルレンギアは2016年の論文で命名・記載した（Brusatte et al., *Proceedings of the National Academy of Sciences USA* 113: 3447–52）。この研究には，サーシャとハンスと私のほかに，私の修士課程の学生であるエイミー・ミュア（CTスキャンのデータを処理してくれた）と，イアン・バトラー（エジンバラ大学の同僚であり，化石の研究に使ったCTスキャナーを作製した）も関わっている。白亜紀中頃のあいだもティラノサウルス類を抑えつけていたカルカロドントサウルス類について知りたければ，次に挙げる記載論文を参照するといい。シアッツ（Zanno and Makovicky, *Nature Communications*, 2013, 4:2827），チーランタイサウルス（Benson and Xu, *Geological Magazine*, 2008, 145: 778–89），シャオチロン（Brusatte et al., *Naturwissenschaften*, 2009, 96: 1051–58），アエロステオン（Sereno et al., *PLoS ONE*, 2008, 3, no. 9: e3303）。

第6章　恐竜の王者

冒頭のシーンはもちろん想像の産物だが，細部は実際に見つかった化石（章の冒頭以降に紹介したもの。参照先はこのあとに挙げる）に基づいている。T・レックスやトリケラトプスやカモノハシ竜の行動については，想像力をふんだんに働かせて書いた。

T・レックスのおおまかな背景知識（大きさ・体の特徴・生息環境・年代）を学びたいなら，前章の項で紹介したティラノサウルス類の基本的な参考文献を当たってほしい。体重の推測値は，ロジャー・ベンソンらが恐竜の体格の進化を追った先述の論文からとった。

T・レックスの食性を扱った文献は多い。1日の食事量については2篇の重要な論文を参考にした。1篇はジェームス・ファーロウが著したもの（*Ecology*, 1976, 57: 841–57），もう1篇はリーズ・バリックとウィリアム・シャワーズが著したものだ（*Palaeontologia Electronica*, 1999, vol. 2, no.2）。「T・レックスは腐肉食者だった」という言説が頭をもたげてメディアを賑わすたびに多くの恐竜学者（とりわけ私）は地団駄を踏むが，この言説は，知識も熱意も世界有数のティラノサウルス類の専門家であるトーマス・ホルツが著書 *Tyrannosaurus rex: The Tyrant King*（Indiana University Press, 2008）の中で徹底的に論破している。T・レックスの歯が埋まっていたエドモントサウルスの骨は，ロバート・デパルマ率いるチームにより記載された（*Proceedings of the National Academy of Sciences USA*, 2013, 110:12560–64）。骨がぎっしり詰まったティラノサウルス類の有名な糞は，カレン・チンらにより記載されていて（*Nature*, 1998, 393: 680–82），胃の内容物に骨が含まれていた化石はデービッド・バリッキオにより記載されている（*Journal of Paleontology*, 2001, 75: 401–6）。

ティラノサウルス類の「噛みついて引きちぎる」食べ方については，グレッグ・エリクソンのチームによる詳細な研究がなされていて，重要な論文が何篇か発表されている（Erickson and Olson, *Journal of Vertebrate Paleontology*, 1996, 16: 175–78, Erickson et al., *Nature*, 1996, 382: 706–8など）。ほかの重要な研究としては，メイソン・メアーズによるもの（*Historical Biology*, 2002, 16:1–2），フランソワ・テリエン

らによるもの（*The Carnivorous Dinosaurs*, Indiana University Press, 2005 内），ピーター・ベイツ，ピーター・フォーキンガムによるもの（*Biology Letters*, 2012, 8: 660–64）がある。ティラノサウルス類の頭骨のつくりと嚙みつきに関してはエミリー・レイフィールドによる傑出した著作があり，2000 年代半ばに 2 篇の論文として発表されている（*Proceedings of the Royal Society of London Series B*, 2004, 271: 1451–59, *Zoological Journal of the Linnean Society*, 2005, 144: 309–16）。エミリーは有限要素解析の手引きも執筆していて，こちらも実に役に立つ（*Annual Review of Earth and Planetary Sciences*, 2007, 35: 541–76）。

ジョン・ハッチンソンは研究者仲間とともにティラノサウルス類の移動様式について多くの論文を書いている。主なものとして *Nature*（2002, 415: 1018–21），*Paleobiology*（2005, 31: 676–701），*Journal of Theoretical Biology*（2007, 246: 660–80），*PLoS ONE*（2011, 6, no. 10: e26037）がある。ジョンはマシュー・カラーノとともに T・レックスの骨盤と後肢の筋肉に関する重要な論文を発表してもいる（*Journal of Morphology*, 2002, 253: 207–28）。恐竜の移動様式を研究する際の初歩的な手引きも著しているが（*Encyclopedia of Life Sciences*, Wiley-Blackwell, 2005 内），読み物として何といっても面白いのは，エンターテイメント精神にあふれたブログだ（https://whatsinjohnsfreezer.com/）。

現生鳥類の効率的な肺とその仕組みについては，私の教科書 *Dinosaur Paleobiology* でもっと詳しく触れている。専門的な論文も書かれていて，熟読に値するものが数篇ある（Brown et al., *Environmental Health Perspectives*, 1997, 105:188–200, Maina, *Anatomical Record*, 2000, 261: 25–44 など）。恐竜の骨に残る気囊の証拠（専門的には「含気性（pneumaticity）」と言う）については，ブルックス・ブリットが博士研究の中で専門的に取り組んだ（Britt, 1993, PhD thesis, University of Calgary）。もっと最近になされた重要な研究としては，パトリック・オコナーらによるもの（*Journal of Morphology*, 2004, 261: 141–61, *Nature*, 2005, 436: 253–56, *Journal of Morphology*, 2006, 267: 1199–1226, *Journal of Experimental Zoology*, 2009, 311A: 629–46），ロジャー・ベンソンらによるもの（*Biological Reviews*, 2012, 87: 168–93），マシュー・ウェデルによるものがある（*Paleobiology*, 2003, 29: 243–55, *Journal of Vertebrate Paleontology*, 2003, 23: 344–57）。

サラ・バーチが行ったティラノサウルス類の前肢に関する研究は彼女の博士論文に載っていて（Stony Brook University, 2013），古脊椎動物学会の年次総会でも発表されている。現在，全面公開のための準備中である。

フィリップ・カリーのチームは，アルバートサウルスの集団墓地に関して数篇の論文を著し，*Canadian Journal of Earth Sciences* の特別号（2010, vol. 47, no. 9）の誌面を独占した。アルバートサウルスとタルボサウルスの群れでの狩りに関するフィリップの研究は，タイトルが刺激的なジョシュ・ヤング著の一般向け科学書（*Dinosaur Gangs*〈Collins, 2011〉）で概説されている。

CT スキャンで恐竜の脳を調べる研究は怒濤のごとく行われている。2 篇の秀逸な総説論文（“ハウツー本” と言ってもいい）があり，1 篇はカールソンらが（*Geological Society of London Special Publication*, 2003, 215: 7–22），もう 1 篇はラリー・ウィットマーらが（*Anatomical Imaging: Towards a New Morphology*, Springer-

Verlag, 2008 内）書いている。ティラノサウルス類のCTスキャン研究の中で特に重要なものを挙げると，クリス・ブロシューによるもの（*Journal of Vertebrate Paleontology*, 2000, 20: 1-6），ウィットマーとライアン・リッジリーらによるもの（*Anatomical Record*, 2009, 292: 1266-96），エイミー・バラノフ，ゲイブ・ビーバー夫妻と共同研究者のチーム（私もその一員だった）によるもの（*PLoS ONE* 6〈2011〉: e23393, *Bulletin of the American Museum of Natural History*, 2013, 376:1-72）がある。イアン・バトラーと私は，第5章に登場した新種のティラノサウルス類・ティムルレンギアを記載する際に，ティラノサウルス類の脳の進化についての最初の研究成果を発表した。ダーラ・ゼレニツキーの嗅球の進化に関する研究は2009年に発表されている（*Proceedings of the Royal Society of London Series B*, 276: 667-73）。ケント・スティーブンスはティラノサウルス類の両眼視について研究・発表した（*Journal of Vertebrate Paleontology*, 2003, 26: 321-30）。

ティラノサウルス類（もっと言えば恐竜全般）の研究の中で最近特にエキサイティングなのが，骨の微細構造を調べて恐竜の成長様式を解明する分野だ。かなり読みやすい総説論文が2篇あるので，ぜひ読んでみてほしい。1篇はグレッグ・エリクソンによる短篇論文（*Trends in Ecology and Evolution*, 2005, 20: 677-84），もう1篇はアヌサヤ・チンサミ＝トゥランによる本（*The Microstructure of Dinosaur Bone*, Johns Hopkins University Press, 2005）だ。ティラノサウルス類の成長に関するグレッグの画期的な論文は2004年の*Nature*に掲載された（430: 772-75）。この問題に関してはジャック・ホーナーとケビン・パディアンの研究も重要であると言える（*Proceedings of the Royal Society of London Series B*, 2004, 271: 1875-80）。最近では，大変な博識家であるネイサン・ミアボルド（物理博士であり，マイクロソフト社の元最高技術責任者であり，多作な発明家であり，名料理本*Modernist Cuisine*を著した有名シェフであり，片手間の恐竜学者でもある人物）が，恐竜の成長率を計算する際の統計的手法の使用例（と一部の誤用例）を検討する論文を書いている（*PLoS ONE*, 2013, 8, no. 12: e81917）。

トーマス・カーは，T・レックスをはじめとするティラノサウルス類の成長に伴う変化について，多くの論文を書いている。特に重要な論文は*Journal of Vertebrate Paleontology*に掲載されたもの（1999, 19: 497-520）と，*Zoological Journal of the Linnean Society*に掲載されたもの（2004, 142: 479-523）である。

第7章　恐竜，栄華を極める

正直に言うと，白亜紀末期を恐竜の絶頂期とする私の解釈には，少し主観が入っている。たぶん，私の言明に首を傾げている恐竜学者もいるだろう。根本的な原因は，化石記録で多様性を測ることの難しさにある。化石記録で多様性を測ろうとすると，必ず（多くは正体さえ分からない）さまざまなバイアスにさらされるからだ。恐竜の多様性を測る研究は，統計手法を用いて時代ごとの種の総数を推定する研究も含め，数多くなされている。各研究の結果が細部まで合致するわけでは必ずしもないのだが，導かれる大きな結論は一致している。それは「白亜紀末期の恐竜の多様性はおしなべて高かった」というものだ。恐竜の種の実数値を見ても推定値を見てもその結論は変わらない。たとえ恐竜の多様性が真の頂点に達していたわけではなかったとしても，

そう遠くない状態にあったことは確かだろう。私は研究者仲間とともに各種の統計手法を用いて白亜紀における恐竜の多様性を計算し（Brusatte et al., *Biological Reviews*, 2015, 90: 628–42），恐竜の種数が末期にピーク（かその付近）に達していたことを突き止めた。恐竜の多様性の変遷を追った研究としてほかに重要なものは，私と研究者仲間によるもの（*Proceedings of the Royal Society of London Series B*, 2009, 276: 2667–74），アップチャーチらによるもの（*Geological Society of London Special Publication*, 2011, 358: 209–240），ワンとドッドソンによるもの（*Proceedings of the National Academy of Sciences USA*, 2006, 103:601–5），スターフェルトとリオウによるもの（*Philosophical Transactions of the Royal Society of London Series B*, 2016, 371: 20150219）がある。

バーピー自然史博物館の歴史に関する情報は博物館のウェブサイトに載っている（http://www.burpee.org）。ジェーン（バーピー博物館の一行が見つけた若年期のT・レックス）は，目下，トーマス・カーのチームが研究しているところだ。完全な記載は未発表なのに，ジェーンを題目にした講演は古脊椎動物学会の場ですでに数多くなされている。

ヘルクリーク層にまつわる情報は巷にあふれている。とっかかりとしては，デービッド・ファストフスキーとアントワン・ベルコヴィチによる総説論文が読みやすくていい（*Cretaceous Research*, 2016, 57: 368–90）。もっと深く学びたいという方は，アメリカ地質学会が刊行した2冊の特別号（Hartman et al., 2002, 361: 1–520, Wilson et al., 2014, 503:1–392）を読むといい。ローウェル・ディンガスもヘルクリーク層と同層産の恐竜を扱った一般向け書籍を書いている（*Hell Creek, Montana: America's Key to the Prehistoric Past*, St. Martin's Press, 2004）。ヘルクリーク層では2回の重要な恐竜発掘調査が行われていて，私が示す群集各種の割合はその調査結果に基づいている。1回目はピーター・シーハンとファストフスキーが率いたもので，一連の論文として成果が発表されていて，その中でも特に重要な論文が2篇ある（Sheehan et al., *Science*, 1991, 254: 835–39, White et al., *Palaios*, 1998, 13: 41–51）。2回目はもっと最近にジャック・ホーナーらにより実施されたものだ（Horner et al., *PLoS ONE*, 2011, 6, no. 2: e16574）。

トリケラトプス（さらに言えば角竜類全般）についての最良の情報源の1つは，ピーター・ドッドソン著の準専門書 *The Horned Dinosaurs*（Princeton University Press, 1996）だろう。もっと専門的な概説をお求めなら，*The Dinosauria*（University of California Press, 2004）のドッドソン担当の章（キャシー・フォスター，スコット・サンプソンとの共著）を読むといい。カモノハシ竜類の最良の情報源としては，*The Dinosauria* のホーナー，デービッド・ワイシャンペル，フォスター担当の章と，近年発刊された専門書（Eberth and Evans, eds., *Hadrosaurs*, Indiana University Press, 2015）に収載されている数篇の論文がある。*The Dinosauria* にはテレサ・マリヤンスカらが執筆したドーム頭のパキケファロサウルス類に関する章もあり，この珍妙なグループを理解する格好の入門編となっている。

私は，ホーマーの発見（世界初のトリケラトプスのボーンベッド）を科学文献に記載したチームの一員だった。その論文では，私と同じく学生有志として2005年の発掘調査に参加したジョシュ・マシューズが主著者で，マイク・ヘンダーソンとスコッ

ト・ウィリアムズが共著者だった（*Journal of Vertebrate Paleontology*, 2009, 29: 286–90）。論文では，それ以前に見つかっていたほかの角竜類のボーンベッドも紹介し，論じている。角竜類のボーンベッドに関する秀逸な総説論文をデービッド・エバースが書いていて，その中で多くの重要な論文も紹介している（*Canadian Journal of Earth Sciences*, 2015, 52: 655–81）。セントロサウルスのボーンベッドについては，*New Perspectives on Horned Dinosaurs*（Indiana University Press, 2007）の，エバースが共著者を務めた章で紹介されている。

白亜紀後期の南アメリカ（もっと言えば南半球の諸大陸）に生息していた恐竜についての全般的な情報源として最良のものは，フェルナンド・ノバスの本 *The Age of Dinosaurs in South America*（Indiana University Press, 2009）だろう。ホベルト・カンデイロはブラジル産の恐竜について多くの専門的な論文を書いていて，獣脚類の歯を調べた論文の中で重要なものとしては，2007 年の博士論文（Universidade Federal do Rio de Janeiro） と 2012 年 の 論 文（Candeiro et al., *Revista Brasileira de Geociências* 42: 323–30）がある。ホベルトとフェリペらはブラジル産のカルカロドントサウルス類のあごの骨を記載しており（Azevedo et al., *Cretaceous Research*, 2013, 40: 1–12），アウストロポセイドンを記載したフェリペの論文は 2016 年に発表されている（Bandeira et al., *PLoS ONE* 11, no. 10: e0163373）。ブラジル産の珍妙なワニたちは一連の論文で記載されている（Carvalho and Bertini, *Geologia Colombiana*, 1999, 24: 83–105, Carvalho et al., *Gondwana Research*, 2005, 8: 11–30, Marinho et al., *Journal of South American Earth Sciences*, 2009, 27: 36–41）。

一体全体どういうわけか，フランツ・ノプシャ男爵がそれなりの伝記や映画の題材になったことは一度もない。ただ，何本かの記事は書かれている。特に優れたものとして，*Smithsonian* の 2016 年 7・8 月号に掲載されたバネッサ・ベセルカの記事，*New Scientist* の 2005 年 4 月 2 ～ 8 日号に掲載されたステファニー・ペインの記事，*Scientific American* の 2011 年 10 月号［日経サイエンス 2012 年 1 月号］に掲載されたガレス・ダイクの記事がある。古生物学者デービッド・ワイシャンペル（長年，男爵の後を追ってルーマニア各地で恐竜の発掘を続けてきた人物）も，たびたびノプシャについて書いている。2011 年の著作 *Transylvanian Dinosaurs*（Johns Hopkins University Press）で男爵の印象的な肖像を描いたり，ノプシャの手紙や著作を集めて記事にしたりしていて，そこでは短い伝記と研究の背景も書いている（*Historical Biology* 25: 391–544）。

ワイシャンペルの *Transylvanian Dinosaurs* は，トランシルバニア産の小人恐竜についての全般的な情報源としても際立って優れている。もっと専門的な概説としてはゾルタン・チキ゠サバ，マイク・ベントン編の論文集があり，2010 年の *Palaeogeography, Palaeoclimatology, Palaeoecology*（vol. 293）の特別号に収載されている。ワイシャンペルらの総説論文（*National Geographic Research*, 1991, 7: 196–215）とダン・グレゴリスクらの総説論文（*Comptes Rendus Paleovol*, 2003, 2: 97–101）も役に立つ。私も参加したチキ゠サバ率いるチームは，ヨーロッパ全体の白亜紀末期の動物相をまとめたもっと広範な総説論文を書いた（実のところ，この時期に恐竜が棲んでいた島は数個あるのだが，トランシルバニアの島がもっとも研究されているし知名度も高い。*ZooKeys*, 2015, 469: 1–161）。

マティアス・ブレミール，ゾルタン・チキ＝サバ，マーク・ノレル，そして私は，バラウル・ボンドクにまつわる2篇の論文を発表している。まず短篇の記載論文で化石を命名し（Csiki-Sava et al., *Proceedings of the National Academy of Sciences USA*, 2010, 107: 15357–61），次に長篇の論文で豊富な図版を交えながら各骨の詳細な記載を行った（Brusatte et al., *Bulletin of the American Museum of Natural History*, 2013, 374: 1–100)。ほかの研究者も迎えたもっと広範な論文では，新発見の化石に重きを置きながら，トランシルバニア産恐竜全般の年代と重要性を論じている（Csiki-Sava et al., *Cretaceous Research*, 2016, 57: 662–98)。

第8章　恐竜，飛び立つ

本章では，*Scientific American* の記事（Jan. 2017, 316: 48–55［「日経サイエンス」2017年6月号］)，鳥類の初期進化に関する専門的な総説論文（Brusatte, O'Connor, and Jarvis, *Current Biology*, 2015, 25: R888–R898)，*Science* の批評論文（2017, 355: 792–94）で私が論じてきたテーマを多く扱っている。本章を書く主なきっかけとなったのは，私が博士課程で行った研究だ。鳥類と鳥類にごく近縁な仲間の系統関係と，恐竜から鳥類への移行時における傾向と進化率を調べたものである。2012年に学内の論文審査を通り（*The Phylogeny of Basal Coelurosaurian Theropods and Large-Scale Patterns of Morphological Evolution During the Dinosaur-Bird Transition*, Columbia University, New York)，2014年に発表した（Brusatte et al., *Current Biology*, 2014, 24: 2386–92)。

鳥類の起源と鳥類と恐竜との関係については膨大な文献が存在する。全般的で読みやすい情報源としては，3篇のとりわけ優れた総説論文がある。ケビン・パディアンとルイス・チアッペによるもの（*Biological Reviews*, 1998, 73: 1–42)，マーク・ノレルと徐星によるもの（*Annual Review of Earth and Planetary Sciences*, 2005, 33: 277–99)，徐星らによるもの（*Science*,2014, 346: 1253293）である。マーク・ノレルが著した *Unearthing the Dragon*（Pi Press, New York, 2005）は，私の最愛の書の1つだ（彼が中国各地を飛び回り羽毛恐竜を研究した時の記録。恐竜業界屈指の写真家であり私の相棒でもあるミック・エリソンによる鮮やかな写真の数々もある)。最近刊行されたルイス・チアッペ，孟慶金《モンチンジン》著の *Birds of Stone*（Johns Hopkins University Press, 2016）は，さながら美麗な写真集のようで，中国産の羽毛恐竜と原始鳥類の化石の数々が載っている。

パット・シップマン著の *Taking Wing*（Trafalgar Square, 1998）は，恐竜と鳥類のつながりを研究者が初めて見いだすまでの経緯と，かつては過激だったこの仮説が時に激しい論争を巻き起こしながら主流の考えとなっていった過程を描いている。同書には，ハクスリーもダーウィンもオストロムもバッカーも，もれなく登場する。ハクスリーは恐竜と鳥類のつながりに関する自説を一連の論文で展開していて，重要なものとして *Annals and Magazine of Natural History*（1868, 2: 66–75）と *Quarterly Journal of the Geological Society*（1870, 26: 12–31）がある。ポール・チェンバース著の *Bones of Contention*（John Murray, 2002）は，アーケオプテリクスをめぐる論争を時系列でまとめるとともに，2000年代初頭までの関連文献を網羅的に列挙している。最近，クリスチャン・フォスらがアーケオプテリクスの新標本を記載したことで，こ

の研究分野はまた大きく前進した（*Nature*, 2014, 511: 79–82）。同論文は，「獣脚類の翼はディスプレイ用の“広告看板”として進化した」とする説を支持する論文の1つでもある。本文で触れた「デンマーク人画家」とはゲルハルト・ハイルマンのことで，彼は自著 *The Origin of Birds*（Witherby, 1926）で自説を述べている。

ロバート・バッカーは，*Scientific American* の記事（1975, 232: 58–79）［「サイエンス」1975年6月号］と著書 *The Dinosaur Heresies*（William Morrow, 1986）［『恐竜異説』瀬戸口烈司訳，平凡社刊，1989年］において，恐竜ルネサンスにまつわる話を彼一流の筆致で書いている。ジョン・オストロムは，恐竜と鳥類のつながりについて綿密に論じた論文をこれでもかというほど発表していて，とりわけ重要なものとしては，デイノニクスを丹念に記載したもの（*Bulletin of the Peabody Museum of Natural History*, 1969, 30: 1–165），*Nature* に寄せたエッセイ（1973, 242: 136），*Annual Review of Earth and Planetary Sciences* に寄稿した総説論文（1975, 3: 55–77），そして *Biological Journal of the Linnean Society* に寄せた傑作とも言える“声明”（1976, 8: 91–182）がある。あと，ジャック・ゴーティエが1980年代に他に先駆けて分岐分析を行い鳥類を獣脚類の中に位置づけたことにも，ぜひ言及しておきたい（*Memoirs of the California Academy of Sciences*, 1986, 8: 1–55 など）。

世界初の羽毛恐竜シノサウロプテリクスは，季強と姫書安《チシューアン》により，当初は原始的な鳥類として記載された（*Chinese Geology*, 1996, 10: 30–33）。そのあと陳丕基《チェンペイチ》らにより「羽毛の生えた非鳥類型恐竜である」という再解釈がなされ（*Nature*, 1998, 391: 147–52），続いてフィリップ・カリーにより詳細な記載がなされた（Currie and Chen, *Canadian Journal of Earth Sciences*, 2001, 38: 705–27）。シノサウロプテリクスが羽毛恐竜であると判明してほどなく，ある国際チームが中国産の羽毛恐竜をさらに2種報告し（Ji et al., *Nature*, 1998, 393: 753–61），そこから堰を切ったように発見が続いた。過去20年間に発見された羽毛恐竜の大半は徐星らにより記載されたもので，マーク・ノレル著の *Unearthing the Dragon* にうまく要約されている（ごく最近の文献は先述の総説論文の中で紹介されている）。羽毛恐竜の保存状態と化石化の過程における火山の関わり方については多くの研究者が調べていて，特にクリストファー・ロジャースらによる研究がもっとも新しく，そして詳しい（*Palaeogeography, Palaeoclimatology, Palaeoecology*, 2015, 427: 89–99）。

鳥類のボディプランの成り立ちについては多くの研究者が論じている。私も，博士論文と，それを下敷きにした先述の *Current Biology* 掲載の論文で論じている。ピーター・マコビッキーとリンゼイ・ザノも *Living Dinosaurs*（Wiley, 2011）内の1章でこの問題に触れている（2人が担当したこの章は極めて読みやすい）。アメリカ自然史博物館によるゴビ砂漠での長年の発掘調査は，私のお気に入りの一般向け恐竜本の1つである *Dinosaurs of the Flaming Cliffs*（Anchor, 1996）に時系列でまとめられている（同書の著者マイク・ノバチェックは，マーク・ノレルの同僚であり，発掘調査の共同リーダーであり，南カリフォルニアでのサーファー仲間でもある）。ゴビ砂漠産の化石を扱った論文の中で重要なもの（現生鳥類の生態の成り立ちを解明するうえでの化石の重要性を例証しているもの）を挙げると，ノレルらが抱卵するオビラプトロサウルス類を記載したもの（*Nature*, 1995, 378: 774–76），バラノフらが鳥類の脳の進化について論じたもの（*Nature*, 2013, 501: 93–96）がある。一方通行式の肺と恐

竜の成長に関する参考文献は，第7章までの項に挙げてある。鳥類のような寝姿で保存されていた遼寧省産の見事な恐竜化石は徐とノレルにより記載され（*Nature*, 2004, 431: 838–41），鳥類のような卵殻組織はメアリー・シュワイツァーらにより初めて恐竜に見いだされた（*Science*, 2005, 308, no. 5727: 1456–60）。

恐竜の羽毛の進化については膨大な研究がなされ，さまざまな文献で論じられてきた。とっかかりとしては，徐星と郭煜《クオユイ》による総説論文（*Vertebrata PalAsiatica*, 2009, 47: 311–29）がうってつけだろう。羽毛の進化を発生生物学的な観点から見たいなら，リチャード・プラムが著した秀逸な論文の数々をお勧めする。ダーラ・ゼレニツキーらは羽毛の生えたオルニトミモサウルス類を2012年に記載している（*Science*, 338: 510–14）。当時の発掘調査の様子は *Calgary Herald* の2012年10月25日付の記事を参考にした。ヤコブ・ビンターが化石化した羽毛の色を調べる手法を示したのは2008年の論文でのことで（*Biology Letters* 4: 522–25），それ以来，ヤコブやほかの研究者により羽毛恐竜を対象にした研究が数多くなされてきた。こうしたアツい事態の一部始終は，ヤコブの総説論文（*BioEssays*〈2015, 37: 643–56〉）と *Scientific American* での一人称の記事で述懐されている。初期の有翼恐竜の派手な色については中国人の率いるチームにより解明されてきたし（Li et al., *Nature*, 2014, 507: 350–53），翼のディスプレイ機能については *Science* に掲載されたマリ゠クレール・コスコウィッツらによる批評論文（2014, 346: 416–18）の中で議論されている。珍妙なイー・チーは徐のチームにより記載された（*Nature*, 2015, 521: 70–73）。

初期鳥類と羽毛恐竜の飛行能力に関する（往々にしてややこしい）文献は豊富にある。アレックス・デセッチら（ミクロラプトルとアンキオルニスに羽ばたき飛行をしうる素質を見いだした人たち）による最近の研究は，手はじめに読むのにふさわしい（*PeerJ*, 2016, 4: e2159）。ガレス・ダイクら（*Nature Communications*, 2013, 4: 2489）とデニス・エバンジェリスタら（*PeerJ*, 2014, 2: e632）による工学的な研究は，羽毛獣脚類の滑空能力を調べたもので，同時に過去の主要な研究を総括してもいる。

私はグレアム・ロイドやスティーブ・ワンらと論文を執筆し「初期鳥類の形態進化は急速だった」という主張を行った（*Current Biology*, 2014, 24: 2386–92）。その論文で使った手法は，2人とともに開発し数年前に論文で発表していたものだ（Lloyd et al., *Evolution*, 2012, 66:330–48）。ロジャー・ベンソンとジョナ・ショワニエールも恐竜から鳥類への移行期に爆発的な種分化と肢の進化があったことを示しているし（*Proceedings of the Royal Society Series B*, 2013, 280: 20131780），ロジャーによる恐竜の体格に関する研究（先述の論文）でも系統樹のほぼ同位置でサイズの急減があったことが明らかになっている。ほかにも最近の数々の研究で移行期における進化率が調べられている。それらの研究については第6章と第7章で論じ，参照先を挙げてある。

ジンマイ・オコナーは，おびただしい数の中国産の化石鳥類を命名している。彼女がなした特に重要な仕事は2つあって，1つは初期鳥類の系統関係を調べたこと（O'Connor and Zhonghe Zhou, *Journal of Systematic Palaeontology*, 2013, 11: 889–906），もう1つは（アリッサ・ベル，ルイス・チアッペとともに）*Living Dinosaurs*（先述の本）の1章を執筆したことだ。彼女の博士論文の助言役であるルイス・チアッペも，過去25年間に初期鳥類にまつわる重要な論文を数多く発表している。

第 9 章　恐竜，滅びる

私は *Scientific American* に恐竜の絶滅にまつわる記事（Dec. 2015, 312: 54–59）[「日経サイエンス」2016 年 3 月号］を寄せたことがあり，本章で紹介した話の一部もそれをもとにしている。リチャード・バトラーと世界各地の研究者仲間を集め，恐竜の絶滅に関して共通見解を出すべく議論した結果は，*Biological Reviews* に現状での結論として発表した（2015, 90: 628–42）。リチャードと私の呼びかけに応じてくれたのは，ポール・バレット，マット・カラーノ，デービッド・エバンス，グレアム・ロイド，フィル・マニオン，マーク・ノレル，ダン・ペペ，ポール・アップチャーチ，トム・ウィリアムソンだ。さらに，リチャードと私は，アルバート・プリエト＝マルケス，マーク・ノレルとともに恐竜の絶滅に至るまでの形態的異質性を研究し，2012 年に発表している（*Nature Communications*, 3: 804）。

でも，恐竜の絶滅論争に対して私が果たしてきた貢献は微々たるものにすぎない。この恐竜にまつわる最大の謎を扱った論文は，何百篇，いや何千篇と存在するかもしれない。ここでそのすべてを挙げることはとてもできないので，勉強熱心な読者にはウォルター・アルバレスの著書 *T. rex and the Crater of Doom*（Princeton University Press, 1997）[『絶滅のクレーター――T・レックス最後の日』月森左知訳，新評論刊，1997 年］を読むことをお勧めしたい。同書は読みやすくて面白いし，ウォルターが研究者仲間とともに白亜紀末期の大量絶滅の謎を解くまでのいきさつが本人目線で丹念に描かれている。しかも，この分野で特に重要な論文を網羅的に挙げていて，小惑星が衝突した証拠を列挙した論文やチチュルブ・クレーターを発見し年代を決定した論文はもちろん，さまざまな異説も紹介している。本章の冒頭で描いたシーンは，脚色をふんだんに加えてはあるものの，ウォルターによる小惑星衝突後の出来事の描写と，彼が概説した証拠に基づいている。

ウォルターの著書が刊行されてからも数々の研究が発表されてきた。私たちが 2015 年に *Biological Reviews* に発表した論文では，その多くを取り上げ論じている。ここ最近の研究（最近すぎて私たちの論文でも取り上げられなかった研究）の中で特に面白いものを挙げると，ポール・レンヌとマーク・リチャーズと 2 人のバークレー校の同僚による研究がある。その研究では，デカン・トラップ（インドに残る巨大火山の痕跡）の年代決定がなされ，大多数の噴火が白亜紀 - 古第三紀境界付近で起きたことが示され，小惑星の衝突をきっかけにして火山群の活動が活発化した可能性があると主張された（Renne et al., *Science*, 2015, 350: 76–78, Richards et al., *Geological Society of America Bulletin*, 2015, 127: 1507–20）。デカン・トラップの噴火が起きた時期，および小惑星の衝突との関連性については，本書の執筆時点でまだ議論の途上にある。

科学史に関心があり一次文献を好むという方は，もちろん，原論文に目を通すといい。アルバレス親子のチームが小惑星衝突説を提起した論文（Luis Alvarez et al., *Science*, 1980, 208: 1095–1108）をはじめ，チームが執筆したほかの論文やジャン・スミットらが同時期に発表した論文もある。

中生代における恐竜の進化については数々の研究が独立になされていて，その多くがとりわけ白亜紀末期に焦点を当てている。最近発表された重要な研究としては，*Biological Reviews* の論文の中で私たちが示した新たなデータのほかに，バレットら

によるもの（*Proceedings of the Royal Society of London Series B*, 2009, 276: 2667-74），アップチャーチらによるもの（*Geological Society of London Special Publication*, 2011, 358: 209-40）がある。近年の研究では必ず標本抽出バイアスの補正が図られるが，この手順が重視されるようになったのは，1984年にデール・ラッセルの極めて重要な（それでいてなぜかほとんど顧みられない）論文（*Nature*, 307: 360-61）が発表されてからのことだ。デービッド・ファストフスキーとピーター・シーハンらは，この論文から教訓を得たうえで，白亜紀末期の恐竜の多様性に関する重要な論文を2000年代半ばに発表した（*Geology*, 2004, 32: 877-80）。ジョナサン・ミッチェルの食物網に関する研究は2012年の論文で発表された（*Proceedings of the National Academy of Sciences USA*, 109: 18857-61）。

ヘルクリーク層産の恐竜と，小惑星が衝突するまでの群集の変遷を扱った研究としては，ピーター・シーハンとデービッド・ファストフスキーのチームによるもの（*Science*, 1991, 254: 835–39，Geology, 2000, 28: 523-26），タイラー・ライソンらによるもの（*Biology Letters*, 2011, 7: 925-28），ディーン・ピアソンと共同研究者（カーク・ジョンソンと故ダグ・ニコルズら）が作成した綿密な化石目録（*Geology*, 2001, 29: 39–42，*Geological Society of America Special Papers*, 2002, 361: 145-67）などが特に重要と言える。

ファストフスキーがデービッド・ワイシャンペルとともに著した学部生向けの教科書（本文で私が「最良」と称えた入門書）が，*Evolution and Extinction of the Dinosaurs*（Cambridge University Press）［『恐竜の進化と絶滅』瀬戸口美恵子，瀬戸口烈司訳，青土社刊，2001年］だ。同書は数回版を重ねていて，もっと若い学生向けにインパクトのある文体で著した簡易版*Dinosaurs: A Concise Natural History*［『恐竜学入門』真鍋真監訳，藤原慎一，松本涼子訳，東京化学同人刊，2015年］も出版されている。

ベルナ・ビラとアルベルト・セジェスは，ピレネー山脈産の白亜紀末期の恐竜に関する論文を数多く執筆している。その中でもっとも全般的なのが，同地域の恐竜の多様性が白亜紀末期を通してどう推移したかを調べた研究で，2人の厚意で私も参加させてもらった（Vila, Sellés, and Brusatte, *Cretaceous Research*, 2016, 57: 552-64）。重要な論文としてはほかに，Vila et al., *PLoS ONE*, 2013, 8, no. 9: e72579，Riera et al., *Palaeogeography*, *Palaeoclimatology*, *Palaeoecology*, 283:160-71がある。ルーマニア産の白亜紀末期の恐竜については，第7章の項で紹介した論文の中で触れられている。最後に，ホベルト・カンデイロとフェリペ・シンブラスと私は，ブラジル産の白亜紀末期の恐竜についてまとめた論文を書いている（*Annals of the Brazilian Academy of Sciences* 2017, 89: 1465-85）。

「なぜ非鳥類型恐竜が死に絶え，なぜほかの動物が生き残ったのか」という問題は，今なお活発に議論されている。私が思う，とりわけ重要な洞察をもたらしてくれた研究は，植物基盤の食物連鎖とデトリタス基盤の食物連鎖を比べたり陸生環境と淡水環境を比べたりしたピーター・シーハンらによる研究（*Geology*, 1986, 14: 868-70, *Geology*, 1992, 20: 556–60），植物の種《たね》を食べる食性に着目したデレク・ラーソン，ケイレブ・ブラウン，デービッド・エバンスらによる研究（*Current Biology*, 2016, 26: 1325–33），抱卵行動と成長の問題を扱ったグレッグ・エリクソンらによる研究

(*Proceedings of the National Academy of Sciences USA*, 2017, 114: 540–45)，哺乳類の生存に焦点を当て小柄な体格と選り好みしない食性の重要性を論じたグレッグ・ウィルソンと指導教官のビル・クレメンスによる研究（*Journal of Mammalian Evolution*, 2005, 12: 53–76, *Paleobiology*, 2013, 39: 429–69 など）だ。ノーマン・マクロードらによる重要な論文は，「白亜紀末期に何が生き残り何が死に絶えたか」をまとめ，それをもとに絶滅が起きた仕組みについても論じた良質な総説論文である（*Journal of the Geological Society of London*, 1997, 154: 265–92）。

「恐竜は“死人の手札”を持っていた」という例えを私は気に入っている。本当は自分で思いついたと言いたいところだが，この例えを初めて使ったのは（私の知るかぎり）グレッグ・エリクソンで，彼の抱卵に関する研究を紹介したカロリン・グラムリングのニュース記事の中で引用されている（“Dinosaur Babies Took a Long Time to Break Out of Their Shells,” *Science* online, News, Jan. 2, 2017）。

ここでもっと大事な点に断りを入れておかないといけない。それは，恐竜の絶滅がおそらく恐竜研究史上もっとも物議を醸している問題だという点だ（少なくとも，仮説の数，論文の数，討論や論争の数から判断するとそう言える）。私が本章で示した筋書き（絶滅が唐突に起き，その主因が小惑星だという考え）は，関連文献を読み込んで得た情報と，私自身が行った白亜紀末期の恐竜に関する研究と，何より，研究者仲間と合意して *Biological Reviews* で概説した共通見解に基づいている。本章で示した筋書きが今ある証拠ともっとも矛盾しない説であると私は固く信じていて，地質記録を見ても（各種の証拠からして小惑星が衝突したことは疑いようがない），化石記録を見ても（恐竜の多様性が白亜紀の終わりの時点でもかなり高かったことが研究で示されている），その確信は揺らがない。

しかし，また別の考えを持った研究者もいる。本章の主眼はそれぞれの恐竜絶滅説を事細かに分析することではないが（そんなことをしたら，すぐに1冊の本が書けてしまう），私の絶滅説と相容れない文献につながる情報くらいは紹介しておきたい。デービッド・アーチボルドとウィリアム・クレメンスは，数十年前から「絶滅はもっと緩やかに起きた」と主張していて，その原因は気温や海水準の変動だったとしている。ゲルタ・ケラーらはデカンの噴火が“真犯人”だと主張しているし，もっと最近では私の友人である坂本学が複雑な統計手法を用いて型破りな結論を導き出し，「恐竜は長期的な衰退局面に入っていて，時代とともにどんどん新種が生まれにくくなっていた」と主張している。ぜひ文献に直接あたって学びを深めてもらい，どの説の証拠により説得力があるか自分で考えてほしい。懐疑的な見方や異説はほかにもあるが，ここではこれだけに留めておく。

エピローグ　恐竜後の世界

ニューメキシコ州での一部始終は，羅哲西《ルロチャシ》とともに *Scientific American* に寄稿した哺乳類の台頭に関する記事の中で，少しだけ取り上げた。羅は，哺乳類の初期進化に関する世界的権威の1人だ。おまけに，心の広い人格者でもある。ウォルター・アルバレスと同じように，私の10代の頃の図々しい願いを聞き入れてくれたのだから。1999年の春，15歳になったばかりの私は，復活祭の休暇を家族とともにピッツバーグ地域で過ごすことになった。私の目当てはカーネギー自然史博物館だったのだが，

ただ展示物を見て満足するつもりはなく，どうしてもバックヤードを見たかった。羅が初期哺乳類を発見した時の新聞記事を以前に読んだことがあったので，博物館のサイトで連絡先を確認し，連絡を取った。羅は，私と家族を連れて1時間かけて倉庫の奥のほうまで案内してくれて，それ以来，再会するたびに私の両親と兄弟のことを訊ねてくれる。

私の親友であり，研究者仲間であり，師匠でもあるトム・ウィリアムソンは，ニューメキシコ産の暁新世の哺乳類を研究することでキャリアを築いてきた。もっと手広く，有胎盤類の初期進化も研究している。彼の白眉（博士課程時の研究をもとにした論文）は，ニューメキシコ産の暁新世の哺乳類の骨格・年代・進化を扱った1996年の論文だ（*Bulletin of the New Mexico Museum of Natural History and Science*, 8: 1-141）。ここ数年，トムは恐竜学者の私を古哺乳類学の世界に引きずり込んでいる。2011年から共同で発掘調査を実施し，何篇か論文も出している。原始的な有袋類の系統を論じたもの（Williamson et al., *Journal of Systematic Palaeontology*, 2012, 10: 625–51），ビーバー大の植物食哺乳類の新種を記載したもの（Williamson et al., *Zoological Journal of the Linnean Society*, 2016, 177: 183-208）などがある。*Kimbetopsalis* と呼ばれるその新種（私たちは大胆にも“太古のビーバー”と呼んでいる）は，恐竜が絶滅してからわずか数十万年後に生きていた。今，トムと私は1人の博士課程の学生の面倒を一緒に見ている。白亜紀 - 古第三紀境界の絶滅とその後の哺乳類の台頭を調べている彼女の名は，サラ・シェリー。彼女の今後にご注目を。

図版出典

プロローグ，1章〜9章，エピローグの扉のイラスト：Todd Marshall
V 頁の地図：© 2016 Colorado Plateau Geosystems, Inc.
99 頁上の写真：Image #36246a, American Museum of Natural History Library.
116 頁の写真：Image #238372, American Museum of Natural History Library.
117 頁右の写真：Image #312963, American Museum of Natural History Library.
117 頁左の写真：Image #328221, American Museum of Natural History Library.
118 頁下の写真：Published in Maidment et al., *PLoS ONE*, 2015, 10 (10): e0138352.
150 頁の写真：Image #17808, American Museum of Natural History Library.
178 〜 179 頁 の 写 真：Page 197: Image #00005493, American Museum of Natural History Library.
その他の図版の出典は各キャプションを参照。なお，キャプションに出典の記載がない写真はすべて著者提供。

著者略歴

(Steve Brusatte)

1984年アメリカ生まれ．エジンバラ大学で教鞭を執る．博士号をコロンビア大学で取得後，2013年より現職．専門は恐竜などの古脊椎動物の解剖学・系統学・進化．これまでにブラジル，イギリス，中国，リトアニア，ポーランド，ポルトガル，ルーマニア，アメリカでフィールドワークを行う．また，15種を新種として記載している．著書に，*Dinosaurs* (Quercus 2008)，*Dinosaur Paleobiology* (Wiley-Blackwell, 2012年)，*Day of the Dinosaurs* (Wide Eyed Editions, 2016年)，*Walking with Dinosaurs Encyclopedia* (HarperCollins, 2013年) などがある．その研究成果は *National Geographic* や *Scientific American* などで度々紹介されており，BBC制作の番組 *Walking with Dinosaurs* に科学コンサルタントとして参加している．

訳者略歴

黒川耕大〈くろかわ・こうた〉翻訳家．金沢大学理学部地球学科卒業，同大学自然科学研究科生命・地球学専攻修了．ナショナルジオグラフィックチャンネルやディスカバリーチャンネルなどの科学番組の翻訳を数多く手掛ける．

日本語版監修者略歴

土屋健〈つちや・けん〉埼玉県生まれ．オフィス ジオパレオント代表，サイエンスライター．金沢大学大学院自然科学研究科で修士号を取得（専門は地質学，古生物学）．その後，科学雑誌「Newton」の編集記者，部長代理を経て独立し，2012年より現職．雑誌等への寄稿，著作多数．2019年，日本古生物学会貢献賞を受賞．近著に『リアルサイズ古生物図鑑　中生代編』（技術評論社）など．監修書も多数．

スティーブ・ブルサッテ

恐竜の世界史

負け犬が覇者となり、絶滅するまで

黒川耕大 訳
土屋 健 日本語版監修

2019 年 8 月 8 日　第 1 刷発行
2022 年 3 月 30 日　第 4 刷発行

発行所 株式会社 みすず書房
〒113-0033 東京都文京区本郷 2 丁目 20-7
電話 03-3814-0131（営業） 03-3815-9181（編集）
www.msz.co.jp

印刷・製本所 萩原印刷
装丁 大倉真一郎

ISBN 978-4-622-08824-0
［きょうりゅうのせかいし］